Da mística à ciência

ALEXANDRE KOYRÉ

Da mística à ciência

Cursos, conferências e documentos, 1922-1962

Nova edição revista e ampliada por
Pietro Redondi

Tradução
Thomaz Kawauche

Título original: *De la mystique à la Science: Cours, conférences et documents, 1922-1962.*

(Nouvelle édition revue et augmentée par Pietro Redondi)

Fundação Editora da Unesp (FEU)
Praça da Sé, 108
01001-900 – São Paulo – SP
Tel.: (0xx11) 3242-7171
Fax: (0xx11) 3242-7172
www.editoraunesp.com.br
www.livrariaunesp.com.br
atendimento.editora@unesp.br

Dados Internacionais de Catalogação na Publicação (CIP) de acordo com ISBD
Elaborado por Vagner Rodolfo da Silva – CRB-8/9410

K88m Koyré, Alexandre

Da mística à ciência: Cursos, conferências e documentos, 1922-1962 / Alexandre Koyré; traduzido por Thomaz Kawauche. – São Paulo: Editora Unesp, 2024.

Tradução de: *De la mystique à la Science: Cours, conférences et documents, 1922-1962*
Inclui bibliografia.
ISBN: 978-65-5711-251-9

1. Filosofia. 2. Filosofia da ciência. 3. Epistemologia. 4. Pensamento mágico. 5. Desencantamento do mundo. 6. Ciências duras. 7. Arqueologia. 8. Genealogia do saber. 9. História da ciência. 10. Teologia. 11. Pensamento científico. I. Kawauche, Thomaz. II. Título.

2024-2783 CDD 100
CDU 1

Editora afiliada:

Sumário

Agradecimentos

Sandrine Bula (Archives Nationales), Gisèle Cloarec, Christine Delangle (Archives du Collège de France), Alice Doisselet e Océane Valencia (Archives de l'École Pratique des Hautes Études – Ephe), Brigitte Mazon (Archives de l'École des Hautes Études en Sciences Sociales – Ehess), Séverine Montigny (Bibliothèque Historique de la Ville de Paris), Michèle Moulin (Bibliothèque de l'Institut de France), Nathalie Queyroux (Centre d'Archives en Philosophie, Histoire et Édition des Sciences – Caphés), Antonella Romano e Anabel Vazquel (Centre Alexandre-Koyré), Jacques Berchon (Serviço comum da documentação das bibliotecas e dos arquivos da Ephe) e Jean-François Vincent (Bibliothèque Interuniversitaire de Santé) encontrarão aqui a expressão de nosso reconhecimento por sua colaboração. Um agradecimento especial a Jacques Revel e Emmanuel Désveaux (Ehess) e Emmanuelle Aussaguès (Éditions de l'Ehess).

Introdução à nova edição: Da filosofia aos sistemas de pensamento

A publicação desta coletânea de cursos e seminários de Alexandre Koyré (1892-1964), aqui apresentada em nova edição revista e ampliada, remonta a 1987. Ela foi lançada na ocasião de um grande colóquio internacional intitulado Ciência: O Renascimento de uma História, organizado no ano de 1986 em homenagem a Koyré pela École des Hautes Études en Sciences Sociales (Ehess).[1]

Desde então, outros colóquios, outros livros e novas pesquisas alimentaram a reflexão sobre esse autor universalmente reconhecido como o historiador das ciências mais inovador e influente de seu século.[2] Tamanha riqueza de análises – bem como de críticas – em torno das interpretações apresentadas

---

1 Redondi (ed.), "Science: The Renaissance of a History", em International Conference Alexandre Koyré, *Proceedings of...*

2 Entre os testemunhos mais recentes acerca do papel central que a obra de Koyré ainda hoje desempenha e, em particular, sobre sua definição de "revolução científica moderna", ver os artigos de Antonella Romano, "Fabriquer l'histoire des sciences modernes"; e de Simon

por Koyré em seus livros sobre o nascimento da ciência moderna tornam mais atual do que nunca o conhecimento do seu ensino. Esta coletânea nos conduz a isso pelo itinerário e pelas passagens essenciais.

Mais do que a caracterização de "revolução científica moderna", até agora insuficientemente explorada, o legado fundamental deixado pelos seminários de pesquisa aqui reunidos diz respeito ao esforço em compreender, e não apenas explicar, os saberes científicos do passado mediante a apreensão das significações que poderiam ter sido pensadas por seus contemporâneos. Tal esforço de esquecimento de nossas verdades atuais para reconstituir as condições de possibilidade de concepções de mundo diferentes das nossas é o que fez e até hoje continua a fazer de Alexandre Koyré um "historiador revolucionário do pensamento científico", como o designa Georges Canguilhem.[3]

De nossa parte, para compreender o que tornou possível essa revolução metodológica na história das ciências, devemos ouvir os testemunhos contemporâneos sobre o ensino de Koyré. Os alunos de seus seminários de história do pensamento científico fizeram chegar a nós lembranças em pequeno número de relatos, todos atestando que descobriram nos seminários um tipo de pesquisa histórica diferente das demais:

> Éramos cinco, ou seis, em casos excepcionais, e seguíamos regularmente suas aulas. Tenho certeza de que ele representou para todos

---

Schaffer, "Les Cérémonies de la mesure", ambos em *Annales: Histoire, Sciences Sociales*, v.70, n.2, 2015.

3 Canguilhem, "Préface", em Redondi (ed.), "Science: The Renaissance of a History", op. cit., p.9.

> o exemplo encarnado daquilo que deveria ser um sábio e um homem que consagra sua vida ao conhecimento. Não direi aqui o que foram os seminários ao longo dos quais permitimo-nos ficar fascinados pela exploração de um texto difícil e pela revelação dos vínculos íntimos entre obras que, à primeira vista, pareciam díspares. Saíamos purificados e esclarecidos desses festejos de erudição e de análise. Semana após semana, ano após ano, desdobrava-se um pensamento que estava destinado a nos marcar, e cuja riqueza não se encontra inteiramente nos seus livros.[4]

É nesses termos que Serge Moscovici evoca os seminários de História do Pensamento Científico que, em 1954, Alexandre Koyré inaugurou em Paris com a 6ª seção da École Pratique des Hautes Études (Ephe), a nova seção de Ciências Econômicas e Sociais criada por Lucien Febvre. Ao mesmo tempo, Koyré continuou o seu seminário sobre História das Ideias Religiosas na Europa Moderna, que realizava desde a década de 1930 na 5ª seção, a de Ciências da Religião da Ephe. Longe de divergirem, esses dois cursos prosseguiram em paralelo: um analisando a gênese dos princípios da física cartesiana e a de Newton, o outro explorando as ideias religiosas de Newton e Leibniz e as questões teológicas da sua controvérsia.

Alguns aspectos do testemunho de Moscovici merecem destaque. Em primeiro lugar, o número muito reduzido de ouvintes no exato momento em que o seminário de Koyré incluía pela primeira vez a história da ciência entre as disciplinas ministradas na Ephe. Mais curioso ainda é que, segundo as listas de

---

4 Moscovici, "Est-ce qu'il y a des contre-révolutions scientifiques?", em Redondi (ed.), "Science: The Renaissance of a History", op. cit., p.543.

alunos publicadas nos *Anuários* da École, não houve migração de ouvintes entre os dois seminários que Koyré realizou em Paris.

Podemos notar também a imagem que Koyré atribuiu a si mesmo perante o público: a de orientador de leituras. O seu ensino surge inteiramente centrado na análise conceitual e intertextual das obras. Para ele, não havia interesse na biografia de um autor, mesmo que fosse um sábio, pois o que importava era apenas a obra, ou melhor, um *corpus* de obras contemporâneas, no qual a terminologia, as noções e os símbolos evidenciassem relações surpreendentes e aparentemente misteriosas entre áreas distintas do conhecimento.

A reflexão mais interessante de Moscovici reside na sua lacônica constatação da riqueza dos seminários de Koyré: uma riqueza que se encontrava apenas parcialmente em seus livros. É certo que a obra publicada de Koyré, desde a sua tese sobre *A filosofia de Jacob Boehme* até a coletânea póstuma dos seus *Estudos newtonianos*, foi desenvolvida antecipadamente no âmbito de seus seminários parisienses sobre a História das Ideias Religiosas na Europa Moderna, bem como em universidades americanas, que o convidavam com regularidade após a Segunda Guerra Mundial. Mas em que consistia exatamente a elevada riqueza de seu ensino? Temos outras duas lembranças pessoais, mais eloquentes quanto ao conteúdo de seus seminários.[5] I. Bernard Cohen, um de seus alunos norte-americanos, especificou:

---

5 Além dos testemunhos citados, as atas do colóquio Koyré de 1986 oferecem lembranças sobre Alexandre Koyré por parte de Georges Canguilhem, René Taton, Pierre Costabel, John Murdoch e Roger Hahn; ver Redondi (ed.), "Science: The Renaissance of a History", op. cit., p.8, p.46 ss., p.72, p.338 ss., e p.402 ss.

> [Koyré] nos ensinou a examinar as ideias científicas em relação à matriz do pensamento religioso e filosófico em que elas se enraízam. [...] Ele explicou que a inteligibilidade do desenvolvimento do pensamento científico exigia que nos voltássemos para personagens menores, em vez de limitar a nossa atenção aos titãs: os Newton, os Darwin, os Einstein. Essas grandes figuras só poderiam ser plenamente compreendidas sob a condição de compreendermos o pensamento de estudiosos contemporâneos mais "ordinários". [...] Ele nos ensinou a tentar compreender quantas dessas figuras visavam solucionar problemas de acordo com seus próprios sistemas de ideias e com a filosofia considerada verdadeira em sua época, em vez de classificar seus escritos à maneira de um professor, de acordo com a sua conformidade com a ciência considerada hoje como "verdadeira".[6]

Outra testemunha, comentando um seminário proferido por Koyré na Universidade de Wisconsin em 1953-1954, enfatizou:

> Os elementos mais importantes de sua técnica, tal como os vimos em ação em 1953, eram facilmente reconhecíveis, mas, infelizmente, difíceis de imitar sem a erudição e o talento que eram só dele: 1) um notável instinto para reconhecer problemas frutíferos e conceitos enterrados em uma complexa matriz filosófica e científica; 2) uma leitura atenta dos textos visando compreender como este ou aquele autor concordava ou discordava de seus antecessores e de seus contemporâneos na maneira de formular esses conceitos; e 3) uma perspectiva

6 Cohen, "Koyré in America", em Redondi (ed.), "Science: The Renaissance of a History", op. cit., p.55-70, em particular p.56.

histórica bem refinada, permitindo que as questões fossem consideradas nos termos e no espírito com que haviam sido formuladas.[7]

Esses testemunhos atestam a convicção de ter-se assistido, através da escuta das aulas de Koyré, ao advento de uma história da ciência de um gênero inteiramente novo. Uma reconstrução do entrelaçamento de conceitos e linguagens pertencentes a saberes distintos: em vez de uma representação do passado compartimentada em disciplinas, uma análise sem qualquer fronteira previamente ditada por um critério de demarcação entre o que, aos nossos olhos modernos, pertence à ciência e o que definimos como não científico. Uma exegese dos textos originais destinada a compreender o que era pensável numa cultura diferente da nossa, em vez de um relato retrospectivo do que consideramos ser cientificamente verdadeiro hoje. Um esforço meticuloso para tornar inteligíveis doutrinas esquecidas, errôneas e ultrapassadas, em vez de uma história da ciência "modernista" à maneira de Gaston Bachelard,[8] ou uma história politicamente militante, à maneira de John D. Bernal, também muito popular na década de 1950.[9]

Em suma, durante os seminários, os seus raros alunos aprenderam a compreender as teorias científicas e os autores do passado em relação ao mundo de outrem, e não em relação a nós, ao nosso presente. E, muito provavelmente, esse excedente de riqueza que o seu ensino oral parecia possuir em comparação

7 Clagett; Cohen, "Alexandre Koyré (1892-1964): commémoration", *Isis*, v.57, n.2, p.165 ss., 1966.

8 Ver Bachelard, *L'Actualité de l'histoire des sciences* (1951), reed. em *L'Engagement rationaliste*, p.141.

9 Ver o monumental *best-seller* de John D. Bernal, *Science in History*.

com os seus livros deve ter se situado precisamente ao nível do método. Muito mais do que em seus livros, que se concentravam em grandes autores, em seus seminários aprendia-se que a ciência não era uma verdade em si, mas, isto sim, que era deste mundo e participava inteiramente da sua natureza.

É fato que, nas obras publicadas de Koyré, as reflexões de valor metodológico geral sobre a profissão de historiador raramente aparecem, ou, então, ficam confinadas às notas de rodapé. Muitas vezes, estas trazem observações críticas relativas às simplificações ou esquematizações específicas da historiografia positivista ou marxista que então dominaram a representação do passado científico. Entre seus artigos ou conferências, aqueles que tematizam explícita e especificamente o que significava para ele seu critério metodológico da "unidade de pensamento em suas formas mais elevadas", bem como sua aplicação, limitam-se, por um lado, à sua conferência de 1954, em Boston, intitulada "Influência das tendências filosóficas na formulação de teorias científicas", e, por outro lado, ao seu programa denominado "Orientações de pesquisa e projetos de ensino", escrito em 1951, quando defendeu a criação de uma cátedra de História do Pensamento Científico no Collège de France.[10]

As páginas seguintes pretendem reunir todos os documentos do ensino de Alexandre Koyré que chegaram até nós ou, pelo menos, todos aqueles que pudemos encontrar. Dado que, ao longo da sua carreira de historiador do pensamento religioso

10 Encontraremos mais adiante a versão integral desse importante texto, bem como uma série de documentos que ajudam a esclarecer as circunstâncias desse projeto de renovação da história da ciência na França proposto por Koyré; ver *infra*, "Documento n.16".

e científico, a pesquisa e o ensino estiveram para ele unidos de forma indissolúvel, esperamos que este dossiê possa representar um complemento útil para melhor compreender o autor e, especialmente, o percurso intelectual que lhe permitiu tornar-se o historiador da ciência mais original do século XX.

Demos a esta coletânea o título *Da mística à ciência* por acreditarmos encontrar nessa passagem a chave para a transformação da disciplina realizada por Koyré, que ele próprio declarou ter sido, desde o início de sua pesquisa, cada vez mais inspirada pela noção de "unidade de pensamento", destinada a se tornar com o tempo a categoria mais característica de sua pesquisa.

Esse caráter único de Koyré em relação a todos os outros historiadores da ciência do século XX deve-se, em primeiro lugar, ao fato de ele ter abordado o estudo da ciência do passado não a partir da ciência atual, ou da filosofia da ciência, mas a partir da história do pensamento religioso. Sabemos que Koyré, após ter sido aluno de Edmund Husserl, Adolf Reinach e David Hilbert na Universidade de Göttingen, tomou rumo, decidindo-se a ir a Paris e especializar-se em história da filosofia religiosa medieval e moderna, tendo François Picavet e Étienne Gilson como mestres na Ephe.

O que, sobretudo, o fascinou na cultura parisiense foi, sem dúvida, a existência dessa instituição de ensino superior única no mundo, a Ephe, dedicada à formação de escritores de tese e tão adaptada à sua mente analítica, bem como à sua necessidade de se sentir livre. Sobre esse estabelecimento, onde se formou em História das Ideias e onde lecionou durante quarenta anos, ele disse num artigo publicado em 1931 no *Deutsch-französische Rundschau*:

> Ali, a ênfase principal não está nos resultados, mas nos métodos, não nas conclusões, mas na técnica de pesquisa. O objetivo que a Escola se propõe é, em primeiro lugar, preparar os trabalhadores científicos de amanhã e garantir a sua formação prática e técnica. [...] O que caracteriza a École des Hautes Études é a liberdade que reina em sua vida e em sua estrutura. Já mencionamos que ela faz questão de ignorar programas e exames; mas também é preciso sublinhar que está aberta a todos, sem restrições. [...] As cátedras são completamente independentes umas das outras; nada de currículo; os alunos têm total liberdade na escolha dos cursos que desejam acompanhar. [...] Todas estas particularidades que conferem à École des Hautes Études a sua fisionomia notável são facilmente compreendidas se não perdermos de vista o sentido e a finalidade da Escola: a sua tarefa é servir à ciência, a ciência em curso, e não a ciência estabelecida. Pois a ciência precisa de liberdade.[11]

Se a forma de ensino específica da Ephe foi para Koyré a grande responsável pelo desejo de prosseguir pesquisas de novo tipo transdisciplinar, uma condição determinante para a sua realização foi a escolha por dedicar a sua tese a um tema tão antiquado como "a obra obscura, desigual e confusa"[12] de Jacob Boehme, o teósofo luterano contemporâneo de Kepler e Galileu, considerado um dos mais inescrutáveis autores do misticismo alemão no final do Renascimento e que, no entanto, beneficiou-se de uma influência muito grande sobre a cultura filosófico-científica do século XVII, de Comenius a Henry More e Newton, até o idealismo moderno, de Novalis a Fichte e Hegel.

---

11 Koyré, 1931e ["L'École Pratique des Hautes Études"], e da trad. francesa *infra*, "Documento n.1".

12 Id., 1929a [*La Philosophie de Jacob Boehme*] (aqui 2.ed., 1971, p.vii).

É, portanto, através da mística especulativa de Boehme que o ensino de Koyré decolou em 1922 na 5ª seção da Ephe. E, desde o início, esse assunto levanta a questão das origens da ciência moderna, uma vez que a metafísica de Boehme foi diretamente inspirada na filosofia alquímica de Paracelso, bem como na reforma astronômica de Copérnico. "Os elementos das doutrinas mágicas e a terminologia alquimista de Boehme obrigaram-nos a procurar a origem e as explicações nas teorias de Paracelso."[13] No teosofista de Görlitz, em particular, a concepção alegórica da união entre o homem e o ser divino são modelados no princípio metafísico de correspondência entre o microcosmo humano e o macrocosmo celestial, uma correspondência na qual a filosofia alquímica paracelsiana se baseou. Mais ainda, Koyré também descobre que "a mística de Boehme é, a rigor, incompreensível se não houver referência à nova cosmologia criada por Copérnico".[14] A identificação de Deus com o Sol, que estava destinada a tornar-se no século XVII um *tópos* da mística cristã tanto em Boehme como no espiritismo católico do cardeal de Bérulle, foi influenciada pelo misticismo pitagórico de Copérnico e Kepler, cujo heliocentrismo revelou-se uma doutrina que era ao mesmo tempo astronômica e metafísica:

> Um estudo aprofundado do *De Revolutionibus* mostrou-nos que, independentemente do que tenha sido dito, Copérnico não tem a menor ideia da relatividade (*física*) do movimento, nem da lei da inércia. [...] O Sol não está no centro dos orbes planetários, mas no centro do mundo, e a razão pela qual Copérnico o coloca ali não é uma

---

13 *Infra*, "Relatórios de ensino, 1921-1922".

14 *Infra*, "Documento n.16".

razão matemática de calculador (seus cálculos não são mais simples que os de Ptolomeu); trata-se de uma razão matemática da óptica geométrica e, sobretudo, uma razão metafísica: a dignidade eminente do Sol, fonte de luz, exige que o coloquemos no centro do mundo que ele ilumina.

É também por isso que a doutrina copernicana [...] teve repercussões religiosas antes de exercer uma influência científica, e provocou uma nova adoração ao Sol, imagem visível do Deus invisível e, portanto, encarnação do Filho.[15]

A análise sistemática das fontes do misticismo especulativo alemão do século XVII levantou um véu e lançou luz sobre uma dimensão cultural até então insuspeitada. Em vez de ser uma forma de pensamento irracional e incompreensível, a filosofia de Boehme acabou por ser uma das inúmeras repercussões religiosas da astronomia copernicana e, por sua vez, exerceu influência sobre a ciência de Newton.

Boehme retomou, por exemplo, a teoria defendida por Kepler, segundo a qual o céu das estrelas correspondia a Deus Pai, e o Sol e sua luz, ao Filho, enquanto o espaço e os elementos interpostos eram, de alguma forma, o *corpus* do Espírito Santo. Boehme, no entanto, associa a essa visão cosmoteológica de Kepler a sua própria concepção de uma criação divina por emanação, ou seja, de um processo de geração natural do universo por parte da própria substância divina, na forma de uma emissão comparável àquela por meio da qual a luz se propaga em espaços imensos. Graças a tal forma de criação por emanação, Boheme pôde conceber o mundo em termos de absoluta dependência

15 *Infra*, "Relatórios de ensino, 1929-1930".

em relação a Deus; um mundo inteiramente subordinado à presença divina.

Noutras palavras, a filosofia do teosofista de Görlitz concebeu o mundo natural como a encarnação de Deus: "A substância divina, o *corpus* divino, a matéria divina, preenche o espaço por toda a eternidade".[16] Encontramos um conceito idêntico da relação entre Deus e o universo num leitor de Boehme: Newton. Na ciência de Newton, Deus também tem um caráter de espacialidade, a tal ponto que a prerrogativa divina de onipresença em todos os lugares permite a Newton basear sua física na ideia de um espaço absoluto e infinito que contém em si o universo.

Uma repercussão da teoria copernicana analisada por Koyré, radicalmente diferente, mas igualmente portadora de significado metafísico, é a da ciência de Galileu e Descartes. Eles também encaram o universo como uma criação divina, porém no sentido platônico de leis geométricas que são impostas ao estado caótico inicial da natureza. Essa ideia de um Deus arquiteto permite-nos pensar na autonomia do universo governado por suas próprias "leis naturais".

A revolução da ciência moderna, que Koyré definiu – isso é bem conhecido – como uma transformação completa da concepção do mundo, caracterizada pela geometrização do espaço e pela ideia de um universo infinito, foi, portanto, um dos grandes caminhos pelos quais o pensamento humano tem trilhado para compreender a relação entre Deus e o mundo. Vemos isso em particular graças aos seminários que Koyré dedica à análise da obra de Kepler, Descartes e Newton. Desde o início, ele torna compreensível a famosa teoria das harmonias do universo que

---

16 Koyré, 1929a, op. cit. (aqui 2.ed., 1971, p.113).

tantos sorrisos irônicos suscitou, especialmente com a ideia de que os planetas, ao circularem em velocidade angular variável em torno do Sol, "cantam" harmonias musicais cujos acordes compõem uma grande sinfonia universal.

Até então, considerávamos que essa versão musical associada por Kepler à descoberta da sua terceira lei do movimento planetário pertencia ao emaranhado de estranhas considerações místicas, primitivas e, até mesmo, francamente irracionais, com as quais esse grande astrônomo gostava de enfeitar as suas descobertas fundamentais. É o contrário que é verdade: não é a partir de observações, mas com base numa visão mística da criação divina do universo em chave geométrica que Kepler é levado a postular, em termos de relações harmônicas, a sua terceira lei dos movimentos planetários e, depois, compará-las com os dados observacionais, como Koyré aponta:

> Coisa curiosa para nós, mas não para o Kepler, é que o cálculo das distâncias planetárias a partir das harmonias concorda quase perfeitamente com os dados empíricos (em valores relativos, é claro, ou seja, tomando o raio da órbita da Terra como unidade). A intuição de Kepler é então confirmada, e Kepler canta um hino ao Senhor que deu a ele, um indigno, a graça de penetrar no mistério da Criação.[17]

O caso de Descartes pareceria, à primeira vista, completamente oposto ao de Kepler. A ciência cartesiana, como sabemos, rejeita qualquer vínculo de analogia entre o universo e o seu criador. O que, no entanto, não impede Descartes de, por sua vez, estabelecer as duas leis fundamentais da sua física, quais sejam, a

---

17 *Infra*, "Relatórios de ensino, 1960-1961, 5ª seção".

lei da inércia e a da conservação do movimento, com base na natureza de Deus, e, em particular, na ideia da imutabilidade divina:

> Na verdade, se a ação criadora do Deus imutável é sempre igual e semelhante a si mesma, então, é a mesma quantidade de movimento que [...] mantém os corpos nos seus estados de repouso ou movimento retilíneo. Pode-se argumentar que Descartes deveria ter concluído desde a imutabilidade divina até a eternidade do mundo. Ele, porém, não faz isso. Seria cautela? É possível. Mas também é possível que ele mantenha a criação no tempo por razões religiosas, assim como – apesar da imutabilidade divina – fizeram todos os teólogos cristãos antes e depois dele.[18]

Entre 1933 e 1936, trabalhando em sua investigação sobre as repercussões da teoria de Copérnico, Koyré também se debruçou sobre a ciência de Galileu numa série de três seminários sobre História do Pensamento Religioso na Europa Moderna, que constituem a gestação dos ensaios reunidos alguns anos depois em seu livro *Estudos galileanos*.[19] O objetivo que ele se propôs foi compreender o ponto exato de separação entre Galileu e a astronomia de Copérnico e Kepler que acabamos de ver. Em sua opinião, o que ele chamou de "revolução galileana" consistiu no fato de Copérnico e Kepler, ambos herdeiros da tradição pitagórica, basearem sua astronomia em ideais de simetria e harmonia entre as distâncias e movimentos dos planetas, enquanto a astronomia galileana ignora esse tipo de considerações *a priori* sobre a natureza do cosmo.

---

18 Ibid.

19 Koyré, 1939 [*Études galiléennes*, 3v.].

Estariam, portanto, a filosofia natural de Galileu e a sua cosmologia livres de qualquer influência do pensamento religioso do seu tempo? Koyré voltaria a essa questão mais tarde, na década de 1950, quando suas pesquisas sobre Newton o levaram a examinar o interesse que havia sido despertado em Newton e em outros contemporâneos pela teoria da criação do universo desenvolvida por Galileu nos seus últimos trabalhos científicos. Embora o estudo desse aspecto não seja abordado em seus seminários, ele constitui o objeto de seu ensaio *Newton, Galileu e Platão*, publicado nos *Annales* em 1960.[20]

Em suma, de acordo com Galileu, Deus criou o sistema solar lançando inicialmente os planetas em direção ao Sol e, depois, desviando-os para órbitas circulares nas quais cada planeta manteve constante a velocidade adquirida durante a sua queda. Embora admitindo a imensa dificuldade de calcular a posição a partir da qual Deus gerou os movimentos planetários, o sábio florentino especificou que essa era, no entanto, a versão cientificamente verdadeira da narrativa da criação do universo imaginada por Platão no *Timeu*. Confrontado com a certeza de Galileu na veracidade de tal teoria criacionista que aos nossos olhos parece "extravagante e até um pouco arriscada", Koyré constatou que a própria ciência galileana estava imersa na visão religiosa do mundo típica de seu século:

> Não esqueçamos, todavia, que a fronteira entre o "crível" e o "incrível" para as mentes do século XVII não passava exatamente por onde passa para nós. [...] O próprio Newton não acreditava que Deus havia colocado os corpos celestes a distâncias "exatas" do Sol, e que

20 Id., 1960b ["Newton, Galilée et Platon"].

havia conferido a eles, sequencial ou simultaneamente, as velocidades "exatas" necessárias para que completassem seu circuito? Por que Galileu não poderia ter acreditado que Deus tinha – ou pelo menos poderia ter – utilizado o mecanismo da queda?[21]

Newton é o autor em quem se observa de modo mais interessante essa interligação entre o pensamento religioso e o científico. Koyré fez disso o objeto de uma aprofundada análise durante seus últimos seminários na 5ª seção da Ephe. O último, realizado durante o ano letivo de 1961-1962, trata em particular da controvérsia entre Newton e Leibniz sobre a função de Deus no universo – uma polêmica extremamente útil do ponto de vista histórico, porque permitiu explicitar as convicções religiosas ligadas às noções newtonianas de espaço absoluto e tempo absoluto, como enfatizou Koyré em seus seminários:

> [...] o espaço e o tempo são infinitos, eternos (ou sempiternos) e necessários. Porém, eles não estão "fora de Deus"; não são atributos, mas seguimentos ou consequências necessárias da existência de Deus *in quo vivimur, moremur et sumus* [em que vivemos, morremos e somos]. A onipresença (substancial e não apenas pelo poder) de Deus é a própria condição de sua ação; da mesma forma, o espaço vazio é absolutamente vazio, mas apenas vazio de matéria, porque Deus está presente ali em toda parte.[22]

Assim como Galileu, Descartes e Leibniz, Newton também considerava Deus o criador do mundo. A diferença é que,

21 Id., 1965 [*Newtonian Studies*] (aqui na trad. francesa, 1968, p.260).
22 *Infra*, "Relatórios de ensino, 1961-1962, 5ª seção".

aos olhos de Newton, Deus continuou a preservar o mundo mediante sua ação providencial. Leibniz entendia que Deus era necessário para a existência do universo, pois, sem o pensamento criativo divino e imediatamente eficiente, o universo não poderia subsistir de forma nenhuma; porém, se a criação procede de Deus, a ação deste continua por si mesma, portanto não seria necessário supor uma contribuição extraordinária e constantemente renovada de Deus, que não tinha uma função precisa no mundo: "O mundo de Newton implica a existência de Deus; o de Leibniz não implica nada disso".[23]

Três séculos se passaram desde que, após nascer com Copérnico e Galileu, a ciência moderna atingiu seu apogeu com a física newtoniana. Com a relatividade de Einstein, o espaço absoluto e o tempo absoluto passaram a ser noções especulativas tão estranhas para nós quanto as supostas harmonias que, segundo Kepler, os planetas cantavam. Entretanto, Koyré fez seus alunos ter condições de compreender as razões dessa diferença entre a nossa visão do mundo e a dos promotores da ciência moderna. Para eles, Deus era a medida das coisas, assim como para nós, na era da física relativista e quântica, o homem tornou-se a medida de tudo. Desse ponto de vista, a história do pensamento científico era, assim como qualquer outra história, nas palavras de Marc Bloch, uma ciência das diferenças.[24]

Contudo, para alcançar esse resultado, foi necessário realizar uma revolução metodológica da qual os resumos dos seminários aqui reunidos nos oferecem testemunho. O leitor recordará o início do ensino de Koyré, quando ele, na década de 1920, se

23 Ibid.

24 Bloch, *Mélanges historiques*, t.1, p.8.

dedicava à exegese da filosofia "confusa, obscura e desigual" de Jacob Boehme e Paracelso; também será lembrado que o pensamento e a linguagem mística destes estavam impregnados de símbolos e analogias entre o microcosmo e o macrocosmo, bem como entre Deus e a estrutura trinitária do universo.

Esse tipo de raciocínio analógico fez da mística especulativa do Renascimento uma forma de pensamento com traços comuns com o que a etnologia evolucionista de Lévy-Bruhl denominou mentalidade primitiva ou "pré-lógica", no sentido pejorativo de inferioridade mental em relação à nossa racionalidade moderna. A reviravolta no ensino de Koyré consistiu em recusar tal tipo de dicotomia, como ele especifica a respeito da filosofia alquímica de Paracelso: "Para evitar qualquer mal-entendido, digamos desde já que não admitimos a variabilidade das formas de pensamento, nem a evolução da lógica".[25]

Não surpreende, portanto, que mais tarde, durante a Segunda Guerra Mundial, em Nova York, Alexandre Koyré tenha sido, de certa forma, o mentor de Claude Lévi-Strauss e do seu encontro, na École Libre des Hautes Études, com a linguística estrutural de Roman Jakobson. Entre a história do pensamento científico de Koyré e o "pensamento selvagem" do seu jovem

---

25 Koyré, 1933b ["Paracelse"], reed. em Koyré, 1955a [*Mystiques, spirituels, alchimistes du XVIe siècle allemand*] (aqui 2.ed., 1971, nota p.76). Em seus escritos, Koyré raramente emprega a categoria mentalidade, e, quando o faz, é sempre no sentido de um conjunto de crenças coletivas ou de "ferramentas mentais", segundo a terminologia introduzida por Lucien Febvre: "Não é surpreendente que o período do século XVI [...] seja, repetidamente, um tempo vivido [...] na mentalidade dos homens dessa época reina por toda parte a fantasia, a imprecisão, a inexatidão" (Koyré, 1961a [*Études d'histoire de la penséé philosophique*, aqui 2.ed., 1971, p.356]).

colega antropólogo existiram realmente pontos de contato, e não apenas simetrias. Ambos lidavam com universos de pensamento completamente diferentes do nosso e, ainda assim, coerentes em si mesmos.

Lévi-Strauss herdou de Koyré a luta contra a antinomia entre mentalidade lógica e mentalidade primitiva. Assim como o pensamento místico da Renascença, o pensamento selvagem procedia através de distinções e oposições, e não por meio de participação afetiva. Tratava-se, portanto, de um pensamento tão lógico quanto o nosso, escreveu Lévi-Strauss:

> Certamente, as propriedades acessíveis ao pensamento selvagem não são as mesmas que atraem a atenção dos cientistas. Em cada um dos casos, o mundo físico é abordado a partir de extremos opostos: um supremamente concreto, o outro supremamente abstrato; e isso, tanto na perspectiva das qualidades sensíveis quanto na das propriedades formais. Porém, o fato de esses dois caminhos (pelo menos teoricamente, e se mudanças súbitas de perspectiva não tiverem sido produzidas) estarem destinados a se unir explica por que um e outro, e independentemente um do outro no tempo e no espaço, tenham conduzido a dois saberes distintos, embora igualmente positivos: aquele cuja base foi fornecida por uma teoria do sensível, o qual continua a satisfazer as nossas necessidades essenciais por meio da arte da civilização [...], e aquele que, situado desde o início no plano do inteligível, origina a ciência contemporânea.[26]

Em relação à versão original, esta nova edição beneficiou-se de novos arquivos que foram disponibilizados ao longo das

26 Lévi-Strauss, *La Pensée sauvage*, p.356.

últimas décadas, como os de Fernand Braudel e Louis Velay, bem como da correspondência de Jean Gottmann e dos cartazes dos programas anuais de ensino da Seção de Ciências Econômicas e Sociais da Ephe – esse material lançou novas luzes tanto sobre o ensino de Koyré quanto sobre seu papel ao lado de Lucien Febvre na fundação da 6ª seção da Ephe. Também atualizamos as notas biográficas que introduzem cada capítulo desta coletânea graças a novas pesquisas sobre as instituições universitárias francesas da época de Koyré e sobre sua biografia, além do acréscimo, ao final do livro, de um índice de nomes que inclui os alunos e ouvintes de seus seminários, identificados por suas nacionalidades e idades.

Pietro Redondi

Alexandre Koyré em seu tempo

Alexandre Koyré era "um mestre da leitura".[1] Escreveu relativamente pouco, bem menos do que comunicou no ensino ministrado, durante uma vida inteira dedicada à pesquisa, na École Pratique des Hautes Études (Ephe). O dossiê que reunimos neste livro é o testemunho, tão completo quanto possível, desse ensino.

Koyré foi o último dos historiadores enciclopédicos, tanto no que dizia respeito à multiplicidade de temas tratados (de Platão a Hegel, de Paracelso a Kepler, de Boehme a Espinosa, de Copérnico a Galileu, de Descartes a Newton), quanto em termos da preocupação em encontrar um significado abrangente da nossa civilização. Ele também foi um dos últimos representantes de uma aristocracia intelectual judaica, laica, poliglota e cosmopolita.

De origem russa, com formação filosófica alemã, era francês por adoção e, depois, escolheu os Estados Unidos – sua segunda

1 Belaval, "Les Recherches philosophiques d'Alexandre Koyré", *Critique*, v.20, n.207-8, p.675, 1964.

terra de exílio – como sua segunda pátria intelectual. Esse itinerário corresponde a uma biografia marcada pelos principais acontecimentos de nosso século – duas revoluções russas e duas guerras mundiais – e a um percurso intelectual pontuado por encontros privilegiados: de Husserl a Meyerson, de Gilson a Febvre, de Lovejoy a Panofsky. Grande marginal do sistema universitário francês, desempenhou um dos papéis mais originais na história intelectual do século passado.

O legado mais característico e mais conhecido é o de sua obra como historiador do pensamento científico. "Se a história das ciências atingiu uma maturidade duradoura como disciplina, é em grande medida a Alexandre Koyré que ela deve essa maturidade."[2]

Essa representação – hoje bem aceita – do papel de Koyré como fundador da disciplina "história das ciências" vale para os Estados Unidos na década de 1950. Em 1940, no momento de publicação dos *Estudos galileanos* de Koyré, e de "Ciência, tecnologia e sociedade na Inglaterra do século XVII" de Robert Merton,[3] a história da ciência nos Estados Unidos só era ensinada por I. Bernard Cohen, aluno de George Sarton em Harvard.

Mas, se nos transportarmos para a Europa, e em particular para França, tal imagem de Koyré parece, à primeira vista, uma verdade paradoxal.

De fato, antes de Koyré, a história da ciência já tinha, ali mesmo, em Paris, tudo o que poderia nos fazer reconhecer a

---

2 Clagett; Cohen, "Alexandre Koyré (1892-1964): commémoration", *Isis*, v.57, n.2, p.161, 1966.

3 Koyré, 1939 [*Études galiléennes*, 3v.]; e Merton, "Science, Technology and Society in Seventeenth Century England", *Osiris*, v.4, p.360-632, 1938.

maturidade de uma disciplina profissional: o ensino de cátedras prestigiosas no Collège de France e na Sorbonne, um instituto universitário moderno (da Sorbonne) emitindo diplomas, duas revistas especializadas – uma internacional e outra nacional, *Archeion* e *Thalès* –, coleções editoriais, manuais de grande porte,[4] congressos internacionais e até mesmo um fórum da ordem profissional dos historiadores da ciência – a Académie Internationale d'Histoire des Sciences. Nessas circunstâncias, qual pode ser o significado do papel fundador que hoje atribuímos a Koyré?

A história das ciências teve um passado glorioso, do qual guardamos os monumentos imperecíveis, fruto do trabalho de filósofos e estudiosos experientes que dedicaram as suas horas livres à erudição. Porém, como eles próprios admitem, a história para eles não era um fim, mas um meio de corroborar e enriquecer a compreensão metodológica dessa ciência "moderna" que admiravam ou praticavam.

Koyré não era um cientista nem um lógico. Ele se apresentava como um historiador das ideias religiosas e do pensamento científico. Enquanto historiador do pensamento científico, ele não ampliou a erudição positivista. Colocou-se imediatamente num patamar diferente por uma inversão de atitude crítica em relação à ciência do passado. Não se tratava de corrigir teorias erradas ou insuficientes, mas de transformar os quadros de compreensão histórica, de inverter tanto a atitude natural dos cientistas, para quem o objeto da história das ciências era idêntico ao objeto da sua ciência, quanto a dos filósofos, para os quais a história das ciências ganhou valor e se resolveu na epistemologia.

---

4 Mieli; Brunet, *Histoire des sciences: antiquité.*

Koyré mostrou aos cientistas que a história da astronomia ou da mecânica não se constituía apenas de fatos "científicos", mas que neles se revelavam concepções religiosas e ontológicas, cosmologias e pensamentos matemáticos; e aos filósofos, que a diferença entre a ciência e a não ciência – ciência e metafísica – não poderia ser estabelecida do ponto de vista lógico, *a priori*: na história, os argumentos científicos, que para nós (para a nossa filosofia) são "racionais" ou "positivos", emanam de princípios filosóficos e religiosos diferentes dos nossos. Mais ainda, Koyré demonstrou que qualquer ciência é solidária com uma metafísica.

Graças a essa transformação, os dados da ciência do passado reunidos pelos eruditos tornaram-se, com Koyré, compreensíveis no âmbito de um conhecimento histórico. Tal transformação garantiu no curto prazo uma mudança radical na ideia de ciência. A tradicional relação de inteligibilidade entre epistemologia e história da ciência foi invertida. Depois de Koyré, o método histórico afirmou-se como um novo tipo de análise da ciência. Até mesmo a filosofia da ciência, na década de 1960, pôs-se a acompanhar a história. Daí decorreu um debate epistemológico marcante em nossa cultura, que se desenvolve fora da história e até contra ela, enquanto procede dela.

Sucessor crítico de Pierre Duhem, Koyré, ao abandonar a história positivista, manterá as suas conquistas. Entretanto, o verdadeiro predecessor de sua abordagem histórica foi Paul Tannery. O primeiro se apresentava como "historiador" das ciências, um praticante da "história pura", enquanto Paul Tannery era um cientista que havia sido preparado pela Polytechnique para dirigir a administração de tabaco em Pantin, mas que se convertera ao helenismo e à leitura dos matemáticos gregos. A partir de seu estudo sobre a mecânica galileana – publicado em 1901 na *Revue*

Générale des Sciences Pures et Appliqués –, Tannery passa a utilizar a noção de "estado de espírito contemporâneo" entendida como um conjunto de conhecimentos e crenças que regem o pensamento de uma comunidade, o que mais tarde receberia o nome de "mentalidade" até, finalmente, transformar-se, com Koyré, na noção de "quadro" ou "estrutura de pensamento".

O próprio Alexandre Koyré citará nos seus *Estudos galileanos*[5] e em seu artigo "Galileu e Platão", publicado no *Journal of the History of Ideas*,[6] a mensagem essencial da "história pura" de Tannery, da qual se valerá para estudar Galileu:

> Se ignorarmos os preconceitos que derivam da nossa educação moderna para julgar o sistema dinâmico de Aristóteles, se procurarmos nos colocar no mesmo estado de espírito de um pensador independente no início do século XVII, então é difícil desconhecer que esse sistema é muito mais consistente do que o nosso, que é baseado na observação imediata dos fatos.[7]

Inscrever, do ponto de vista intelectual, a ciência em seu tempo. Escapar dos "preconceitos" resultantes da nossa ciência atual, reconstituir a paisagem intelectual e o "estado de espírito" dos homens do passado para os quais uma teoria era pensável, revivê-la com eles era, em história das ciências, colocar um problema crítico tão inédito quanto aquele do "anacronismo".

Paul Tannery foi o primeiro – e o único até Koyré – a praticar a análise conceitual do texto de Galileu em relação ao contexto

5 Koyré, 1939, v.3, op. cit. (aqui 2.ed., 1966, p.215).
6 Id., 1943b ["Galileo and Plato"] (aqui 2.ed., 1966, p.192).
7 Tannery, "Galillée et les príncipes de la dynamique", *Revue Générale des Sciences Pures et Appliquées*, v.12, p.334, 1901 (reed. 1926, p.399).

histórico, desafiando a caracterização experimental e descritiva do progresso científico de Ernst Mach em *Die Mechanik in ihrer Entwicklung historisch-kritisch dargestellt* [A mecânica: exposição histórica e crítica de seu desenvolvimento].[8]

Para Tannery, os dois princípios fundamentais da dinâmica galileana, o princípio da inércia e o da composição dos movimentos, não deviam de forma alguma ser mantidos como verdades da experiência. Ele destacou o papel desempenhado pela teoria copernicana na evolução do pensamento de Galileu na física, desde a mecânica medieval presente nos primeiros escritos do sábio até a mecânica moderna de seus *Discursos sobre as duas novas ciências*, de 1638.

Contudo, esses dois princípios da nova doutrina galileana não são verificáveis na superfície da Terra. São postulados teóricos, "máquinas de guerra"[9] concebidas por Galileu por inferência lógica com base em sua adesão ao sistema heliocêntrico. O princípio da inércia estava ligado à hipótese astronômica que lhe dava um sentido.

A mecânica galileana introduziu na história postulados semelhantes aos da geometria de Euclides. Estes, porém, foram admitidos desde a origem da ciência, ao passo que os princípios da nova física surgiram, após dois mil anos de especulação especializada sobre o movimento, para contrariar a física tradicional, próxima do senso comum.

Era necessário, portanto, justificar uma física como a dinâmica matemática de Galileu, que estava tão distante da experiência. Seu pretenso fundamento experimental, segundo Tannery, não passava de "justificativa metódica" adotada em função da

---

8 Mach, *Die Mechanik in ihrer Entwicklung historisch-kritisch dargestellt*.

9 Tannery, "Galillée et les príncipes de la dynamique", op. cit., p.335.

necessidade em questão, que era defender o heliocentrismo de Copérnico.[10] A reconstrução histórica de Paul Tannery foi simplesmente subversiva para a epistemologia positivista. As "pretensas leis"[11] da ciência experimental anunciadas do alto da torre de Pisa pelo pai da física moderna reduziam-se a uma estratégia intelectual. Acima de tudo, Tannery contestou o recurso tradicional, no ensino da física, dos modernos aparatos experimentais, inventados peça por peça para que pudessem "provar" as leis de Galileu. Tannery foi capaz de emitir uma interpretação histórica tão revisionista, e até mesmo iconoclasta, porque se considerava um historiador da ciência atípico:

> É claro que, para ser um bom historiador da ciência, é preciso querer, acima de tudo, dedicar-se à história, ter gosto por ela; é preciso desenvolver em si o senso histórico, essencialmente diferente do senso científico: enfim, é preciso adquirir um número de conhecimentos auxiliares indispensáveis para o historiador, embora estes sejam absolutamente inúteis para o estudioso que se interessa apenas pelo progresso da ciência [...]. Reivindico para o historiador das ciências tudo o que estiver relacionado às ações recíprocas das ciências entre si, bem como às influências exercidas sobre o progresso científico ou a estagnação pelos ambientes intelectual, econômico e social. Em particular, ele deve se esforçar por reconstituir em torno dos grandes estudiosos o círculo das ideias que eles atravessaram e em relação às quais conseguiram promover ruptura ou ampliação.[12]

10 Ibid., p.335.
11 Ibid., p.338.
12 Id., "De L'Histoire générale des sciences", *Revue de Synthèse Historique*, v.8, p.13, 1904.

Em 1903, Tannery apresentou-se, portanto, "como historiador"[13] no concurso para a cátedra Laffitte de História Geral das Ciências no Collège de France. Ele defendeu, em sua aula inaugural cuidadosamente escrita, mas nunca proferida, um programa de "síntese histórica" ou de história "da ciência" contra as histórias "de uma ciência particular".[14]

Convencido de que essa "história pura" era necessária, também não poupou os epistemólogos. Em seu projeto de ensino, dirigido aos professores do Collège de France, expressou-se da seguinte maneira: "No que diz respeito à filosofia, o contato com ela pelo menos me fez adquirir a profunda convicção de que os métodos históricos são radicalmente diferentes dos métodos filosóficos, e que, por conseguinte, o ensino da história das ciências deve ser separado daquilo que hoje se denomina a filosofia da ciência".[15]

Afirmações tão radicais, naquele momento, eram desconcertantes: a "ciência moderna" era divinizada em seus eternos fundamentos filosóficos. Uma nova crítica histórica teria sido necessária. Tannery apenas a pressentia.

Por uma decisão ministerial que suscita arrependimentos até hoje, mas que não é totalmente incompreensível, a cátedra do Collège de France foi atribuída a um cientista, Grégoire Wyrouboff, que era reconhecido tanto por suas controvérsias favoráveis à "ciência positiva"[16] quanto pela revista *La Philosophie*

13 Id., "Titres scientifiques", *Mémoires Scientifiques*, v.X, p.131, 1930a.

14 Id., "Lettre à P. Duhem, 5 janvier 1904", em "La Chaire d'Histoire Générale des Sciences au Collège de France", *Mémoires Scientifiques*, v.X, p.161, 1930b.

15 Id., "Titres scientifiques", op. cit., p.134.

16 Wyrouboff; Goubert, *La Science vis-à-vis de la religion*.

Positive, da qual foi fundador com Littré. Até 1912, Wyrouboff ensinou teorias de química e física modernas no Collège de France, que correspondiam bem a essa "história das ciências exatas e modernas" que se esperava dele.

O próprio Paul Tannery, em uma carta para Pierre Duhem em 1904, justificou esse fracasso: "Para a cátedra de História das Ciências era necessário passar por três estados, e depois do estado teológico devidamente representado por Pierre Laffitte, era indispensável o estado metafísico, que o sr. Wyrouboff sem dúvida representava ainda melhor".[17]

Tannery e Duhem compartilhavam a convicção de que pertenciam à terceira etapa: o estado positivo da história das ciências.

A época deles viu o encerramento das ciências experimentais na exatidão dos seus métodos de conhecimento. Uma vez que os fatos verdadeiros surgiram no passado, as teorias da ciência moderna desenvolveram-se com base no conhecimento cada vez mais expandido e aperfeiçoado dos fenômenos naturais. A época deles, do ponto de vista intelectual, para não se dizer cronológico, foi uma era pré-relativista e pré-indeterminista.

O momento estava para aquilo que os anglo-saxões chamam de "história Whig", história baseada na ideia de "progresso". O movimento do conhecimento consiste em aproximar-se do presente; o passado é lido a reboque. Os conhecimentos atuais nos fazem negligenciar erros e desvios, que são eliminados sob uma luz finalista.

E onde poderia essa história de progresso ser mantida por mais tempo – e ela de fato é mantida ainda hoje – senão na história das ciências, onde a tentação inevitável do cientista é

---

17 Tannery, "Lettre à P. Duhem, 5 janvier 1904", op. cit., p.161.

considerar o conhecimento moderno como um modelo naturalmente cada vez mais conforme à realidade, tendo, portanto, sempre existido e presidido a evolução da ciência contra ou apesar do erro?

O "senso histórico" de Tannery foi eclipsado pela monumental obra de história das ciências de Pierre Duhem. Um buscou os argumentos das teorias, o outro tomou a história das ciências como objeto para aí encontrar o valor eterno do conhecimento científico. Um queria ser reconhecido como historiador, o outro, como o grande físico e químico que foi no controverso campo da teoria da energia na termodinâmica.

Ao apresentar-se em 1913, após a morte de Wyrouboff, para uma cátedra de Física Teórica no Collège de France, Pierre Duhem observa que "a história do desenvolvimento da física veio confirmar o que nos ensinou a análise lógica dos processos empregada por essa ciência: ambas nos permitiram renovar a confiança na fecundidade futura do método energético".[18]

Com Duhem vimos o grande estudioso contestado desempenhar o papel de metodologista e o metodologista desempenhar o papel de historiador. Em busca da verdade na história, Duhem removeu "as coberturas que a ciência do passado infelizmente conheceu: o sentido claro, porém, errôneo e perigoso, que Copérnico, Galileu e Kepler compreenderam em seu tempo".[19]

Ao vincular problemas epistemológicos às questões documentais, Duhem os evocava para uma análise histórica sem precedentes. Sua melhor obra: a série *Études sur Léonard de Vinci: ceux*

18 Duhem, *Notice sur les titres et travaux scientifiques de Pierre Duhem*, p.125.

19 Id., *Sauver les phénomènes: essai sur la notion de théorie physique de Platon à Galilée*, p.140.

qu'il a lus, ceux qui l'ont lu [Estudos sobre Leonardo da Vinci: aqueles que ele leu, aqueles que o leram] (1906-1913), especialmente o terceiro volume, intitulado *Les Précurseurs parisiens de Galilée* [Os precursores parisienses de Galileu], apresentou resultados surpreendentes.

Duhem ficou "deslumbrado e arrebatado"[20] por sua própria revelação da ciência medieval. Diante de uma ciência aristotélica imersa em uma metafísica que Duhem, como Descartes antes dele, considerava perfeitamente ininteligível para o senso comum, ocorre então o retorno a uma teoria física natural, no âmago da Idade Média cristã, consistente com o bom senso e com a experiência. Foi a teoria medieval do *impetus*, segundo a qual o movimento dos corpos é descrito como virtude do mover-se impressa no móbil.

A sua descoberta foi tão providencial quanto um milagre: nos manuscritos de Galileu publicados na Itália por Antonio Favaro em 1890, Pierre Duhem identificou duas citações dos *Doctores parisienses*, os "precursores de Galileu". Nessas bases, ele apresentou a sua tese histórica fundamental em 1913:

> Se tivéssemos que atribuir uma data ao nascimento da ciência moderna, sem dúvida escolheríamos essa data de 1277, quando o bispo de Paris proclamou solenemente [contra Aristóteles] que poderiam existir vários mundos e que o conjunto das esferas celestes poderia, sem contradição, ser animado por um movimento retilíneo.[21]

20 Koyré, 1966 [*Études d'histoire de la pensée scientifique*], p.103.

21 Duhem, *Études sur Léonard de Vinci: ceux qu'il a lus, ceux qui l'ont lu*, v.3 (1913), p.411.

"Esse livro de Duhem é o ponto de partida para toda a pesquisa moderna", escreverá mais tarde Koyré.[22] De fato, nos *Estudos sobre Leonardo da Vinci*, a história das ciências teve o privilégio de expressar finalmente, nos moldes de uma erudição secular, a sua primeira tese histórica.

A tese de Duhem foi o desafio de uma história lógica, puramente interna, que se apoiava diretamente nas fontes. Tal desafio só será enfrentado por um livro intitulado *Estudos galileanos*... Contudo, foi primeiramente necessário caracterizar o problema do anacronismo na história.

O seminário de Koyré de 1934-1935 sobre "Galileu e a formação da ciência moderna" nos deixa o testemunho persuasivo de uma dívida intelectual para com Duhem: "A observação de um fato nunca derruba uma teoria: pois, para ser vitorioso, Galileu carecia de uma teoria do fato observado e de uma teoria da própria observação (teoria do instrumento)".

O que se seguiu à obra de Duhem foram dois blocos formados na década de 1930 em Paris. Por um lado, aqueles que afirmavam fazer parte da "história da ciência",[23] entendendo por isso o estudo da origem e da linhagem das descobertas. Eles assumiram a responsabilidade jurisdicional pelos méritos científicos nacionais e pelas disputas internacionais em matéria de prioridade científica. Sonhavam com uma Academia de História das Ciências na mesma escala da Liga das Nações. Seu porta-voz foi o químico Aldo Mieli, êmulo de Duhem no estudo dos precursores nacionais das descobertas:

---

22 Koyré, 1966, op. cit., p.103.

23 Mieli; Brunet, *Histoire des sciences*, op. cit.

> Foi exatamente através das considerações gnoseológicas de Duhem e Mach que penetrei profundamente no campo da história das ciências e fui levado a dedicar a ela minha vida intelectual. [Duhem] confirmou-me na prossecução dos meus estudos e indenizou-me largamente por alguns ataques de um ou dois historiadores presunçosos, bem como pelo ceticismo benevolente de alguns historiadores genuínos que não queriam admitir a possibilidade de uma história geral das ciências.[24]

Os "historiadores presunçosos" estavam no segundo bloco: o partido de uma "história filosófica da ciência". Eles filiaram-se a Tannery e interrogavam-se sobre a questão "história das ciências ou história da ciência?".[25] Abel Rey, Hélène Metzger, Lucien Febvre e o matemático italiano Federigo Enriques estavam à frente desse grupo, ao qual Alexandre Koyré logo se juntou. Seus mentores eram os críticos do positivismo: Léon Brunschvicg, Émile Meyerson e Pierre Boutroux. Este último, aluno de Tannery e Brunschvicg, também foi nomeado em 1920 para uma nova cátedra de História da Ciência no Collège de France, porém lecionou ali por apenas dois anos.

O cerne do debate era a gênese dos conceitos e a relação entre matemática e física, como se ciência e filosofia se misturassem numa "fecundação mútua".[26] Partilhavam a ainda confusa

24 Mieli, "Souvenirs sur Duhem et une lettre inédite de lui", *Archeion*, v.19: Colloque Pierre Duhem, n.2-3, p.140, 1937.

25 Rey, "Revue d'Histoire des Sciences", *Revue de Synthèse Historique*, v.31, p.122-5, 1920.

26 Koyré, 1963b ["Commémoration du cinquantenaire de la publication des *Étapes de la philosophie mathématique* de L. Brunschvicg"], p.47.

convicção de que era necessário ir além da história puramente interna ou lógica da ciência:

> A história cujo plano procuramos esboçar dará pouca atenção às descobertas isoladas, desligadas do seu meio: o seu principal objetivo será estudar as grandes correntes do pensamento matemático, atribuindo a cada fato o seu devido lugar, não na ciência como ela existe hoje, mas na ciência dos sábios que estudaram especialmente esse fato e que lhe atribuíram um papel importante.[27]
>
> Alinhar cronologicamente fórmulas e progresso técnico é uma faina tão vã quanto ridícula. Porém, do ponto de vista da verdadeira história das ciências (aquela que tem o seu ponto de apoio, o seu centro na história do pensamento e das ideias científicas, e que pretende situá-la na evolução da humanidade), essa noção não é nada: esqueleto descarnado, ossos conectados por cordões. Não, a história das ciências é sobretudo a história do seu espírito filosófico, da representação que a cada momento os homens fizeram do universo, quando tentaram especificá-lo e legitimá-lo, e fornecer as suas provas e as suas razões com máxima abrangência. [...] O homem sempre teve uma representação do mundo, e essa representação está no centro das suas determinações de ordem prática e social. Se essas representações são coletivas, elas ainda têm muito mais peso do que as suas modalidades intelectuais na reconstrução da civilização geral e na evolução da humanidade.[28]
>
> Acreditamos que a teoria do pensamento espontâneo, tal como o sr. Lévy-Bruhl a formulou, baseando-se em fatos estranhos à nossa

27 Boutroux, *L'Idéal scientifique des mathématiciens dans l'Antiquité et dans les temps modernes*, p.13.

28 Rey, "Avant propôs", *Thalès*, v.1, p.xvi, 1934.

mentalidade, pode, se interpretada adequadamente, ajudar o historiador das ciências a penetrar nas mentes dos estudiosos cuja obra ele deve analisar. A etnologia e a história das ciências provavelmente colaborarão no futuro para nos dar uma visão mais precisa da estrutura da mente humana.[29]

Recompor pelo pensamento, para cada uma das épocas estudadas, o material mental dos homens daquela época; reconstituir, através de um poderoso esforço de erudição e, ao mesmo tempo, de imaginação, o universo, todo o universo físico, intelectual e moral de cada uma das gerações que o precederam; conceber um sentimento muito forte e muito seguro de que a insuficiência das noções de fato e a pobreza correlativa das teorias devem produzir lacunas e deformidades nas representações de todos os tipos que forem feitas do mundo, da vida, da religião, da política também, de uma determinada comunidade histórica; protegendo-nos assim contra esses formidáveis anacronismos – os menos reconhecidos como tais e, no entanto, os maiores, os mais grosseiros de todos [...] eis o que, na minha opinião, e quanto mais penso nisso, é o ideal supremo, o objetivo final do historiador.[30]

A história da ciência exigia a entrada na história dos homens. Sentido, tradução, modalidade de pensamento, representação do mundo, atmosfera histórica, mentalidade, jogo de erros e lacunas: um vocabulário intuitivo, difícil de estruturar num discurso histórico.

---

29 Metzger Bruhl, "La Philosophie de Lucien Lévy-Bruhl et l'histoire des sciences", *Archeion*, v.12, n.1, p.23, 1930.

30 Febvre, "Un Chapitre de l'histoire de l'esprit humain: les sciences naturelles de Linné à Lamarck et Cuvier", *Revue de Synthèse Historique*, v.43, p.56, 1927.

Contudo, essa sobreposição de recusas polêmicas e de esforços de inteligibilidade rompeu com a história das ciências tradicional, com as suas avaliações finalistas e com o seu recurso direto às citações.

A história das ciências foi impactada pela sociologia de Durkheim e Weber e pela etnologia de Lévy-Bruhl. Porém, havia outro impacto igualmente decisivo: o da teoria da física relativista.

De fato, com o advento desta última, a história lógica de Duhem capitulou. A física de Einstein era excomungada por Duhem como abstrata, geométrica e ilógica:

> A nova física não se contentou em confrontar outras teorias físicas, particularmente a mecânica racional; a contradição com o senso comum não a fez recuar [...] Se essa nova física, desdenhosa do senso comum, choca-se com tudo o que a observação e a experiência permitiram construir no campo da mecânica celeste e terrestre, o método puramente dedutivo não terá do que se orgulhar quanto a isso além do rigor inflexível que adotará até levar seu postulado às últimas consequências.[31]

A física relativista, por outro lado, apareceu para a geração de Koyré como o advento do conhecimento não newtoniano num universo que ainda permanecia tão determinista quanto o da física clássica.

Koyré mais tarde sublinhou a influência recebida de Meyerson em favor do "estudo do raciocínio científico aplicado ao

31 Duhem, "Quelques Réflexions sur la science allemande", *Revue des Deux Mondes*, v.25, p.680 e p.686, 1915.

pensamento coletivo, investigando a gênese das concepções na história, a sua evolução [...] com a ajuda da história das ciências".[32]

Para Meyerson, o caráter dedutivo da teoria da relatividade era o modelo do pensamento científico realista: uma concepção do real baseada no espaço, válida para todos os observadores, segundo a qual a realidade é a geometria da estrutura.[33] Einstein era, portanto, uma reminiscência de Descartes. Koyré se acomodará nessa periodização: "A física moderna, ou seja, aquela que nasceu com e nas obras de Galileu Galilei, e que se completou nas de Albert Einstein, considera a lei da inércia como sua lei mais fundamental".[34]

Do ponto de vista lógico, o princípio da inércia deveria ter sido anterior ou pelo menos simultâneo à teoria heliocêntrica. Porém, como Meyerson apontou no seu livro *Identité et réalité* [Identidade e realidade], Copérnico não parece ter percebido a necessidade de se definir a mecânica logicamente para os movimentos planetários. Em 1948, durante seu discurso na XIV Semana de Síntese, Koyré fez questão de lembrar:

> A história do pensamento científico não é lógica. O fato de Tycho Brahe vir depois de Copérnico mostra que esta história não é lógica porque, em termos razoáveis, ele deveria vir antes dele.[35]

---

32 Meyerson, "Les Coperniciens et le principe d'inertie", em *Identité et réalité*, apêndice III.

33 Id., *La Déduction relativiste.*

34 Koyré, 1966, op. cit. (aqui 2.ed., 1973, p.197).

35 Id., 1951c ["Les Étapes de la cosmologie scientifique"], p.30.

> [...] A história do pensamento científico não é inteiramente lógica. Além disso, para compreender a sua evolução, devemos levar em conta fatores extralógicos. Assim, uma das razões – provavelmente a mais profunda – da grande reforma astronômica levada a cabo por Copérnico não foi nada científica.[36]

Durante a sua pesquisa sobre a história das ideias religiosas na Ephe, Alexandre Koyré encontrou o modelo de compreensão para o "grande problema da ilógica reforma copernicana". Os seminários de Koyré na École foram a oficina de seu método. Na sua continuidade, os resumos desses seminários manifestam a passagem da história religiosa à história das ciências, fruto do estudo do problema do infinito. Esse problema apareceu em Koyré já em 1922, quando este publicou as suas "Remarques sur les paradoxes de Zénon" [Observações sobre os paradoxos de Zenão] no *Jahrbuch* de Husserl[37] e a sua tese, *Essai sur l'idée de Dieu et les preuves de son existence chez Descartes* [Ensaio sobre a ideia de Deus e as provas da sua existência em Descartes], preparada sob orientação de Gilson.[38]

Em Descartes, o infinito de Deus corresponde à noção de movimento como "estado": ilimitado no tempo e no espaço, movimento inercial. Pelo contrário, no pensamento escolástico, o movimento era concebido como um ato, tendo um começo e um fim: "Toda a oposição entre a física antiga e a física moderna se reduz a isto: enquanto para Aristóteles o movimento é necessariamente um ato, ou, mais precisamente, uma atualização

---

36 Ibid., p.19; e reed. em Koyré, 1966 [*Études d'l'histoire de la pensée scientifique*] (2.ed., 1973, p.95).

37 Koyré, 1922a ["Bemerkungen zu den Zenonischen Paradoxen"].

38 Id., 1922b.

[...] ele se torna, tanto para Galileu quanto para Descartes, um estado".[39]

As provas aristotélicas da existência de Deus eram fundamentadas na impossibilidade de conceituar o infinito. Por outro lado, na tradição neoplatônica, a realidade de um mundo finito diante de um Deus infinito torna-se paradoxal. Em sua tese de diploma da Ephe, elaborada sob orientação de François Picavet, a ideia do infinito na prova ontológica da existência de Deus, em Santo Anselmo, aparece para Koyré como "a verdadeira revolução do pensamento filosófico".[40] Mais tarde, ele escreveria: "Eu era então – ah, minha fé!, talvez ainda o seja – ao mesmo tempo muito cantoriano e muito pitagórico. Estava pronto a admitir com Kronecker que foi Deus quem criara o número inteiro, mas não admiti que todo o resto fosse invenção humana: também acreditei que, ao mesmo tempo, ou um pouco antes, ele tenha também criado o contínuo".[41]

Assim, desde o início, o ensino de Koyré sobre a história do pensamento religioso declarou a sua perspectiva e o seu ponto de referência: as "subestruturas" intelectuais da revolução da ciência moderna e a substituição da ontologia.

De 1929 a 1932, as conferências abordaram, pelo estudo da cosmologia de Copérnico, o tema "ciência e fé no século XVI". Eram tratadas as inspirações e, sobretudo, as repercussões religiosas do heliocentrismo de Copérnico; depois, em 1931-1932 e 1932-1933, o pensamento metafísico-matemático de Nicolau de Cusa sobre o infinito.

---

39 Id., 1961a [*Études d'histoire de la pensée philosophique*] (aqui 2.ed., 1971, p.32).

40 Id., 1923a [*L'Idée de Dieu dans la philosophie de Saint Anselme*], p.227.

41 Id., 1963b, op. cit., p.44.

Assim como Meyerson, Koyré busca, através de um estudo aprofundado de Copérnico, os traços da "ideia da relatividade (física) do movimento e da lei da inércia". No lugar disso, encontra uma cosmologia. Ele dá, portanto, uma resposta de ordem histórica ao problema histórico do sistema copernicano tal como Meyerson havia levantado: Copérnico, "herdeiro da tradição pitagórica e neoplatônica (metafísica da luz), desenvolve sua construção astronômica a partir da visão do cosmo".

De 1934 a 1937, Koyré continuou essa investigação examinando o "sentido das repercussões espirituais da revolução galileana", a fim de determinar "o ponto exato que separa Galileu dos seus antecessores". Onde ocorre a transformação galileana? Os problemas colocados por essa questão preliminar surgem do pensamento religioso do século XVII. Primeiro, o infinito e a autonomia do universo, que são expressos pela lei da inércia. Em segundo lugar, a substituição da noção geométrica de espaço pela noção empírica de lugar e, com isso, a negação do cosmo hierarquicamente ordenado e a afirmação da extensão indefinida ou infinita do universo. E, finalmente, o abandono de qualquer explicação finalista em favor de explicações mecanicistas. Não nos deteremos nessa caracterização clássica desenvolvida nas obras de Koyré. É importante ressaltar que tal caracterização não surgiu do nada. Na verdade, ela remonta à história da filosofia do Renascimento que, na década de 1930, constituía a base do ensino de Koyré na Ephe.

A ideia do platonismo de Galileu adotada com determinação por Koyré remonta à obra-prima de Ernst Cassirer, *Das Erkenntnisproblem in der Philosophie und Wissenschaft der neueren Zeit* [O problema do conhecimento na filosofia e na ciência modernas] (1906-1907), que colocava a questão da história do pensamento moderno em termos da luta entre platonismo e aristotelismo:

> Descrever a luta entre o platonismo e o aristotelismo em toda a amplitude e profundidade de seus conflitos conceituais equivaleria a escrever a história do pensamento moderno. E tal perspectiva não exerce a sua influência apenas na criação de grandes sistemas filosóficos. Nem mesmo o estudo das ciências exatas pode desenvolver-se ou tomar forma sem enfrentar a cada passo os problemas aí escondidos. Só poderemos compreender em seus aspectos específicos a construção da ciência de Galileu e Kepler se a considerarmos nesse movimento histórico. [...] Galileu compreendeu que o verdadeiro mérito da descoberta copernicana não consistia em seu resultado, mas na nova forma de pensar (*Denkweise*) que através dela se manifestava. [...] A intuição da totalidade da natureza e a sua fusão num "cosmo" unitário continuam a ser os objetivos da investigação. Contudo, é claro que essa intuição unitária não depende do conhecimento sensível, mas deve ser elaborada pelos instrumentos racionais e matemáticos do conhecimento: a compreensão da realidade passa por fases intermediárias que só o pensamento, e não a percepção sensível, pode validar.[42]

Nos *Estudos galileanos*, Koyré esclareceu sua relação com as ideias de Cassirer nos seguintes termos:

> O senhor E. Cassirer, em seu *Erkenntnisproblem*, acredita que Galileu renovou o ideal platônico da ciência que compreende; daí decorre,

42 Cassirer, *Das Erkenntnisproblem in der Philosophie und Wissenschaft der neuren Zeit* (aqui 2.ed., 1922-1923, p.80 e p.318).

> para Galileu (e Kepler), a necessidade de matematizar a natureza [...]. Infelizmente, pelo menos em nossa opinião, o senhor Cassirer kantizou, por assim dizer, Platão. Assim, o platonismo de Galileu é traduzido para ele pela prevalência dada por ele à função e à lei sobre o ser e sobre a substância.[43]

Aluno de Cassirer, o historiador americano do pensamento filosófico e religioso Edwin Arthur Burtt cruzou a distância imperceptível que ainda havia entre a história da filosofia e a história das ciências através de seu *Metaphysical Foundations of Modern Physical Science* [Fundamentos metafísicos da ciência física moderna] (1925).

Koyré confirmará nos *Estudos galileanos* a sua adesão a esse grande livro: "É o senhor E. Burtt que parece ter mais bem compreendido a subestrutura metafísica – o matematismo platonizante – da ciência clássica".[44] Já Hélène Metzger Bruhl, em sua tese da Ephe, *Attraction universelle et religion naturelle chez quelques commentateurs anglais de Newton* [Atração universal e religião natural entre alguns comentaristas ingleses sobre Newton], o definiu como "um livro de primeira ordem, que usamos frequentemente".[45] É nesse livro que, pela primeira vez, a história das descobertas científicas aparece inscrita em uma visão da história intelectual:

> Vamos primeiro estabelecer o contraste metafísico essencial entre o pensamento medieval e o pensamento moderno relativamente à concepção da relação do homem com o seu meio natural. Para a

43 Koyré, 1939, op. cit. (aqui 2.ed, 1966, p.215).

44 Ibid.

45 Metzger Bruhl, *Attraction universelle et religion naturelle chez quelques commentateurs anglais de Newton*, p.22.

> corrente prevalecente do pensamento medieval, o homem ocupa um lugar mais significativo e determinante no universo do que o domínio da natureza física, ao passo que, na corrente principal do pensamento moderno, a natureza ocupa um lugar mais autônomo, mais determinante e mais permanente do que o homem. [...] O universo inteiro era um lugar pequeno e finito, e era o lugar do homem, e este ocupava o centro daquele... Em última análise, o universo visível era infinitamente menor do que o domínio do homem. O estudioso medieval nunca esqueceu que sua filosofia era uma filosofia religiosa.[46]

Burtt apresentou um problema que acreditávamos estar resolvido, mas que nunca havia sido analisado dessa maneira: o que foi a revolução científica para aqueles que a viveram? "Por que Copérnico e Kepler, antes de qualquer confirmação das novas hipóteses sobre a Terra como um planeta em rotação, acreditaram que essa era uma imagem real do universo?"[47] Burtt atribuiu ao platonismo matemático de Galileu o papel ontológico da ciência moderna:

> O espaço físico foi admitido como idêntico ao domínio geométrico e o movimento físico foi recebido como um conceito matemático puro. Daí, na metafísica de Galileu, o fato de espaço (ou distância) e tempo tornarem-se categorias fundamentais. O mundo real é o mundo dos corpos em movimento matematicamente redutível. O mundo real é um mundo de movimento matematicamente mensurável no espaço e no tempo.[48]

---

46 Burtt, *The Metaphysical Foundations of Modern Physical Science*, p.4 e p.6.
47 Ibid., p.23.
48 Ibid., p.83.

Em relação à ciência medieval, dominada pela noção de finalismo religioso, a estrutura puramente matemática do mundo de Galileu possuía, aos olhos de Burtt, uma "grandeza revolucionária" que até a teoria de Einstein havia sido mantida "pela inscrição da realidade no mundo das matemáticas".[49]

A substituição da cosmologia medieval pela ontologia matemática foi o resultado de uma mudança na metafísica que destronou Deus do topo da hierarquia intelectual. A natureza matematizada não só ocupou o lugar ocupado por Deus na Idade Média, mas também adquiriu autonomia em relação à ideia de Deus. A realeza de Deus não foi a única vítima da ciência moderna: também o seu primeiro tema, o mundo do homem, estava agora separado do da realidade.

Um diagrama visualizava claramente o esquema de Burtt para o estudo das consequências intelectuais e religiosas da revolução científica galileana.[50]

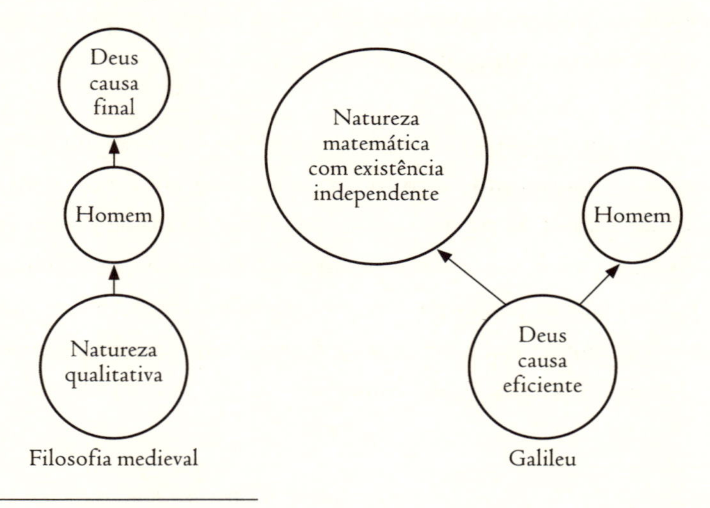

49 Ibid., p.300.
50 Ibid., p.91.

Sobre esse assunto, Koyré comentou:

> É Burtt que parece ter melhor exposto o pano de fundo metafísico da ciência moderna (matematismo platônico). Infelizmente, Burtt não soube reconhecer a existência de duas (e não uma) tradições platônicas, a da especulação mística sobre os números e a da ciência matemática.[51]

Dessa dualidade do platonismo, Koyré inicialmente reteve apenas o platonismo matemático... Somente mais tarde,[52] depois de ter estudado a óptica de Newton, ele seria levado à autocrítica, reconhecendo que uma subestimação daquilo que era "estranho ao espírito da ciência moderna, em particular ao espírito de matematização que a anima" resultava em anacronismo de uma história epistemológica: "Tentemos evitar o anacronismo. Porque se, *para nós*, Gassendi não é um grande sábio, para os seus contemporâneos ele era, e até mesmo um muito grande". Ele reavaliou assim a "ressurreição" premonitória de uma física atomista qualitativa ao lado da corrente matemática da "revolução" galileana e cartesiana: "A união dessas duas correntes produziu a síntese newtoniana".[53]

A originalidade de Koyré reside, portanto, menos em sua caracterização da "revolução científica" do que na sua metodologia histórica, que permitiu dar conteúdo a essas interpretações gerais, reposicionando teorias e obras no "seu meio intelectual e espiritual para que elas possam ser interpretadas

---

51 Koyré, 1966, op. cit. (aqui 2.ed., 1973, p.192).

52 Id., 1957a [*From the Closed World to the Infinite Universe*].

53 Id., 1966, op. cit. (aqui 2.ed., 1973, p.321 e p.333).

de acordo com os hábitos mentais, as preferências e as aversões de seus autores".[54] As teorias, os conceitos e as experiências das "ciências exatas" surgem a partir da reestruturação de outros universos intelectuais, de outros conceitos e experiências. A ciência de uma época tem um número de dimensões intelectuais superior àquele dos ramos das disciplinas científicas. A história das ciências assim deixou de ser a sucessão de técnicas e resultados relacionados com uma definição prévia e positiva da ciência. Ela tornou-se uma história do pensamento: um entrelaçamento de níveis de conceitos que variam historicamente, abrindo-se e fechando-se uns sobre os outros, e cuja progressão é um processo matizado e instável.

Tal abordagem exigiu uma interrogação mais rica do que a análise de fontes, mais bem definida do que as noções de "influência" e "estudo comparativo" de doutrinas. Tratava-se de reivindicar, para uma teoria, um autor: quais eram os limites do pensável numa determinada época e, dentro desses limites, por que foi esse pensável, e não outro, que viu a luz do dia?

Os seminários de Koyré permitem-nos compreender esse amplo panorama de "ideias transcientíficas" em toda a sua extensão. No momento dos seminários sobre o pensamento de Galileu, por exemplo, Koyré analisou a Reforma segundo as teses de Ernst Troeltsch e Max Weber (1933-1935); ele acompanhou as repercussões religiosas da ciência cartesiana na crítica da religião no século XVII (1935-1936) e, em particular, em Espinosa (de 1937 a 1939). Por outro lado, a destruição do cosmo produziu no século XVII o pensamento apologético

54 Koyré, 1951a [*Titres et travaux*], p.12; retomado em Koyré, 1966, op. cit. (2.ed., 1973, p.14, e *infra*, "Documento n.16").

de Pascal e de Bossuet na história, bem como o de Giambattista Vico, que Koyré estudou como "um esforço extremamente ousado e extremamente interessante para fundar a apologética cristã, não mais na física e na cosmologia, como fizeram as apologéticas pré-galileanas e pré-cartesianas, mas na antropologia e na história".

A importância dessas novas formas de raciocínio apologético o fez retornar, em seus últimos seminários, ao estudo do próprio nascimento da ciência moderna, considerado à luz da influência exercida pelas concepções de Deus sobre as teorias cosmológicas e físicas dos grandes fundadores dessa ciência. Tal reflexão sobre a "subestrutura teológica" da revolução científica do século XVII culminou, em particular, na ideia newtoniana de um universo infinito, profundamente implicada numa concepção cristã da divindade, tal como as noções matemáticas de Newton correspondiam e expressavam a ideia de uma ação dinâmica de Deus.

Desde o início, mas especialmente no final, o ensino de Koyré foi o de uma história do pensamento europeu, no qual o religioso, o filosófico e o científico encontram-se em relação recíproca e são, em última análise, inseparáveis. Ele abriu um horizonte de questões nunca abordadas e que ainda hoje permanecem, em grande medida, dignas de ser exploradas. Um longo caminho a ser trilhado abria-se diante da história das ciências. De nossa parte, desejamos que esta nova edição de *Da mística à ciência* possa contribuir de modo útil para seu avanço.

Pietro Redondi

1
1922-1930
Misticismo e cosmologia

Nota

"Tendo estudado na França, tendo adquirido os meus diplomas universitários na Sorbonne e, enfim, tendo servido como voluntário no exército francês, acabei por considerar a França como minha pátria de eleição e de adoção."[1] Nascido no mar de Azov, em Taganrog, Ucrânia, em 29 de agosto de 1892, em 1920, aos 28 anos, Alexandre Koyré fugiu para sempre da Rússia e emigrou definitivamente para a França. No início da Primeira Guerra Mundial, ele se ofereceu como voluntário no lado francês e lutou em um regimento da Legião Estrangeira no *front* franco-alemão. Um ano depois, em agosto de 1915, rescindiu o seu compromisso e ingressou no exército nacional, servindo

1 A. Koyré ao ministro da Justiça, 12 maio 1925, na Prefeitura de Polícia, *Pedido de naturalização de Alexandre Koyré*, 16 maio 1925 (Arq. Nac., BB/11/6500).

ali como oficial de uma brigada de artilharia implantada no *front* austríaco, na Galícia.[2]

Em suas informações pessoais, Koyré não deixa de sublinhar que, através desses serviços militares, obteve tanto a cruz de guerra como a nomeação pelo tsar para o título de cavaleiro da ordem militar de São Jorge.[3] Em contrapartida, manteve sempre uma total discrição sobre sua atitude e sua atividade durante os dois anos que passou na Rússia após a dissolução do exército do tsar em 1918.[4]

---

2 Notificação do prefeito de polícia, 27 jul. 1922, na Prefeitura de Polícia, *Pedido de admissão em domicílio de Alexandre Koyré*, 20 jan. 1922 (ibid.).

3 Ver o *curriculum vitae* publicado no anuário 1942-1943 da École Libre des Hautes Études (Koyré, 1944c ["Notices biographiques et bibliographie: Alexandre Koyré (né en 1892)"]).

4 Além dos elementos essenciais dos *curricula vitae*, as fontes da movimentada biografia de Koyré remontam aos testemunhos recolhidos por Suzanne Delorme ("Hommage à Alexandre Koyré", *Revue d'Histoire des Sciences*, v.18, n.2: Hommage à Alexandre Koyré, p.129 ss., 1965); Charles C. Gillispie ("Koyré", em *Dictionary of Scientific Biography*, v.7, p.483); e Gérard Jorland (*La Science dans la philosophie: les recherches épistémologiques d'Alexandre Koyré*, p.11 ss.). Os três tiveram acesso às memórias e declarações da viúva de Alexandre Koyré, Dora Reybermann-Koyré, falecida em 1981. Jorland sublinhou que Koyré "participou da revolução de fevereiro de 1917 e se opôs à revolução de outubro: lutou na guerra civil combatendo posições socialistas-revolucionárias". Na sua biografia de Lacan, Élisabeth Roudinesco (*Jacques Lacan: esquisse d'une vie, histoire d'un système de pensée*, p.125 ss.) definiu o Koyré de 1917 como um "socialista convicto" que se opunha ao leninismo. No relatório da Prefeitura de Polícia sobre o pedido de naturalização apresentado em novembro de 1921 por Koyré na ocasião de seu regresso definitivo à França, lemos que ele era "suspeito de ter estado envolvido, mais ou menos diretamente, em organizações bolcheviques durante a sua estadia na Rússia, porém ele afirma ter feito parte de sociedades antibolcheviques e ter sido forçado a deixar o seu país de origem após uma

Filho de um rico importador de produtos coloniais, que investiu nos poços de petróleo de Baku, foi educado até 1908 nos colégios de Tíflis e depois em Rostov-sobre-o-Don. Após a revolução de 1905, como muitos outros estudantes russos do ensino médio, ele se envolveu no movimento estudantil revolucionário. Preso pela polícia tsarista de Rostov, foi libertado graças à influência de seu pai.[5]

Esse episódio da biografia de Koyré como adolescente revolucionário teve, no entanto, consequências em seu destino intelectual. De fato, para afastá-lo do clima subversivo da Rússia, seu pai o fez completar seus estudos universitários no exterior, na Alemanha, onde Alexandre, seguindo a sua inclinação para matemática e filosofia, teve o privilégio de frequentar durante dois anos, na Universidade de Göttingen, os cursos de David Hilbert, Edmund Husserl, Adolf Reinach e Max Scheler.[6]

---

sentença de morte" (Notificação do prefeito de polícia, 27 jul. 1922, na Prefeitura de Polícia, *Pedido de admissão de domicílio*..., op. cit.). As pesquisas recentemente realizadas por Paola Zambelli ("Segreti di gioventù: Koyré da SR a S.R. Da Mikhailovsky a Rakovsky?", *Giornale Critico dela Filosofia Italiana*, v.87, p.109-50, 2007) com base em documentos de arquivos russos e do Ministério da Defesa francês confirmam a dificuldade de reconstituir esse período da vida de Koyré.

5 Sobre o papel de Vladimir Koyré, pai de Alexandre, ver Zambelli, "Segreti di gioventù", op. cit., p.115-21.

6 O fundo arquivístico Koyré do Centro Alexandre-Koyré (Ehess) preserva cadernos de notas que datam dos cursos de Hilbert, *Principien und Gründfragen der Mathematik*, 1910-1911; e Husserl, *Logik als Erkenntnistheorie*, 1910-1911; de Reinach, *Plato's Philosophie*, 1910; bem como de Müller, *Ausewählte Kapitel der Psychologie*, 1910-1911. Numa carta a Herbert Spiegelberg com data de 10 de dezembro de 1953, Koyré declarou ter herdado de Husserl o que este havia abandonado: o realismo matemático, bem como o interesse por sistemas de ontologia. Ver Spiegelberg (*The Phenomenological Movement: A Historical Introduction*, v.1, p.225);

Ele queria até mesmo defender, sob orientação de Husserl, uma tese em lógica matemática centrada na teoria dos conjuntos; tese que, em 1911, Husserl, virando as costas ao estudo da filosofia da matemática, recusou-se a orientar. Tal recusa teve também consequências no futuro do jovem Koyré e em sua decisão de abandonar Göttingen para completar a sua formação universitária em Paris, onde mudou completamente de rumo ao especializar-se numa área de pesquisa completamente diferente: a história da filosofia religiosa.

Aluno desde 1912 em Paris, na 5ª seção (Ciências da Religião) da Ephe, e diplomado no ano seguinte em estudos superiores de filosofia na Sorbonne, obteve o diploma da Ephe em 1922 com uma dissertação sobre *L' Idée de Dieu et les preuves de son existence chez Descartes* [A ideia de Deus e as provas de sua existência em Descartes], influenciado por Étienne Gilson. Outra dissertação mais extensa, dedicada à *L'Idée de Dieu dans la philosophie de Saint Anselme* [A ideia de Deus na filosofia de Santo Anselmo], rendeu-lhe no ano seguinte o doutorado em Letras pela Universidade de Paris. Ele a desenvolveu na 5ª seção da Ephe, antes da guerra, sob orientação de François Picavet (1851-1921),

---

Jorland (*La Science dans la philosophie*, op. cit., p.28); bem como Hering ("Nécrologie: Alexandre Koyré", *Revue d'Histoire et de Philosophie Religieuses*, v.44, p.262-3, 1964). Sobre a relação entre Koyré e Husserl, ver também Schumann, "Koyré et les phénoménologues allemands", em Redondi (ed.), "Science: The Renaissance of a History", em International Conference Alexandre Koyré, Paris, Collège de France, 10-14 jun. 1986, *Proceedings of...*; Zambelli, "Alexandre Koyré alla scuola di Husserl a Gottinga", *Giornale Critico della Filosofia Italiana*, v.79, p.303-54, 1999a, e "Alexandre Koyré im 'Mekka der Mathematik': Koyrés Göttinger Dissertationsentwurf", *NTM – Naturwissenschaft Technik Medizin*, v.7, p.208-30, 1999b.

historiador dos ideólogos e da teologia medieval, um livre-pensador que transmitiu ao seu aluno tanto o interesse pela história do pensamento neoplatônico quanto um estilo profundamente laico em história do pensamento religioso.[7]

Na história da teologia, as preferências de um aluno de Husserl e Picavet como Koyré encaminharam-se pelo agostinianismo e pelo escotismo, mais do que pelo tomismo, embora isso não impedisse Koyré de acompanhar os cursos de Gilson, que, no quadro da Ephe, tomava a forma de novos experimentos na análise textual. Em 1921, Étienne Gilson foi nomeado diretor de estudos em História das Doutrinas e dos Dogmas. Com Henri Gouhier e Émile Namer, Koyré participou ativamente dos seminários sobre Santo Tomás, Descartes e Duns Escoto, dirigidos por Gilson em 1922-1923 e 1923-1924.

Após a morte de François Picavet, a 5ª seção da Ephe contratou Koyré como *chargé de conférences temporaires* [encarregado de conferências temporárias] para ministrar um curso sobre o misticismo especulativo alemão, primeiro em 1922, e depois de 1923-1924 até o final de 1931, sem interrupção. Durante o ano letivo de 1930-1931, Koyré foi *maître de conférences* na Faculdade de Letras da Universidade de Montpellier. Ainda exerceu essa função em Montpellier durante dois meses, de 1º de novembro a 31 de dezembro de 1931. De acordo com as notas de curso conservadas nos arquivos Koyré depositados no Centro Alexandre-Koyré, os temas das disciplinas oferecidas para a *licence* em filosofia realizados na Universidade de Montpellier – e

7 Sobre a obra de François Picavet, ver Vernes, "Histoire de la section [François Picavet]", em École Pratique des Hautes Études, Section des Sciences Religieuses, *Annuaire 1921-1922*.

mais tarde retomados na Sorbonne – parecem ter sido Espinosa, Malebranche e Schopenhauer.

No período 1924-1925, foi também professor no Institut d'Études Slaves da Sorbonne. O resultado desse trabalho foi a coletânea intitulada *La Philosophie et le problème national en Russie au début du XIXᵉ siècle* [A filosofia e o problema nacional na Rússia no início do século XIX].[8] Também publicou um artigo sobre "La Pensée judaïque et la philosophie moderne" [O pensamento judaico e a filosofia moderna] na revista *Menorah*[9] *e, além da edição crítica do Proslogion* de Santo Anselmo,[10] traduziu para o francês *As concepções de vida* de Harald Höffding,[11] ao mesmo tempo que garantiu a revisão das *Meditações cartesianas* de Husserl, vertida para o francês por Gabrielle Peiffer e Emmanuel Levinas,[12] bem como da obra *Cadernos de Schwartzkoppen: a verdade sobre Dreyfus*, publicada com prefácio de Lucien Lévy-Bruhl em 1930.[13]

Em 1929, Koyré defendeu sua tese de *doctorat d'État ès lettres* sobre *A filosofia de Jacob Boehme*, publicada no mesmo ano e dedicada a Brunschvicg e Gilson. "Étienne Gilson, que fez parte da banca, resumiu as suas impressões declarando: 'Ali onde outros nem sequer tentaram, você obteve pleno êxito'."[14] Durante os primeiros semestres dos anos 1928-1929 e 1929-1930, Koyré substituiu Gilson na Sorbonne.

---

8 Koyré, 1929b [*La Philosophie et le problème national en Russie au début du XIXᵉ siècle*].

9 Id., 1923b ["La Pensée judaïque et la philosophie moderne"].

10 Id., 1923a [*L'Idée de Dieu dans la philosophie de saint Anselme*].

11 Id., 1928b [*Les Conceptions de la vie*, de Harald Höffding].

12 Id., 1931g [*Méditations cartésiennes*].

13 Id., 1930c [*Les Carnets de Schwartzkoppen*].

14 Hering, "Nécrologie: Alexandre Koyré", op. cit.

Por decreto ministerial de 7 de dezembro de 1931, Koyré foi nomeado diretor de estudos da 5ª seção da Ephe. Por conta dessa decisão, foi criada para ele uma nova linha de estudos intitulada História das Ideias Religiosas na Europa Moderna, da qual se tornaria titular em 1º de janeiro de 1932. Essa linha criada correspondeu à da cátedra de História da Filosofia na Idade Média para Gilson no Collège de France. De acordo com a prática dos concursos universitários, o candidato designado convidava um colega mais jovem para que se apresentasse como candidato secundário. O prestígio dessa candidatura, tendo o valor de um título de sucessão no Collège de France, foi reservado a Alexandre Koyré. Dois anos depois, em 1933, a Ephe nomeou Paul Vignaux para lecionar História das Doutrinas e dos Dogmas, porém, nesse momento, "Koyré na École Pratique des Hautes Études era o sucessor de Gilson", como o historiador americano da filosofia medieval Richard McKeon observou em 1940, lembrando-se de sua visita à Ephe.[15]

Documentos

Documento n.1

École Pratique des Hautes Études

Artigo de Alexandre Koyré publicado na revista *Deutsch-französische Rundschau*, v.4, p.569-86, 1931.

15 Arquivos da Rockefeller Foundation (Nova York), Fundo Arquivístico New School for Social Research, cópia dos originais preservados nos arquivos pessoais da senhora Mazon na Ehess.

Se olharmos da Alemanha para o sistema de educação e de ensino superior francês, e especialmente para a universidade,[16] devemos primeiro considerar as suas linhas gerais.

O que chama imediatamente a atenção – e a impressão persistirá – é a sua estrutura hierárquica: esta já se reflete no papel que a Universidade de Paris desempenha em relação a todas as outras universidades.[17] Notaremos também que a universidade na França está mais ligada ao ensino secundário do que na Alemanha.

Do ponto de vista formal: os exames de bacharelado – na França – não acontecem no ensino médio [*lycée*], mas na universidade; o diploma não é estabelecido e atribuído pelos estabelecimentos secundários, e sim pela faculdade. Do ponto de vista administrativo: o reitor da universidade é ali também curador e responsável por todo o ensino (desde a escola primária até a faculdade) de toda uma região universitária que inclui vários departamentos. Mas também no seu funcionamento interno: na França, os professores universitários são todos – com raras exceções – antigos professores do ensino médio [*lycée*],[18] o que

---

16 O termo "universidade" é equívoco em francês. Por vezes ele designa a universidade no sentido estrito do termo, ou seja, todas as faculdades, o ensino superior, e, por vezes, todos os estabelecimentos do país (ou região), incluindo o ensino secundário e mesmo a escola primária. No uso comum, o primeiro significado prevalece. Na língua oficial, é o segundo.

17 A Universidade de Paris – quero dizer, aqui e posteriormente, o ensino superior – compreende a metade dos estudantes (27 mil) matriculados na França, bem como quase um quarto das cátedras. Assim, há doze cátedras de Filosofia (Bordeaux, Lyon e Estrasburgo têm quatro cada), cinco de Inglês (Lille e Bordeaux, duas cada), dezesseis de Filologia Clássica, o mesmo tanto de História etc.

18 Fato muito importante cuja implicação, igualmente importante, é que o estatuto social do professor universitário na França é inferior ao da

é altamente improvável na Alemanha; a universidade considera que a sua principal tarefa é formar futuros professores e garantir a preparação para diplomas (*licence* e *agrégation*). E, assim, essas coisas andam juntas, é muito mais do que uma *escola* superior na Alemanha (*Hochschule*), ou seja, um estabelecimento de *ensino* (*Lehranstalt*). Por isso ela está mais vinculada a determinados programas: um exame pressupõe um programa etc.

Todas essas características vêm da história e, até mesmo, da pré-história da universidade; porém, voltar a um passado tão remoto nos levaria longe demais. Em todo caso, a universidade francesa é uma instituição que, principalmente e em primeiro

---

Alemanha, enquanto o do professor do ensino médio [*lycée*] é muito superior ao daquele país. Os professores do ensino médio [*lycée*] são uma elite porque, para lecionar no ensino médio [*lycée*], é preciso, após a *licence*, passar em um concurso especial e difícil, que exige de dois a três anos de preparação (*agrégation*); por cada cem candidatos nesse concurso, há geralmente quinze a vinte candidatos aprovados (dependendo do número de postos a preencher). O professor *agrégé* trabalha em condições muito melhores do que na Alemanha. Ele ministra de doze a dezesseis horas de aula, o que lhe dá tempo para pesquisar; e, como recebeu uma formação muito boa, além de esperar ser nomeado para a faculdade, ele realmente trabalha – pelo menos durante os primeiros dez anos – em sua tese de doutorado, e assim mantém o contato com a faculdade. É depois da tese de doutorado, e graças a ela, que se pode ser nomeado para uma faculdade... Naturalmente, muitos são chamados, mas poucos são escolhidos. Porém, e de fato aí está o objetivo do sistema, tudo isso insufla vida científica nos liceus. Um professor do ensino médio [*lycée*] só consegue relaxar quando percebe que não conseguirá concluir sua tese ou que, embora a tenha concluído, não foi nomeado. Na prática, o jovem professor de ensino médio [*lycée*] desempenha, portanto, o papel do *Privatdozent* alemão. O complexo de nomeação é uma doença mental muito menos difundida na França (pelo fato de não haver *Privatdozent*) do que na Alemanha.

lugar, deve ensinar ciências e não, enquanto tal, a constituir e a desenvolver.

No entanto, seria um erro grosseiro querer definir a universidade francesa de modo exaustivo por essa estrutura de estabelecimento de ensino, pelo pragmatismo dos exames e dos *concursos*... Na prática, nas menores universidades de província, vemos cátedras que, tendo como única perspectiva a preparação para exames, não despertam interesse, e estas, bem ao lado de cátedras oferecidas de acordo com os programas. Em Paris, na Sorbonne, que cresce a cada dia e se enriquece com novos institutos, grande parte – talvez a maior parte – voltada para essas disciplinas sem finalidade de um diploma, de modo que quase todos os ramos do conhecimento estão representados na Sorbonne. E mais, o que você não encontra na Sorbonne, certamente encontra pelos arredores: no Collège de France, no Museu de História Natural, na École Pratique des Hautes Études.

São instituições muito peculiares que – na minha opinião – são pouco conhecidas no exterior e, por sua especificidade, são pouco apreciadas, embora seu papel seja muito importante, para não dizer inestimável, tanto na vida intelectual na França quanto no sistema de educação. Apresentam certamente diferenças no seu espírito, na sua história e na sua estrutura, porém têm uma coisa em comum: servem à ciência enquanto tal e, sobretudo, ao seu avanço. Não têm exames, nem programas a seguir, nem condições de admissão para o alunato, nem titulações obrigatórias para professores. São lugares onde a pesquisa é livre.

Cada uma tem sua arte e seu estilo que as diferenciam entre si. O renomadíssimo Collège de France foi criado por Francisco I, que queria fazer dele um polo de oposição à Sorbonne, então completamente esclerosada; há muito tempo perdeu a sua posição ofensiva.[19] O Collège hoje serve para: a) acolher disciplinas que não estão completamente representadas na Sorbonne (ou que são pouco representadas ali); b) oferecer aos pesquisadores notáveis um local de trabalho livre de qualquer constrangimento, uma cátedra na qual possam expor seus trabalhos, em geral muito *especiais* para os estudantes. Mais precisamente: os resultados de trabalho, porque no Collège de France, assim como na Sorbonne (refiro-me ao *Cours* [Curso], e não ao trabalho nos laboratórios anexos ao Collège), somente o trabalho acabado é exposto, e pode-se até mesmo dizer, o trabalho pronto para ser impresso.[20]

É bem diferente na École Pratique des Hautes Études. Ali, a ênfase principal não está nos resultados, mas nos métodos; não nas conclusões, mas na técnica de pesquisa. O objetivo estabelecido na École é, acima de tudo, preparar os cientistas profissionais de amanhã e garantir a sua formação prática e técnica. É uma diretiva que só pode ser aplicada através de exercício prático e demonstração de métodos. Há um ditado francês que poderia servir de lema da École Pratique des Hautes Études: *É forjando que alguém se torna ferreiro*. Aqui – em estreita colaboração com os alunos – realiza-se um verdadeiro trabalho científico e, ao contrário da Sorbonne e do Collège de France, expomos e apresentamos somente aquilo que está em curso, o que se encontra em vias de desenvolvimento, no seu próprio processo; há predileção em se tratar de questões bem particulares: são

19 A antiga tradição ainda se faz sentir num ponto: ninguém tem o direito de ser professor ao mesmo tempo na Sorbonne e no Collège de France.

20 Na França, todos os cursos duram uma hora, o que exige um treinamento muito rigoroso. Em geral, os requisitos formais também são bastante elevados.

características próprias de um instituto de pesquisa. A École Pratique des Hautes Études nada mais é do que um instituto de pesquisa com conferências.

Mas retrocedamos um pouco. A École Pratique des Hautes Études ainda é muito jovem comparada com as suas dignas irmãs mais velhas. Recentemente, comemorou seu quinquagésimo aniversário. Ao lado da Sorbonne e dos seus setecentos anos, ao lado do Collège de France e dos seus quatrocentos anos, a École é uma criança. Foi fundada em 1868 pelo ministro da Educação Nacional de Napoleão III, o liberal Victor Duruy, famoso historiador e professor da Universidade de Paris.

O trabalho reformador de Victor Duruy – é preciso dizê-lo abertamente – foi determinado pela sua convicção de que o ensino superior francês tinha insuficiências,[21] que o deixavam muito atrasado em relação ao estrangeiro. E foram modelos estrangeiros – especialmente os alemães – que serviram como guias.[22] Eis o sonho anunciado por Victor Duruy e seus colaboradores: a intensa vida científica das universidades alemãs, o desenvolvimento das ciências naturais, os exercícios práticos em laboratório, os seminários em Letras e em Filosofia: em suma, a

---

21 A Sorbonne daquela época tinha muito pouco a ver com uma instituição que hoje chamaríamos de "universidade". Ela não era uma "universidade"; as faculdades de então eram completamente separadas e não formariam uma unidade superior se fossem reunidas. Quanto à Faculdade de Letras, "era constituída naquela época por um reduzido número de professores que se ocupavam sobretudo com a preparação dos candidatos... e com a publicação dos resultados, sem ter tempo para falar dos problemas... Uma espécie de liceu para adultos" (Havet, *Le Cinquantenaire de l'École Pratique des Hautes Études*).

22 O conhecimento da língua alemã era obrigatório para os alunos da École Pratique des Hautes Études.

forma concreta, prática e ativa como os futuros cientistas profissionais seriam formados e preparados. De acordo com esse modelo, era preciso dar à França um ateliê. Era preciso conectar o impulso retórico do discurso *ex cathedra* à sobriedade prática do trabalho especializado do cotidiano de pesquisa e articulá-los. Era preciso que os futuros jovens fossem capazes de se familiarizar com o ferramental científico. Assim, foi criada a École Pratique des Hautes Études. Por um lado, uma grande quantidade de laboratórios (matemática, física, química, biologia etc.), por outro, uma escola prática de estudos avançados no sentido literal do nome, com a seção de Ciências Filológicas e Históricas em primeiro lugar. Esta foi a única a ter existência autônoma, pois as seções de ciências naturais eram ligadas a estabelecimentos existentes (Collège de France, Faculté des Sciences, Muséum), o que teve como consequência a modificação profunda e a modernização dessas instituições; hoje nenhuma dessas seções goza de existência autônoma, exceto em termos de orçamento.

Quanto à 4ª seção, de Ciências Filológicas e Históricas, a ela foi acrescentada em 1886 a 5ª seção, das Ciências da Religião. Ambas sofreram uma evolução significativa ao longo dos anos, e conseguiram preservar e justificar tanto sua autonomia quanto sua especificidade, embora os professores da École Pratique des Hautes Études ensinassem ao mesmo tempo na Sorbonne ou no Collège de France.[23]

---

23 No início, isso era quase a regra. Com o passar do tempo, tal fato aconteceu cada vez menos.

O que caracteriza a École Pratique des Hautes Études é a liberdade que reina em sua vida e em sua estrutura. Já mencionamos que ela faz questão de ignorar programas e exames; porém, é importante também notar que ela está aberta a todos, sem restrições.

Podemos ler no estatuto: "Para se tornar aluno da École é necessário inscrever-se na secretaria".[24] A decisão cabe a cada um; não há taxa de inscrição, nem requisitos de idade ou escolaridade. As cátedras são totalmente independentes umas das outras; não há currículo; os alunos têm total liberdade na escolha dos cursos que desejam acompanhar. E mais: há total liberdade na atribuição de cátedras, enquanto a carreira acadêmica é severamente regulamentada (do ponto de vista legal, geralmente é necessário um doutorado para ter uma cátedra).[25] Apenas a escolha do colegiado professoral é levada em consideração, e, nessa escolha, não há constrangimento externo.[26] O valor científico (pelo menos em princípio) é a única coisa que importa. Sim, se nenhum candidato for adequado ou se o ramo científico em questão estiver

24 Ao contrário do Collège de France, onde os cursos são públicos.

25 O título de doutor desempenha na França um papel completamente diferente daquele que desempenha na Alemanha. A tese de doutorado não é o primeiro trabalho de um principiante (esse é o papel do diploma de estudos superiores, que não é impresso; apresenta-se entre a *licence* e a *agrégation*), mas sim a obra-prima de um jovem erudito que lança assim a sua aspiração a uma cátedra de professor. É entre os 30 e 40 anos que se prepara um doutorado.

26 Foi o que observou Léon Bourgeois, na época ministro da Educação, em seu discurso ao Senado em 27 de novembro de 1890: nem Maspero, nem Bergaigne, nem Darmesteter, nem Longnon (e poderíamos agora acrescentar outros nomes), essas pérolas das ciências históricas na França não poderiam ter assumido postos nos liceus, muito menos na faculdade.

suficientemente representado – mesmo noutros locais –, a cátedra pode ser transformada para dar lugar a uma personalidade científica emérita. Esse é um direito muito utilizado.

Todas essas particularidades, que conferem à École Pratique des Hautes Études seu aspecto notável, são facilmente compreendidas se não perdermos de vista o sentido e a finalidade da École: a sua missão é servir à ciência, a ciência em curso e não a ciência constituída. Porém, a ciência precisa de liberdade. Não podemos saber quem terá mais serventia para o seu avanço. Muitas vezes eram leigos – quero dizer, não universitários. Muitas vezes, dádivas magníficas são reveladas tarde demais para uma carreira acadêmica. Muitas vezes, descobertas que marcam uma época foram feitas por pessoas que não conseguiram passar em concursos – e que também teriam sido maus "professores". É a todos esses "irregulares", com todas essas exceções, que por princípio a École Pratique des Hautes Études está aberta. E essa é a segunda de suas funções, e de grande importância, aliás. Portanto, a entrada na École é livre. Tal "liberdade", no entanto, não faz as exposições degenerarem em "cursos públicos". Pelo contrário, essa "liberdade" permite fazer aos ouvintes as mais altas exigências. O diretor de estudos tem o direito de excluir ouvintes insuficientemente preparados. Um direito que nunca é usado. E, além disso, por que fazer isso? Quem não consegue acompanhar, quem não consegue colaborar, não volta mais. E, assim, o número de ouvintes nunca é muito elevado: dez, quinze, vinte; às vezes até menos. Sim, pareceria até inconveniente haver ouvintes *demais*: não seria isso um sinal de que alguém é demasiado popular?; que não é suficientemente científico? Porém, como já dissemos, é muito raro que haja ouvintes demais. Isso pode acontecer no início do ano letivo; mas, em seguida, uma seleção natural acontece e, depois das férias de Natal, permanecem apenas aqueles que realmente querem trabalhar e podem fazê-lo.

Não há exames nem programas na École, mas ela emite diplomas aos seus alunos. Um diploma curioso que não designa nenhum título e não confere direitos. Um diploma que apenas serve para compensar o tempo perdido pelos "irregulares": na verdade, ele substitui os diplomas em falta – tanto o *baccalauréat* quanto a *licence* –, mas somente como preparação para o diploma superior – por exemplo, o doutoramento.

Para receber esse diploma, é necessário apresentar – após dois ou três anos de escolaridade – uma dissertação: um trabalho de erudição, normalmente um livro de 150 a 200 páginas. O trabalho, se for aceito, deverá ser impresso. Às vezes, quando é muito bom, ou quando é avaliado como tal, é publicado na coleção editada pela École (Biblioteca da École des Hautes Études). Esse volume é uma grande honra que chama a atenção dos estudiosos para o jovem estudioso, facilita o seu acesso à École de Roma ou à École de Atenas,[27] e o designa ainda antes da sua tese de doutorado como docente universitário *in spe* [na esperança]. Nas nomeações e promoções, o diploma da École desempenha o seu papel nada irrelevante.[28] Chega a acontecer que um aluno diplomado ministre cursos na École; e, às vezes, ele próprio torna-se professor.

Os ouvintes da École estão divididos em dois grupos – três, se considerarmos os estrangeiros. Por um lado, há jovens que, após a *agrégation*, pretendem formar-se para a pesquisa, que

---

27 Os institutos arqueológicos de Roma e Atenas.

28 Quanto à filologia e à história, a maioria dos professores, e, entre eles, os mais conhecidos, são ex-alunos da École.

preparam a sua dissertação ou a sua tese (de doutorado) sob a orientação dos professores da École; por outro lado, pessoas sem estudos universitários que se dedicam ao trabalho científico por puro interesse pela ciência, pelo conhecimento (eram chamados de *desinteressados*), e que não desejavam ser como os do primeiro grupo. O terceiro grupo é formado por estrangeiros, os quais se dividem basicamente nos dois subgrupos anteriores. A quantidade relativamente elevada de estrangeiros parece contradizer o fato de que a École era muito pouco conhecida no exterior. Contudo, ela é ao mesmo tempo conhecida e desconhecida: conhecida em pequenos círculos de especialistas e, em contrapartida, quase oculta aos olhos do público. E isso também se constata *de facto* na França, onde, para além dos universitários e dos especialistas, ninguém sabe – em meio ao público em geral – o que é a École e onde está localizada. Podemos desculpar o leigo: a École, como dissemos, é jovem; as questões que ela aborda[29] não despertam paixões. A maior parte dos duzentos volumes publicados por sua Biblioteca ainda está disponível na editora. Ademais, sua sede é na própria Sorbonne[30] e, para o leigo, tudo que está na Sorbonne faz parte da "Sorbonne".

Tendo se tornado um grande estabelecimento científico, a École Pratique des Hautes Études (falo aqui da seção de Ciências Filológicas e Históricas) teve um início bastante modesto. Victor Duruy tinha em mente princípios bastante claros ao fundar a École, mas os dois homens responsáveis pela elaboração

---

29 Assim: *A magia assíria*; *As lendas arturianas*; *A influência árabe na escolástica do século XIII*; *Wycliffe e o agostinianismo do século XIV*; *Estudos sobre o catarismo*; *Gramática comparada das línguas sudanesas*; *Estudo do Tripitaka*; *Decifração de inscrições kautcheanas* etc.

30 "Escada E", primeiro andar, atrás da biblioteca.

dos estatutos – Alfred Maury e Michel Bréal – não concordavam entre si. Concordaram em reconhecer que algo tinha que ser feito, em reconhecer que os estudos filológicos certamente haviam despencado para um nível muito baixo, e Gaston Boissier, um dos primeiros professores da nova École, escreveu ao ministro em 1867: "Pouco participávamos do movimento crítico que está renovando as pesquisas realizadas sobre a Antiguidade...". Entretanto, Bréal e Maury tinham opiniões divergentes sobre o que deveria ser feito, sobre a maneira como o novo estabelecimento deveria se manifestar, e foi graças ao zelo incansável de Gabriel Monod (ex-aluno de Göttingen) que Maury pôde finalmente ser convencido.

Os primeiros passos, como já dissemos, foram modestos. Em 1868 (31 de julho), Napoleão III assinou o decreto que institui a École e assinou os estatutos. Em 28 de setembro, foi formada a "*commission de patronage*" [comitê de mecenato] da seção: incluía M. Bréal, A. Maury, L. Renier, o egiptólogo De Rougé e o filósofo e historiador Waddington. Os primeiros professores foram nomeados em 24 de dezembro de 1868: seis ao todo, Maury, De Rougé, Waddington, Renier, Boissier e Bréal, todos professores do Collège de France. Ao mesmo tempo, foram nomeados assistentes para os diretores de estudos, com o título de *repétiteurs* [repetidores]. Entre esses "*repétiteurs*" encontramos Gabriel Monod, Alfred Rambaud, A. Bergaigne e Gaston Paris. O número de alunos também foi modesto: 68 inscritos. Foram aceitos apenas 28 alunos.[31] Poucas pessoas, como vemos. Mas já é alguma coisa. Um começo.

---

31 Mulheres não eram admitidas naquela época.

Dois anos depois, havia cem alunos. Porém, em 1872, eram apenas setenta. Nesse ano a École teve que se defender de um ataque da Assembleia Nacional. Um representante da extrema direita, o visconde de Lorgeril, afirmou que qualquer instituição era um empreendimento completamente inútil. Um luxo muito caro, um estabelecimento onde "aperfeiçoam e formam um pequeno número de jovens que ninguém mais conseguirá compreender". À objeção declarada – de que se tratava de uma escola de ensino superior –, Lorgeril respondeu que, se fosse necessário realizar tais estudos, poderia fazê-lo em outro lugar. Foi à corajosa defesa de Waddington que devemos a manutenção do apoio financeiro: ele explicou com muita habilidade qual era a proposta da École e indicou que "algum outro lugar" significava precisamente fora da França, no exterior, e acrescentou: "Antes da guerra, houve jovens alemães que vieram a Paris para trabalhar na École Pratique des Hautes Études". A Assembleia Nacional renovou a dotação.[32]

Em 1875, a cidade de Paris concedeu 24 mil francos por ano à École Pratique des Hautes Études para bolsas de estudo (e, em particular, bolsas de viagem) destinadas aos estudantes. Em 1877, a seção recebeu o direito de enviar todos os anos um de seus alunos a Roma e outro a Atenas. Em 1883, havia dez *directeurs d'études*, nove *directeurs* assistentes e dezesseis *maîtres de conférences* na seção.

No mesmo ano, o ministério reconheceu a total autonomia da seção. Doravante, a seção continuou a se desenvolver: em 1893, contava com onze professores a mais do que dez anos

32 Foram 35 mil francos. A maioria dos professores não recebia então nenhum salário.

antes. O seu orçamento atingiu a quantia relativamente elevada de 107 mil francos. A Biblioteca, coleção editada pela seção, já continha cem volumes e, entre esses volumes – resultantes do trabalho dos professores e alunos da seção –, estavam as obras de Longnon, Maspero, Monod, Bergaigne, Thurot, Lasteyrie, Châtelain, Darmesteter, Havet, Bréal, Regnaud, Giry, Clermont-Ganneau, Perrot, Derenbourg, Loth, Fournier, Pfister, Abel Lefranc, Psycharis, Gaston Paris, Sylvain Lévy, De Nolhac, Jéquier, Bédier, Duchesne... Tal coleção já era bastante especial na época e reunia os maiores nomes da erudição francesa, os quais encontraram uma nova vida.

Alguns deles eram alunos da École: J. Oppert, Darmesteter, Huart, Giry, Regnaud, Sylvain Lévy, Gilliéron, Loth, Lot, Fournier, Abel Lefranc, Jéquier, Loisy, Langlois, Châtelain, Lacour-Gayet, Diehl, Camille Julian, De Nolhac, Enlart, Reinach, Girard, Millet, Babelon, Jeanroy, Grammont e outros. Todos foram alunos da École e, quando a seção celebrou o seu 25º aniversário, pôde olhar para trás com justificado orgulho da sua atividade passada e vislumbrar o futuro com uma esperança bem fundamentada. Contando apenas com seus recursos humanos, ela havia cumprido a tarefa que se incumbira: "Servir em espírito e em verdade" à pesquisa científica livre. A École havia divulgado novos métodos de trabalho. Ela assegurou que o país de Budé e de Du Cange tivesse relevância científica.

Vinte e cinco anos se passaram. Anos sérios, cheios de preocupações. Anos durante os quais a França superou as mais graves lutas políticas que culminaram em guerra. Durante todos esses anos, a École manteve-se fiel a si mesma – como L. Havet podia dizer com orgulho. Os novos professores que substituíram os veteranos mantiveram o espírito de pesquisa livre, o espírito de crítica. E se, nesse ínterim, a velha Sorbonne se transformou, deixando de ser o "liceu superior" que era para tornar-se uma das instituições científicas mais ricas e poderosas da Europa, tal evolução foi influenciada pela École. Porque ali se formaram os seus professores, que foram iniciados e preparados para o trabalho científico.

E agora, o que acontece? A seção conta atualmente com 58 professores[33] (38 *directeurs d'études* e 20 *chargés de cours*) e aproximadamente oitocentos ouvintes. A Biblioteca foi enriquecida desde 1893 com 150 novos volumes.[34] Entretanto, assim como no passado e, talvez, ainda mais do que no passado, a École continua a ser o local onde estudaram – ou ensinaram – os historiadores, filólogos e linguistas mais eminentes da França.[35]

Estamos, portanto, cientes da gloriosa história da Seção de Ciências Filológicas e Históricas. Iremos agora reconstituir a história de sua irmã mais nova, a (quinta) Seção de Ciências da Religião.

Esta só foi criada em 1886, dezoito anos depois da Seção de Ciências Filológicas e Históricas. Tratava-se, num certo sentido, de substituir as faculdades de Teologia que já não faziam parte da universidade desde 1885. No esforço para separar completamente a Igreja do Estado, a França "desnacionalizou"

---

33 Dentre os quais, três mulheres.

34 Havia, entre outros, trabalhos de Petit-Dutaillis, Clermont-Ganneau, L. Finot, A. Meillet, Rod, Reuss, R. Dussaud, J. Halévy, B. Haussouiller, V. Chapot, Mazon, Halphen, R. Weill, V. Scheil, S. Lévy, Maspero, Lot, Gilliéron, Faral, Bruneau, Pagès. Mas também alguns nomes estrangeiros, com destaque para N. Jorga.

35 Devem ser acrescentados os nomes de Vendryès, Pelliot, Lasserre, Roques etc.

as faculdades de Teologia; como diz o projeto de lei que cria a Seção de Ciências da Religião,

> é geralmente admitido que, entre as disciplinas ministradas nos estudos de teologia, haja uma parte que [...] não deve desaparecer do campo da atividade universitária. É evidente que as religiões – seja qual for o ponto de vista adotado – constituem uma parte importante da história da humanidade, e que – assim como a própria história – elas devem ser objetos de estudo científico, isto é, estudo histórico e comparativo.

Esse foi o objetivo estabelecido para a seção recém-criada; nas palavras de René Goblet, então ministro da Educação, ela "deveria dedicar-se não à polêmica, mas ao estudo crítico".

O texto oficial diz: "é geralmente admitido...". Porém, na realidade, as coisas eram muito diferentes. Essa nova criação foi "geralmente" atacada de maneira muito violenta e por todos. Os católicos sentiram o cheiro de uma empresa dirigida contra a Igreja, uma profanação da fé etc., e as palavras tranquilizadoras de René Goblet não puderam satisfazê-los: a pesquisa comparativa e crítica das Sagradas Escrituras e das tradições da Igreja era precisamente o que eles não queriam.

Cinco anos antes eles haviam lutado contra a cátedra de História das Religiões no Collège de France, e agora lutavam novamente contra a nova instituição. Propuseram retirar do orçamento as dotações atribuídas (modestas, certamente, porque no início eram 30 mil francos!). Disse dom Freppel à Câmara dos Deputados:

> Porque a nova instituição é supérflua ou é prejudicial. Na realidade, a religião deve ser submetida a um estudo comparativo e crítico.

> Mas, então, ou esse estudo, essa comparação, essa crítica está em conformidade com a doutrina católica, e então, por que deveríamos remover os estudos de teologia da universidade e suprimir as faculdades de Teologia, uma vez que desejamos perseguir o mesmo objetivo de outra maneira?; ou esse estudo, essa comparação, essa crítica opõe-se à doutrina católica, e neste caso trata-se de um ataque à Igreja, o que não é compatível com a proclamada neutralidade do Estado em matéria de religião – razão invocada para suprimir as faculdades de Teologia. Suponhamos que os professores dessa Seção de Ciências da Religião proponham e abordem a questão da origem do culto de Moisés e do cristianismo. Eles terão que comparar essas religiões e fazer um estudo crítico... E agora – se excluirmos o caso em que não dizem nada, o que faria que as suas obras fossem classificadas como inúteis – eles deverão tomar partido a favor ou contra a origem divina desses dois cultos. Se forem a favor, estarão fazendo teologia, e não é isso que queremos ouvi-los falar; e, se forem contrários, então a neutralidade que haviam prometido quando as faculdades de Teologia foram abolidas será abandonada...

É um argumento claro e preciso, tão bom quanto o do califa Omar, mas que erra completamente o seu objetivo. *De facto*, o novo instituto de ciências da religião era tão pouco desejado pela esquerda anticlerical quanto pelo próprio monsenhor Freppel. Lidar seriamente com os problemas da religião, estudar seriamente a história das religiões, estar realmente interessado nas questões religiosas, eis o que era eminentemente suspeito aos olhos da esquerda. Porque a equação religião = superstição era um dogma em círculos anticlericais. Foi muito difícil fazer os católicos compreenderem que era útil e sério estudar religião. Isso é o que Vernes, fundador da *Revue d'Histoire des Religions* (1880), mais tarde professor e ex-presidente da Seção de Ciências da Religião, tentou explicar a um público bastante amplo: ele em grande medida tomou emprestado os trabalhos desenvolvidos por Holtzmann e chamou a atenção para os modelos alemão e holandês; o filósofo L. Liard, conselheiro do ministério, que mais tarde seria reitor da Universidade de Paris, teve igual dificuldade em explicar aos meios políticos qual era o interesse científico do novo instituto, e seus esforços não encontraram muita receptividade. Porém, a oposição da direita e os argumentos que esta apresentou esclareceram o – presumido – sentido *político* da seção. O projeto de lei foi aprovado por ampla maioria na Câmara e, em 30 de janeiro de 1886, o presidente da República, Jules Grévy, assinou o decreto que reconhecia os estatutos da nova seção. No mesmo dia foram nomeados os primeiros (doze) professores (que, como nas demais seções, ostentavam o título de *directeur d'études*).[36]

Foi por razões estritamente políticas que católicos e anticlericais lutaram e aprovaram a fundação da Seção de Ciências da Religião. No fundo, porém, ambas as partes estavam erradas. Felizmente, poder-se-ia dizer: não fosse isso, teríamos que esperar ainda mais para que a França tivesse um instituto de ciências da religião. De qualquer forma, para os criadores da seção não se tratava de política, mas apenas – e exclusivamente – de ciência.

---

36 Entre outros: Havet, Bergaigne, Réville, Sabatier, Esmein, Vernes, Derenbourg. Hoje são dezoito cadeiras e alguns *chargés de cours*. Entre os professores da seção encontram-se Sylvain Lévy, Foucher e Masson-Oursel para a indologia, Granet para a sinologia, M. Mauss para a sociologia e as religiões primitivas, Goguel e Puech para a origem do cristianismo, Monceaux para os primórdios do cristianismo, Alphandéry, Gilson e Koyré para a Idade Média e a época moderna, Toutain para Grécia e Roma, G. Millet para o cristianismo oriental, Moret para a egiptologia etc.

E de uma ciência que, no país de Richard Simon e Renan, tinha o direito de cidadania: tal era a opinião de Liard, Réville e Havet. A separação entre Igreja e Estado criou precisamente a possibilidade desejada – mas nunca oferecida até então – de dar a essa ciência um lugar próprio, livre e sem ligação com a Igreja.

Dez anos depois, L. Liard disse:

> Não queríamos trabalhar a favor ou contra o catolicismo. Queríamos apenas reunir um certo número de espíritos formados para o trabalho científico, suficientemente sinceros para estudar os fenômenos religiosos em si; espíritos que possuíssem um senso crítico, mas também uma simpatia intelectual, que é a condição indispensável para a compreensão.

Liard continuou:

> Que seja improvável, até mesmo no caso do pesquisador mais honesto, desconsiderar completamente seus sentimentos pessoais, isso pode ser admitido. Seria talvez ainda pior quando fossem tratadas as questões mais graves da existência humana, as questões religiosas... No entanto, não é impossível reunir para trabalhar homens de convicções diferentes, que estudam com seriedade e honestidade as questões religiosas; a realidade prova que isso é possível.

E Albert Réville acrescentou:

> Nunca e em nenhum lugar vimos funcionar uma instituição como a nossa Seção de Ciências da Religião, um estabelecimento que reúne homens das mais diversas origens e convicções, para o estudo dos grandes movimentos religiosos e dos fenômenos

religiosos. Demo-nos o objetivo – mantendo o princípio da absoluta liberdade de pesquisa, sem o qual não pode haver ciência digna desse nome – de estudar os fatos, os textos e os testemunhos, de reconhecer o sentido e o valor, de empregar para a interpretação destes os métodos críticos da ciência moderna, e de proibir à paixão teológica o acesso ao *templum serenum* da erudição. E, assim, ouso afirmar que nos mantivemos fiéis ao nosso projeto.

Na realidade, entre os professores da seção havia – e ainda há – tanto estudiosos católicos quanto protestantes, além de livre-pensadores, judeus crentes e, até mesmo, pessoas da Igreja e rabinos.

Citei anteriormente a primeira lista de professores e cátedras. Desde então, muita coisa mudou. Não apenas os professores, mas também as cadeiras. Algumas foram modificadas, outras foram acrescentadas.[37] Nos anos do pós-guerra, a seção fez amplo uso dessa possibilidade que lhe era autorizada por seus estatutos: confiar o ensino a acadêmicos nacionais e estrangeiros. Jovens acadêmicos – ex-alunos da École – são chamados para lecionar ali. Esses cursos temporários, que inicialmente constituíam exceções, rapidamente se tornaram uma instituição permanente, típica da seção, cuja importância e papel não cessam de crescer. Como era crescente a necessidade de uma colaboração mais estreita entre a Sorbonne e o Collège de France, sem que fosse, no entanto, desprezada a questão da autonomia, foi fundado há dois anos, o Institut d'Histoire des Religions

37 Assim, criamos uma cadeira para a Filosofia da Índia e outra para a História da Moral.

[Instituto de História das Religiões], que inclui todas as cátedras de ciências da religião.[38] É o futuro que nos dirá como o novo instituto vai passar pela prova dos fatos. De todo modo, devemos torcer e esperar que isso não prejudique o caráter específico da École Pratique des Hautes Études.

[*Tradução francesa por Marie-France Thivot*]

* * *

Documentos n.2, n.2*a* e n.2*b*

Trechos de cartas de Alexandre Koyré a Joseph Bédier, administrador do Collège de France

Novembro-dezembro de 1931.
Mss. G IV – K 8B, Arquivos do Collège de France, Paris. Assinados.

N.2

Montpellier, 19 de novembro de 1931

Senhor Administrador,

Acabei de saber pelo senhor Étienne Gilson que o Collège de France decidiu transformar uma de suas cátedras em cátedra de Filosofia Medieval.

Gostaria de informá-lo da minha intenção de me candidatar a essa cátedra [...].

38 Nomeadamente os que existem na Sorbonne e no Collège de France.

N.2a

Montpellier, 12 de dezembro de 1931

Tendo sido criada no Collège de France uma cátedra de História da Filosofia na Idade Média (decreto ministerial de 7 de dezembro), tenho a honra de me candidatar à referida cátedra [...].

N.2b

Montpellier, 12 de dezembro de 1931

Senhor Administrador,

Agradeço a sua amável carta e envio-lhe em anexo a esta uma carta de candidatura. O senhor Édouard Le Roy – a quem também escrevi – encarregou-se gentilmente de apresentar meus títulos.

Fico feliz em saber que o senhor Gilson estará em Paris por volta do dia 20 de dezembro – não estou concorrendo contra o senhor Gilson – e ainda mais porque, tendo sido nomeado para a École Pratique des Hautes Études, eu mesmo lá estarei por volta da mesma data. [...]

* * *

Documento n.3

Extrato da ata da reunião de 17 de janeiro de 1932 da Assembleia dos professores do Collège de France

Ms. G IV – K 8K, Arquivos do Collège de France, Paris
Apresentações para a cadeira de História da Filosofia Medieval.

[...]

Foram apresentados dois candidatos: são eles os senhores Étienne Gilson, professor da Faculdade de Letras da Universidade de Paris, e Alexandre Koyré, *directeur d'études* da École Pratique des Hautes Études. Os títulos dos candidatos são apresentados pelo senhor Édouard Le Roy.

[...]

A votação é realizada por escrutínio para a apresentação na primeira fila.

Votantes 38. Voto nulo 1. Votos válidos 37. Maioria 19.

O senhor Gilson obteve 30 votos; o senhor Koyré, 3 votos.

Há quatro cédulas em branco marcadas com uma cruz.

O senhor Étienne Gilson, tendo obtido a maioria absoluta dos votos válidos, é apresentado na primeira fila.

Apresentação na segunda fila.

Votantes 38, votos válidos 31. Maioria 19.

O senhor Alexandre Koyré obteve 31 votos. Consequentemente, o senhor Alexandre Koyré, tendo obtido a maioria dos votos, é apresentado na segunda fila.

Relatórios de ensino

Os textos seguintes reproduzem os relatórios anuais impressos das conferências temporárias realizadas por Koyré (uma vez por semana até 1927, duas vezes por semana de 1928 a 1930). Esses textos foram publicados nos anuários da École (*École Pratique des Hautes Études, Seção de Ciências da Religião, Anuário... e Relatório de exercício...*) relativos ao exercício do ano letivo indicado.

* * *

1921-1922

O misticismo especulativo na Alemanha: Boheme e Baader

Esta conferência foi realizada apenas durante o segundo semestre do ano letivo (março-junho de 1922). O professor começou com um estudo preliminar do sistema de Boehme, que não aparece mais como um fenômeno isolado, e sim como o culminar de uma longa evolução. Procuramos encontrar nas doutrinas religiosas e místicas do século XVI as etapas dessa evolução. Analisamos a obra de Sébastien Franck e Valentin Weigel, por um lado, e a de Schwenckfeld, por outro, bem como uma das obras mais importantes para a história do misticismo alemão, a *Theologia Deutsch*, editada por Lutero, parafraseada por Franck e, enfim, reeditada com um prefácio muito importante de V. Weigel.

Os elementos das doutrinas mágicas e a terminologia alquimista de Boehme obrigaram-nos a procurar a origem e as explicações nas teorias de Paracelso e em obras alemãs populares que tratam de alquimia e magia (*Stein der Weisen*, *Chemische Hochzeit* etc.). Tendo assim situado Boehme, determinado o seu lugar numa grande corrente de pensamento, lançado as bases para uma análise das fontes, esclarecido através de comparações o sentido da terminologia religiosa e filosófica de Boehme, iniciamos um estudo detalhado e aprofundado do seu sistema.

Número de inscritos: 6.
Alunos titulares: sr. Hering, sr. Tramblay, srta. Detrédos.
Ouvintes regulares: sr. Pouritz, sra. Koyré, srta. Federmeyer.

* * *

1923-1924

O misticismo especulativo na Alemanha

O senhor Koyré estudou, durante o ano letivo de 1923-1924, o misticismo popular em Scheffler e Gichtel, e o misticismo doutrinário em Oetinger e Baader; esse estudo deve ser complementado pela análise das doutrinas religiosas do idealismo alemão, que aparece, quase da mesma forma que a filosofia mística de Baader, como um dos desdobramentos do movimento de ideias anteriormente observado.

O estudo realizado este ano comprovou, de fato, a existência e a persistência de uma corrente ininterrupta de doutrinas místicas e mágicas; a considerável importância da obra e do ensino de Oetinger, cujas ideias, muito difundidas na sua terra natal, por certo influenciaram profundamente os seus conterrâneos Schelling e Hegel.

Ao estudar a polêmica de Oetinger e Baader contra os filósofos racionalistas, por um lado, e o pietismo, por outro, encontramos em suas obras, bem como nas de seus contemporâneos Hamann, Richter, Kerner, Kleuker etc., a maioria dos temas clássicos do idealismo e do romantismo, que transpõem as doutrinas místicas para a filosofia religiosa e para a filosofia da natureza.

Número de inscritos: 6.
Aluno diplomado: sr. Hering.
Alunos titulares: sra. Vernes, srta. Detrédos.
Ouvintes regulares: sr. Giraud, sra. Grémillon-Jossier, sra. Koyré.

* * *

1924-1925

O misticismo especulativo na Alemanha

No curso deste ano foi estudado o pensamento religioso do romantismo alemão, principalmente em Schelling e em Schleiermacher. O estudo da doutrina religiosa levou à busca de suas fontes históricas, por um lado, e das bases lógicas do sistema, por outro. Parecia impossível, do ponto de vista histórico, não admitir que o idealismo alemão sofreu uma influência cada vez mais profunda e cada vez mais consciente das doutrinas místicas da Idade Média e do Renascimento, notadamente a de Jacob Boehme e seus sucessores. Acreditávamos poder estabelecer que essa influência, no que diz respeito a Schelling, não foi um fenômeno tardio, pois ela se manifesta já nos seus primeiros escritos, e deve ser vista como um elemento essencial da doutrina. Schelling foi influenciado pela tradição mística de Oetinger, e foi sobre seu misticismo que a influência kantiana e a de Fichte foram então enxertadas.

Além disso, e esta é a conclusão que parece resultar dos estudos realizados, as diferentes posições filosóficas dos sistemas pós-kantianos são determinadas sobretudo por posições religiosas; tais sistemas reproduzem e prolongam correntes de pensamento religioso; as suas teses filosóficas traduzem posições e inspirações teológicas, e é por isso que todas elas estão em oposição irredutível ao kantismo e são animadas pelo desejo de reconquistar para o homem o lugar central no universo, que lhe é atribuído pela teologia mística.

No próximo ano será abordado o estudo de um problema específico, o estudo da teologia de Fichte, mais precisamente o estudo das influências teológicas que Fichte sofreu, bem como a subestrutura teológica e o significado teológico do sistema. Parece certo, com base em sua polêmica com Schelling estudada este ano, que aqui novamente estamos perante uma transposição filosófica de uma teologia: muito provavelmente uma teologia apofática, concebida nas categorias fornecidas pela *Berufstheologie*. Apesar do papel extremamente importante que Fichte desempenhou na evolução da filosofia moderna, um estudo desse tipo nunca foi feito antes.

Número de inscritos: 15.
Alunos titulares: sr. Zamfiresco, sra. Grémillon-Jossier, sra. Guéniat, sra. Koyré, sra. Vernes.
Ouvintes regulares: sr. Abramoff, sr. Adler, sr. Bernheim, sr. Demarquette, sra. Blandy.

* * *

1925-1926

O misticismo especulativo na Alemanha

Continuando o nosso estudo das doutrinas religiosas do idealismo alemão, analisamos, no período de 1925-1926, a formação da filosofia religiosa de Fichte.

Estudamos a formação teológica de Fichte: os ensinamentos que recebeu na juventude, as influências que sofreu, notadamente a do determinismo de [J]och e do moralismo sentimental de Spalding, depois a do racionalismo moral de Kant, do romantismo e da mística alemã.

Para esse estudo, utilizamos edições recentes de cartas e sermões inéditos do filósofo.

A doutrina religiosa de Fichte apresenta quatro estados diferentes:

1) Fichte segue Kant (na sua *Kritik der Offenbarung*) e procura aplicar a doutrina desenvolvida por este último. A religião confunde-se com a vida moral; 2) desde a época do *Atheismusstreit* foi estabelecida uma nova concepção, a do *Espírito* ou *Deus Providência Moral*, um espírito impessoal que se realiza nas pessoas individuais; o homem aparece assim, em seus atos morais, como a realização individual do Espírito moral; 3) durante o período berlinense, ao qual pertencem os chamados escritos populares, "o Espírito", cuja essência permanece constituída pelo valor moral, parece ter vida própria e um ser em si. Ele se torna Deus-Liberdade da qual os homens, como seres morais, são apenas "raios"; 4) no quarto período, que começa com a *Introdução à vida bem-aventurada* e inclui as obras póstumas, Fichte desenvolve uma doutrina do Absoluto absolutamente inacessível ao Saber superior, ao Ser e ao Conhecimento, dos quais só podemos nos aproximar realizando em nós mesmos a "vida divina"; a doutrina assume o aspecto de uma *teologia negativa*. As diferentes determinações do Deus-Absoluto são postuladas para que, através de um movimento dialético, sejam ultrapassadas e superadas pelo pensamento.

Fichte reconhece claramente o seu encontro com a mística alemã. Ele às vezes reproduz em termos próprios certas doutrinas clássicas, de *Abgeschiedenheit* [isolamento], de *Abgelassenheit* [serenidade], da destruição voluntária da vontade própria e individual.

Podemos dizer que se durante o segundo (e o primeiro) período do seu pensamento ele tivesse transposto em termos de vida moral as concepções elaboradas para a vida religiosa (Sébastien Franck, os pietistas, os *Herrnhuters*), referindo-se a uma conversão moral, um renascimento moral etc., no terceiro e sobretudo no quarto, ele se apropriaria cada vez mais do conteúdo metafísico da doutrina dos espiritualistas protestantes dos séculos XVI e XVII.

A ideia do dever moral da pessoa é progressivamente substituída pela da missão pessoal de cada indivíduo, que conquista e adquire a sua personalidade verdadeira, insubstituível e única (já que ela nada mais é do que a expressão individual da divindade), no e por meio do cumprimento da sua missão, que consiste precisamente nessa encarnação-expressão de Deus.

A polêmica com Schelling é muito instrutiva desse ponto de vista: Schelling revive a ideia de *expressão orgânica* (o mundo como corpo de Deus, encarnação da vida divina) dos místicos naturalistas Boehme e Paracelso.

Fichte opõe-se a ele, nos mesmos termos, com a ideia de expressão do pensamento (objetivação, imaginação) da doutrina espiritualista.

Duas concepções foram especialmente estudadas por nós: a ideia de *corpo* e a de *imaginação*. Conseguimos estabelecer em Fichte a persistência da crença no "corpo sutil", no corpo "etérico" ou "espiritual", que nos surpreendeu pelo fato de Fichte ser um discípulo de Kant.

A ideia de imaginação (*produktive Einbildungskraft*) deu origem a um equívoco histórico muito curioso, como pudemos constatar. Sabemos que os românticos (Schlegel, Novalis, Tieck etc.) declararam-se discípulos de Fichte; como o sr. Spenlé já estabeleceu (cf. *L'Idealisme magique*, Paris, 1903), Novalis acreditava ter encontrado na noção de *produktive Einbildungskraft* (imaginação produtiva) um fundamento teórico para a sua doutrina. No entanto, pudemos constatar que ele identificou a concepção de Fichte com a de Paracelso e acreditou ter encontrado em Fichte a doutrina do papel criativo e mágico da imaginação--força plástica.

Uma análise detalhada da terminologia de Fichte no seu último período permitiu-nos notar modificações no sentido de certos termos; assim, *Vernuft* e *Verstand* não são mais usados na significação kantiana, mas no sentido oposto, o que só pode ser explicado por um retorno consciente ao uso do século XVI.

Número de inscritos: 8.
Alunos titulares: sr. Adler, sr. Corbin-Petithenry, sra. Koyré, sra. Vernes, srta. Meyer.
Ouvintes regulares: sr. Bordessoule, sr. Welch.

* * *

1926-1927

O misticismo especulativo na Alemanha

O curso do ano letivo de 1926-1927 foi dedicado ao estudo da filosofia religiosa de Hegel. Concentrei-me principalmente na análise do ponto de partida de Hegel, tal como é dado nos *Theologische Jugendschriften* [Escritos teológicos de juventude], publicados por Nohl, na análise da noção de "consciência infeliz", *unseliges Bewustsein*, tal como é dada na *Fenomenologia do*

Espírito, e na análise da noção de *Vermittlung* (mediação). Conseguimos estabelecer que a "consciência infeliz" representa, no sistema de Hegel, um substituto e um sucedâneo da consciência do pecado, *Sündenbewustsein*, e que, por outro lado, a ideia especificamente religiosa do pecado não tinha lugar. Isso explica por que a consciência infeliz poderia constituir uma etapa necessária na evolução do Espírito; ela constitui o momento negativo sem o qual a evolução não poderia ocorrer.

Esse movimento negativo subsiste eternamente no âmbito do Espírito como seu momento constitutivo, e a vida do Espírito consiste justamente em superá-lo. Ele subsiste, portanto, no próprio Espírito absoluto, embora aí seja eternamente superado e vencido. Tal concepção, que se junta à de evolução atemporal, implica: a) a concepção do Espírito absoluto como personalidade perfeita, viva, eternamente completa e completando-se eternamente; b) a concepção de uma história real do Espírito, realizada na história do mundo e da humanidade, que reproduza a evolução atemporal de Deus, desdobrando-a no tempo. A doutrina hegeliana assemelha-se, portanto, a um personalismo fundamentalmente otimista.

A análise da noção de mediação, *Vermittlung*, permite-nos apreender com vivacidade os procedimentos do pensamento hegeliano, utilizando de modo consciente termos com duplo ou triplo sentido. A *mediação* é tomada tanto no sentido religioso (a necessidade de um mediador, *Mittler*), quanto no lógico (a necessidade da conexão entre os termos, *Vermittlung*) e no metafísico (a necessidade de uma estrutura e um centro, *Mitte*). A evolução do Espírito e do mundo consiste na realização desse triplo *Vermittlung*. A noção de *Mitte* também permite resolver um pequeno problema histórico concernente às relações de Hegel com Schelling e Baader. Na verdade, é a Baader que se deve a distinção entre *Mitte* e *Centrum*. Em Hegel, essa distinção só aparece na *Fenomenologia do Espírito* e deve ser considerada, na minha opinião, como uma homenagem indisfarçada a Franz von Baader.

Número de inscritos: 8.
Alunos titulares: sra. Faller, sra. Vernes.
Ouvintes regulares: sr. Prodanovitch, sr. Salatko.

* * *

1927-1928

1) *Estudos sobre J. A. Comenius*. Nesta conferência centramo-nos no estudo da filosofia religiosa de Comenius, ou seja, da sua *Pansofia*. Estudamos as relações de Comenius com seus antecessores e seus contemporâneos; acreditávamos poder estabelecer a estreita relação da doutrina filosófica de J. A. Comenius com as concepções de Telésio, Campanella e Patrizi, por um lado, e com as de Alsted e J. V. Andreae, por outro. Comenius não é de forma alguma original nas suas concepções; tudo o que ele diz pode ser encontrado em outro lugar. Ele, porém, soube formular de maneira muito clara as concepções e aspirações de grande parte da sociedade do século XVII; isso explica seu sucesso prodigioso.

Portanto, não é como reformador nem como inovador – no sentido forte do termo – que compreendemos Comenius; ao contrário, ele é o mais típico representante de seu tempo. A sua filosofia – uma curiosa síntese de concepções pertencentes à Idade Média e ao Renascimento – é dominada pela noção de dupla revelação divina, nas Escrituras e na natureza. Daí a noção de *Pansofia*, ciência total, filosofia cristã que restabelece o acordo entre a revelação sobrenatural e a revelação natural.

A noção de dupla revelação divina é acompanhada em Comenius pela do homem visto a uma só vez como microcosmo e imagem de Deus (Comenius chega a dizer: *parvus deus*), cuja missão consiste em revelar os arcanos da natureza e contemplar o "maravilhoso espetáculo da criação". Comenius chega assim a uma concepção muito curiosa da língua e da fala: a fala é a expressão da natureza do ser que a profere; por conseguinte, todo homem, ao falar, expressa: a) a si mesmo, ou seja, a individualidade eterna que ele é enquanto teofania particular de Deus; b) o povo ao qual pertence e cuja natureza (o ser social e a história) se expressa na e pela língua; c) o mundo que ele percebe e que carrega dentro de si como um microcosmo.

Conseguimos estabelecer que essa concepção de língua provém da doutrina das assinaturas e da linguagem natural de Paracelso e de Andreae; é provável que Comenius também soubesse das especulações de Boehme. Na verdade, ele manteve relação próxima com o biógrafo de Boehme, A. von Franckenberg.

Estudamos de perto as relações de Comenius com J. V. Andreae, os pansofistas, os *Sprachgesellschaften* e os rosacrucianos. Chegamos à convicção de que: a) nunca existiram rosacrucianos; b) Comenius e seus amigos (Hartlib, Hübner, Franckenberg etc.) perseguiram em sua Pansofia o ideal rosacruciano tal como fora formulado por Andreae em *Fama* e em *Confessio*. Aguardavam "a nova Reforma do mundo inteiro" e queriam colaborar no seu advento. Daí a persistência da crença no milenarismo entre todos os pansofistas, bem como na expectativa de um fim do mundo bem próximo, que seria anunciado não por milagres apocalípticos, mas, ao contrário, pela renovação da ciência, pela Reforma religiosa e pelo progresso da instrução. A pedagogia de Comenius é apenas uma aplicação e um exercício prático das suas concepções pansofistas.

Só pudemos estudar o movimento pansofista na medida em que Comenius fazia parte dele. Porém, o movimento estende-se para além – e muito – da pessoa do último bispo da Unidade dos Irmãos Morávios, e desempenhou um grande papel na história dos séculos XVII e XVIII. Ele foi o elo entre o ocultismo da Renascença e o iluminismo do século XVIII.

2) A nossa segunda conferência foi dedicada a Gregory Skovoroda, um místico ucraniano do século XVIII, cujo ensino teve grande influência na formação de seitas – tanto nacionalistas quanto místicas – em seu país. Historiadores russos (como V. Èrn) e especialmente historiadores ucranianos fazem de Skovoroda "um segundo Sócrates" e veem nele um gênio filosófico e religioso de primeira ordem. Não encontramos nada nas obras de Skovoroda que justificasse tal apreciação. Parecia-nos óbvio que Skovoroda, que recebeu uma forte educação teológica e clássica na Academia Eclesiástica da Carcóvia, foi profundamente influenciado pelas doutrinas pietistas, por um lado, e pelas doutrinas iluministas, por outro. Encontramos nele a noção de homem, imagem de Deus, e do mundo (daí o preceito: "*Conhece-te a ti mesmo*" como fundamento e coroamento de toda a sabedoria), a noção de revelação natural, do nascimento de Cristo na alma do homem regenerado etc., ou seja, a maioria das teses espiritualistas.

Skovoroda é ao mesmo tempo um típico representante do hermetismo cristão do século XVIII ("cristianismo gnóstico e platônico"), cujas teses – a maioria delas – se encontram nele (revelação primitiva, identidade do sentido profundo de todas as religiões, identidade da revelação religiosa com revelação natural, necessidade de um renascimento espiritual etc.). Ele mesmo notou a relação de suas doutrinas com as de Dutoit; essa relação é facilmente explicada: eles recorreram às mesmas fontes; nomeadamente na literatura teosófica e espiritualista dos séculos XVII e XVIII, que Skovoroda encontrou durante a sua viagem à Hungria e à Alemanha.

Isso não diminui o interesse pela pessoa e pela obra de Skovoroda, que conseguiu encontrar uma forma muito atraente para as suas ideias; que soube viver a sua doutrina e, com isso, garantir a sua grande influência nos mais diversos círculos, tanto nos da maçonaria mística como nos dos cristãos espirituais; seus "cânticos espirituais" foram cantados por sectários até os últimos anos do século XIX; suas obras foram lidas e copiadas. Skovoroda aparece-nos, portanto, como um importante elo entre a teosofia erudita e o misticismo popular, e, ainda, como uma das grandes figuras deste movimento.

Número de inscritos: 8.
Alunos titulares: sr. Adler, sr. Kojevnikoff.
Ouvintes regulares: sr. Boulatovitch, srta. Schontak.

* * *

1928-1929

1) Numa das conferências, dedicada ao estudo do movimento hussita, durante o primeiro trimestre, estudamos a obra

dos grandes pregadores da renovação religiosa do final do século XIII (Conrad von Waldhausen, Milič e Stitny), os quais são vistos pelos historiadores do hussismo como os precursores do movimento hussita. Acreditamos que só Milič pode reivindicar tal título, primeiramente, porque parece ter sido o primeiro a pregar em checo, e, em segundo lugar, porque, através da sua doutrina do Anticristo, ele lançou as bases sobre as quais os hussitas – e especialmente os partidos extremistas da reforma checa – edificaram mais tarde a sua doutrina da separação radical da igreja de Cristo – igreja dos eleitos e não *corpus permixtum* – da igreja do Anticristo. Descobrimos ainda que esses pregadores estavam simplesmente repetindo os temas constantes da pregação medieval.

Durante o segundo semestre, abordamos o estudo da obra teológica de João Huss. Analisamos de perto a introdução e uma série de distinções de seu *Comentário às sentenças*. Pudemos notar que Huss, embora negligencie o estudo de questões mais particularmente filosóficas e especulativas, toma partido contra os proponentes do ockhamismo e, ainda que cite frequentemente Santo Tomás, geralmente adota soluções que estão ligadas à tradição agostiniana.

2) Na segunda conferência, dedicada ao estudo das seitas russas, limitamo-nos à análise de documentos relativos aos "chlysti". O estudo é dificultado pelo fato de os documentos, bastante numerosos, serem na sua maioria atos de julgamentos de heresia ou testemunhos de renegados; além disso, os "testemunhos" dos sectários são muitas vezes falsificados pelos eclesiásticos que os recolheram e os interpretaram em termos de teologia ortodoxa. Contudo, parece que a seita não possui

nenhuma doutrina teológica propriamente dita, não mais do que os "ortodoxos" entre os quais vivem seus membros. As crenças mais estranhas e incompreensíveis – por exemplo, a crença na encarnação do Pai simultaneamente à do Filho – à medida que procuramos interpretá-las usando conceitos emprestados da teologia ortodoxa, tornam-se bastante claras quando abandonamos esse quadro.

O estudo do ritual das reuniões, da organização das comunidades, bem como dos preceitos morais e cantos dos sectários levou-nos a formular uma hipótese sobre a origem e o desenvolvimento da seita. Parece-nos necessário distinguir pelo menos três camadas sucessivas: 1) o antigo fundo extático (dança ritual) e ascético; 2) os elementos da doutrina espiritualista introduzidos no século XVII; 3) elementos místico-teosóficos ocorridos no século XIX.

Número de inscritos: 4.
Alunos titulares: sr. Kojevnikoff, srta. Schontak.
Ouvintes regulares: sr. Patocka, sr. Varsick.

* * *

1929-1930

1) Na primeira conferência, dedicada ao estudo do movimento hussita, prosseguimos com a análise dos fundamentos teológicos da doutrina, bem como dos seus fundamentos filosóficos. Esse último estudo – nunca realizado, nem mesmo planejado – pareceu particularmente importante. Na verdade, embora a doutrina de Huss tenha sido frequentemente comparada à de

Wycliffe, os estudos eram sempre limitados aos dois *De Ecclesia* e aos escritos políticos. Contudo, era sobretudo em torno de questões de filosofia pura, até mesmo de lógica pura, que girava a discussão na Universidade de Praga, e foi a *Lógica* de Wycliffe que formou o centro do debate, o que resultou em condenação tanto em Praga quanto em Bolonha e Constança. O estudo das *quaestiones disputatae* do próprio Huss, de Étienne Paletz, de Jacobel de [Mies], de Jerônimo de Praga, enfim, de seus adversários, continuado em Praga, provou que é na doutrina das ideias, bem como naquela do ser intencional, que devemos buscar a chave das doutrinas de Wycliffe e de Huss, que estão ambas ligadas, ou melhor, ambas pertencem à grande tradição agostiniana, viva e saudável ainda no século XIV, especialmente nos círculos oxfordianos.

Estudamos de perto, portanto, essa curiosa doutrina do ser intencional em *De Ente Intentionali* e *De Logica*. Também estudamos *De Libertate* e *De Essentia hominis* de Wycliffe, os únicos que nos permitem ver mais ou menos claramente sua doutrina da predestinação absoluta; Wycliffe – e depois dele João Huss e sobretudo os hussitas – extrai dela uma doutrina de ação e até de combate. A predestinação de Wycliffe e de Huss aparece-nos como uma predestinação à liberdade, que só é concebível como efeito da graça concedida eternamente aos eleitos; a liberdade, consistindo, por outro lado, em conformidade com a justiça, isto é, com a lei divina, resulta para o escolhido o Dever – e o poder de seguir a lei e de realizá-la. Bastará a João Huss prestar atenção ao caráter social da lei para dela extrair a noção de sociedade cristã e a do dever cristão – predestinado – de efetivar na terra e no tempo essa sociedade conforme à justiça e à lei. Além disso, a ação que deriva do ser é a ação que nos permite fazer uma suposição fundamentada na essência: é na e pela ação conforme à lei divina que o cristão se afirma enquanto tal, e é em sua própria ação que ele encontra a razão para acreditar na sua própria predestinação e para esperar por sua eleição.

Compreendemos então como no hussitismo – wycliffismo – e no calvinismo, que está muito próximo dele (os taboritas são verdadeiros puritanos *avant la lettre*), a noção de predestinação se torna uma fonte de ação explosiva, e um reservatório de energia absolutamente sem igual. Este estudo – iniciado por nós – parece projetar novas luzes sobre os fundamentos dogmáticos das teologias reformadas, particularmente entre Lutero e Bucer, Lutero e Calvino. Esperamos poder continuá-lo.

2) Na segunda conferência foram estudadas a obra de Copérnico e as repercussões imediatas da publicação do *De Revolutionibus*. Constatamos, para nosso grande espanto, que Copérnico era pouquíssimo conhecido e que, embora tenhamos uma série de trabalhos sobre a nacionalidade de Copérnico, não há praticamente nenhum sobre a física copernicana; as observações de Duhem e do sr. Meyerson – eis tudo o que acrescenta algo a Delambre. Em contrapartida, pudemos constatar quão pobre é a imagem de Copérnico que encontramos nos melhores manuais de história da física e da astronomia. Um estudo aprofundado do *De Revolutionibus* mostrou-nos que, independentemente do que tenha sido dito, Copérnico não tem a menor ideia da relatividade (*física*) do movimento, nem da lei da inércia; onde quer que se fale de relatividade, trata-se de uma relatividade *óptica*, e a sua física está diretamente ligada à escola da óptica geométrica da Idade Média e à física dos fluidos. Os orbes de Copérnico são orbes *sólidos*, tão sólidos quanto os de Ptolomeu. Isso explica

a necessidade de Copérnico admitir um terceiro movimento da Terra (que Kepler já não entendia mais). O Sol não está no centro dos orbes planetários, mas no centro do mundo, e a razão pela qual Copérnico o coloca ali não é uma razão matemática de calculador (seus cálculos não são mais simples que os de Ptolomeu); trata-se de uma razão matemática da óptica geométrica e, sobretudo, uma razão metafísica: a dignidade eminente do Sol, fonte de luz, exige que o coloquemos no centro do mundo que ele ilumina.

É também por isso que a doutrina copernicana, imediatamente contestada pelos protestantes (Melâncton) como contrária à Bíblia porque *fez da Terra um planeta*, teve repercussões religiosas antes de exercer uma influência científica, e provocou uma nova adoração ao Sol, imagem visível do Deus invisível e, portanto, encarnação do Filho. Foram essas doutrinas, que encontramos até em Campanella e Milton, que provocaram uma resposta da Igreja católica, e foi o perigo teosófico que chamou a sua atenção para uma obra pela qual não havia interesse, ao menos quando vista como tratado puramente científico.

Número de inscritos: 6.

Ouvintes regulares: sr. Kojevnikoff, sr. Kupka.

2

1931-1939
História das ideias religiosas na Europa moderna

Nota

A década de 1930 foi o período mais intenso de pesquisa e desenvolvimento para Koyré.

Com Albert Spaier e Henri-Charles Puech, ele fundou em Paris a revista *Recherches Philosophiques* em 1931-1932: uma coleção de volumes anuais, seguindo a fórmula adotada pelo *L'Année Sociologique* de Durkheim, inspirada no projeto de prospecção de novas tendências teóricas e históricas. O comitê de mecenato reuniu Émile Bréhier, Léon Brunschvicg, Étienne Gilson, Paul Janet, Pierre-André Lalande, Édouard Le Roy, Lucien Lévy-Bruhl, Abel Rey, Albert Rivaud e Léon Robin. A revista continuou até 1936-1937: nessa época, o comitê editorial incluía, além de Koyré e Puech, também Gaston Bachelard e Étienne Souriau. Entre os colaboradores e autores dos seis volumes de *Recherches Philosophiques* encontramos: Jean Wahl, Martin Heidegger, Eugène Minkowski, Claude Chevalley, Gabriel Marcel, Henri Gouhier, Georges Dumézil, Roger Caillois, Bernard

Groethuysen, Hans Reichenbach, Henri Lévy-Bruhl, Albert Lautmann, Raymond Aron, Jean-Paul Sartre, Georges Bataille e Emmanuel Lévinas.

Koyré também foi coeditor da *Revue d'Histoire et de Philosophie Religieuses* publicada pela Faculdade de Teologia Protestante da Universidade de Estrasburgo. Uma coletânea de análises críticas de obras testemunha a sua colaboração com a *Revue Philosophique de la France à l'Étranger*, a *Revue d'Histoire des Religions* e o *Journal de Psychologie Normale et Pathologique*.

Koyré foi membro da comunidade intelectual reunida em torno de Meyerson (1859-1933): Brunschvicg, Lucien Lévy--Bruhl, Hélène Metzger Bruhl. Não sabemos se ele conheceu Einstein pessoalmente durante os encontros entre o sábio alemão e o círculo filosófico parisiense de Meyerson. O realismo que Koyré reteve de Husserl, tal como testemunhado durante as Jornadas de Estudo da Sociedade Tomista sobre a "Fenomenologia" em 1932,[1] foi transformado em realismo matemático e imanente ao pensamento científico do passado.

Os documentos que disponibilizamos permitem situar com clareza o encontro de Koyré com o grupo dos historiadores parisienses e, em particular, com os historiadores da ciência. Esse encontro foi favorecido pelo ensino de Koyré na Ephe sobre o hermetismo da Renascença, bem como pelos artigos publicados sobre Caspar Schwenckfeld (no próprio *Anuário* da Ephe)[2] e sobre Weigel,[3] além, e em especial, pela publicação do grande

1 Jorland, *La Science dans la philosophie: les recherches épistemologiques d'Alexandre Koyré*, p.27 ss.

2 Koyré, 1932a ["Caspar Schwenckfeld"].

3 Id., 1930a [*Un mystique protestant: Maître Valentin Weigel*].

estudo sobre Paracelso (na *Revue d'Histoire et de Philosophie Religieuses* em 1930 e 1933).[4] A novidade metodológica do último ensaio chamou a atenção de Lucien Febvre e Hélène Metzger Bruhl, que estavam profundamente preocupados com o problema da mentalidade na Renascença.

Em 1929, em Paris, a profissionalização da história das ciências foi alvo de diversas iniciativas.

Abel Rey já ocupava a cátedra de História e Filosofia das Ciências na Sorbonne quando Henri Berr cria uma seção de História das Ciências no Centre International de Synthèse na rua Colbert. Hélène Metzger Bruhl é nomeada secretária dessa seção e dá vida ao projeto de um diretório de história das ciências.

O Centre International de Synthèse também abriga, na rua Colbert, em maio de 1929, um Comitê Internacional para História das Ciências lançado por Aldo Mieli no ano anterior ao Congresso Internacional de Ciências Históricas em Oslo. Mieli, químico e eugenista, é um refugiado italiano. Tendo trazido para a rua Colbert a revista *Archeion* e uma rica biblioteca de história das ciências, ele assume o título de diretor da seção História das Ciências do Centre de Synthèse, tornando-se chefe e até patrono do comitê que pretendia ser "uma elite entre os historiadores das ciências".[5]

O comitê, cujos membros são cooptados, já quer ser o "gabinete" de uma ordem profissional numa disciplina que ainda busca a própria identidade. A sua composição escapava

4 Id., 1933b ["Paracelse"].

5 Mieli, "Pour l'Organisation des historiens des sciences. Rapport au VIe Congrès International des Sciences Historiques, Oslo, 14-18 août 1928, section XI (Histoire des Sciences)", *Archeion*, v.9, n.4, p.500, 1928.

a qualquer definição restritiva (de Cajori a Thorndike, de *sir* Heath a Sarton, de Singer a Enriques, de Feldhaus a Karpinski). Os membros parisienses vieram do Centre de Synthèse: Abel Rey e Hélène Metzger Bruhl.

Uma disciplina que deseja ser reconhecida adota facilmente uma definição normativa. Mieli pensou num verdadeiro "tribunal competente", formado por "historiadores das ciências" de origem científica. Ele havia criado um Gabinete de Prioridades (liderado pelo químico M. Gliozzi) que continuava dominado por assuntos controversos: a invenção do telefone automático, a descoberta da pressão barométrica, ou até mesmo a descoberta do Brasil exigiam relatórios laboriosos...

O comitê (Mieli, Brunet, Gliozzi, Loria, Marotte, Sergescu) estabeleceu-se como uma Academia Internacional de História das Ciências a partir de 1935, tendo o *Archeion* como órgão oficial.

Abel Rey e Hélène Metzger Bruhl – que Mieli classificou entre os historiadores da ciência dedicados ao estudo de "ideias gerais e gnoseologia" – criaram um grupo francês de historiadores das ciências em 1931. No ano seguinte, Rey fundou, na rua Du Four, o Instituto de História e Filosofia das Ciências da Sorbonne, vinculado ao Collège Libre de Sciences Sociales de Georges Gurvitch. No ano seguinte, novamente, o Instituto publicou *Thalès*, a primeira revista francesa dedicada à história das ciências e das técnicas.

O objetivo era estudar a história das ciências "para compreender mais plenamente a ciência" e "fornecer uma das peças cruciais da história da civilização, da história do pensamento humano".[6]

6 Rey, "Avant propôs", *Thalès*, v.1, p.xv-xix, 1934.

Pela abertura dos temas, pela colaboração com outras disciplinas, pela liberdade de discussão, o Instituto da rua Du Four foi o lugar onde a história das ciências se renovou na Europa.

Alexandre Koyré e Lucien Febvre fizeram parte do comitê gestor do Instituto de Abel Rey, com Émile Bréhier, Léon Brillouin, Léon Brunschvicg, Élie Cartan, Étienne Gilson, Federigo Enriques, Jacques Hadamard, Henri Hauser, Pierre-André Lalande, Marcel Mauss, Jean Perrin, Léon Robin, François Simiand, Pierre Teilhard de Chardin.

Jacques Soustelle e Georges Gurvitch, Alexandre Kojève, Georges Bouligand, Hélène Metzger Bruhl, Jean-Louis Destouches, Giorgio Diaz de Santillana, Louis de Broglie e Georges Bouligand eram responsáveis pelas conferências. Mesmo antes da guerra, entre o Instituto da rua Du Four e os seminários Koyré, formou-se uma geração de historiadores (Paul Schrecker, Robert Lenoble, Émile Namer, Hélène Metzger Bruhl, Alexandre Kojève). Lucien Febvre convidou Abel Rey para colaborar na Enciclopédia Francesa. A casa editorial Hermann confiou a Rey a série Exposés sur l'Histoire et la Philosophie des Sciences [Exposições sobre a história e a filosofia das ciências] e a Enriques (depois a Koyré) a coleção Histoire de la Pensée Scientifique [História do pensamento científico].

Uma grande discussão foi suscitada em Paris pelas interpretações socioeconômicas da ciência moderna dos participantes soviéticos no segundo Congresso Internacional sobre a História das Ciências, ocorrido em Londres no ano de 1931 (cujos textos foram publicados em francês na *Archeion* e discutidos em meio aos marxistas parisienses no Círculo da Nova Rússia).[7] As teses de

7 Wallon et al. (orgs.), *À la Lumière du marxisme*.

Borkenau[8] alimentaram um debate mais amplo. É nesse contexto que se situa o programa de história da ciência e das técnicas lançado por Febvre e Marc Bloch nos *Annales*, em 1935: uma história social e a evolução de fatores conceituais, cujas condições econômicas não poderiam determinar mecanicamente a explicação.

Em 1934, a editora Alcan publicou uma edição do primeiro livro do *De Revolutionibus* de Copérnico, traduzido e comentado por Koyré, na coleção Textes pour Servir à une Histoire de la Pensée Moderne [Textos ao serviço de uma história do pensamento moderno], dirigida por Abel Rey. E, a partir do período 1934-1935, Hélène Metzger Bruhl passa a colaborar nos seminários de Koyré e preparar, sob sua direção, uma dissertação para o diploma da Ephe intitulada *Attraction universelle et religion naturelle chez quelques commentateurs anglais de Newton* [Atração universal e religião natural entre alguns comentadores ingleses de Newton]. Foi também Hélène Metzger Bruhl quem apresentou Koyré ao Centre de Synthèse, durante a "semana" *Science et Loi* [Ciência e Direito] de 1934, reunindo Abel Rey, Ferdinand Gonseth, Henri Wallon, Maurice Halbwachs, Febvre, Élie Cartan, Brunschvicg, Paul Langevin, François Simiand.

Por proposta de Hélène Metzger, em janeiro de 1935, Koyré foi eleito membro da seção de História das Ciências do Centre de Synthèse. Em junho, a Academia Internacional de Mieli convidou Koyré para proferir uma conferência, na rua Colbert, sobre "Les Débuts de Galilée" [Os primórdios de Galileu], cujo resumo publicamos aqui. Tal atuação crítica, uma verdadeira *avant-première*, derrubou o método positivista tradicional.

---

8 Borkenau, *Der Ubergang vom feudalen zum bürgerlichen Weltbild: Studien zur Geschichte der Philosophie der Manufakturperiode*.

No entanto, não impressionou muito no âmbito da Academia: esta, apesar da preocupação em expandir as suas forças, não cooptaria Koyré antes de 1950.

Mieli escreveu no *Archeion*:

> Devemos também observar os estudos do senhor Koyré sobre a formação do pensamento galileano e sobre o desenvolvimento dos princípios da mecânica entre os contemporâneos e sucessores imediatos de Galileu. Parece que o autor pretende empreender um trabalho orgânico sobre esse tema. Dissemos, no entanto, que sua perspectiva é simplista, muitas vezes equivocada e apoiada em afirmações gratuitas dos detratores de Galileu.[9]

Em 22 de junho de 1936, Koyré falou novamente, ainda na rua Colbert, porém na seção de História das Ciências do Centre de Synthèse. Dessa vez, a discussão que se seguiu à conferência, da qual publicamos a ata, reconheceu a pesquisa de Koyré como original em relação à história das ciências de Duhem.

Em 1933-1934 (dezembro-março), Alexandre Koyré foi colocado à disposição do Ministério das Relações Exteriores e destacado para a Universidade do Cairo, para onde retornou em 1936-1937 para ministrar palestras na ocasião do tricentenário do *Discurso do método*.[10]

Durante o período 1936-1937, seu ensino limitou-se, portanto, ao mês de junho; durante o resto do ano ele foi substituído por Kojève e Metzger Bruhl. Da mesma forma, Kojève e Henri

---

9 Mieli, "Il tricentenario dei 'Discorsi e dimostrazioni matematiche' di Galileo Galilei", *Archeion*, v.21, n.3, p.281, 1938.

10 Koyré, 1938 [*Trois Leçons sur Descartes*].

Corbin substituíram Koyré durante boa parte do período 1937-1938: Koyré ainda estava na Universidade do Cairo.[11] Ele ainda deu palestras nas universidades de Praga, Colônia (1924), Berlim (1931), Amsterdã, Groningen e Bruxelas (1935), onde foi convidado pelo Comitê de História das Ciências da Bélgica.[12]

A conferência proferida perante o Comitê de História das Ciências em Bruxelas, em 2 de fevereiro de 1935, teve como título: "À l'Aurore de la science moderne: la jeunesse de Galilée" [Na aurora da ciência moderna: a juventude de Galileu]. Ela foi publicada nos *Annales* da Universidade de Paris em 1935 e 1936, de modo a constituir, sob o título "À l'Aube de la science classique" [No alvorecer da ciência clássica], o primeiro dos três *Estudos galileanos*, dedicado a Émile Meyerson e publicado em 1939 na coleção Histoire de la Pensée (dirigida pelo próprio Koyré) da série Actualités Scientifiques et Industrielles, publicada pela casa editorial Hermann.

Contudo, a segunda parte, "La Loi de la chute des corps: Galilée et Descartes" [A lei da queda dos corpos: Galileu e Descartes], já havia sido publicada na *Revue Philosophique de la France à l'Étranger*, em 1937.[13] Apenas a terceira parte dos *Estudos galileanos*, "Galilée et la loi d'inertie" [Galileu e a lei da inércia], escrita para o tricentenário dos *Discorsi* de Galileu em 1938, era inédita. A ideia hoje muito difundida de que a falta de interesse, na França, pelos *Estudos galileanos* se deve à guerra, que prejudicou a distribuição do livro, é apenas parcialmente verdadeira. Com

---

11 Notas de curso, Arquivos do Centro Alexandre-Koyré, Ehess.

12 Koyré, 1944c ["Notices biographiques et bibliographie: Alexandre Koyré (né en 1892)"].

13 Id., 1937c.

efeito, em 1937, ainda nos *Annales* da Universidade de Paris, Koyré publicou o seu "estudo galileano" mais radical: "Galilée et l'expérience de Pise, à propos d'une legende" [Galileu e a experiência de Pisa, a respeito de uma lenda], que preferiu não republicar em 1939.

Longe de passarem despercebidos, os estudos galileanos de Koyré foram estigmatizados como iconoclastas, num clima de celebração positivista dos *Discorsi* de Galileu: "Recém-chegado, A. Koyré (*Annales de l'Université de Paris*, v.XII, p.411-53, 1937) empresta a sua voz para proclamar que 'Galileu não realizou a experiência em Pisa e nem sequer a imaginou'. Todos os raciocínios e elucubrações de Koyré parecem-nos conjecturas e, na verdade, sem qualquer peso".[14] Ninguém interveio para levantar o debate.

Koyré, em 1939, foi obrigado a esclarecer: "A admiração que sentimos pelo gênio de Galileu parecia ter sido expressa por nós com clareza suficiente para impossibilitar qualquer mal-entendido. Infelizmente há outros... Nós também acabamos incluídos na coorte de 'detratores' e 'inimigos' de Galileu pelo senhor Aldo Mieli".[15]

Por outro lado, a grande tese de Lenoble sobre *Mersenne ou la naissance du mécanisme* [Mersenne ou o nascimento do mecanicismo], orientada por Émile Bréhier e publicada em 1943, colocou os *Estudos galileanos* no mesmo nível da obra de Pierre Duhem.

No início da Segunda Guerra Mundial, Koyré estava novamente em missão ao Egito, como "professor visitante na cátedra

---

14 Mieli, "Il tricentenario dei 'Discorsi e dimostrazioni matematiche' di Galileo Galilei", op. cit., p.249.

15 Koyré, 1939 [*Études galiléennes*] (aqui, 2.ed., 1966, p.162).

de Filosofia" da Universidade do Cairo, de fevereiro a junho de 1940.[16]

Retornou a Paris no exato momento da derrota, reapareceu em Montpellier e participou da sessão de exame de sua antiga cátedra. Em seguida, os Koyré foram hospedados na casa de um amigo de longa data, o teólogo protestante Jean Hering, em Clermont-Ferrand,[17] e a partir dali buscaram a possibilidade de deixar a França de Vichy.

Documentos

Documento n.4

Resumo da conferência de Alexandre Koyré para o Comitê Internacional de História das Ciências na ocasião de sua sétima reunião anual

26-27 de junho de 1935
Archeion, v.17, p.250 ss., 1935.

O senhor Alexandre Koyré, diretor de estudos da École Pratique des Hautes Études, convidado pelo Comitê, proferiu uma conferência sobre o seguinte tema: "Os primórdios de Galileu". Eis, a seguir, o resumo dessa conferência, tal como o autor gentilmente nos comunicou:

---

16 Ver o Decreto de 25 de janeiro de 1940, Dossiê A. Koyré, Arquivos da 5ª seção da Ephe, Paris.

17 Ver Koyré, 1944c, op. cit., bem como a carta do diretor da academia de Aix sobre o salário por ela pago a Koyré no período agosto-setembro de 1940 (Dossiê A. Koyré, Arquivos da 5ª seção da Ephe).

A história da evolução e da formação do pensamento de Galileu oferece-nos um resumo impressionante da história da física. O seu estudo apresenta, portanto, um duplo interesse: informa-nos sobre os motivos do pensamento galileano e, ao mesmo tempo, sobre o significado da revolução científica e espiritual da qual Galileu foi o autor.

1) Na sua juventude, Galileu seguiu fielmente o ensino tradicional (representado por Buonamici): o movimento foi concebido como um *processo*. Dessa concepção resulta necessariamente a negação do vazio, a necessidade de uma causa contemporânea para o movimento, a explicação do jato pela reação do meio circundante (concebido como elástico). Elaborada a partir da noção de movimento-processo, a física peripatética surge como *uma construção teórica* que se opunha de modo resoluto e consciente aos dados do senso comum.

2) Na época em que ensinava em Pisa, Galileu desenvolveu (sob a influência de Benedetti) a chamada física do *impetus*, e fez a apresentação mais clara e sistemática que talvez exista. Essa física, desenvolvida especialmente pelos nominalistas parisienses, nada mais é do que uma reação do bom senso, da experiência bruta contra a teoria peripatética. O movimento não é mais concebido como um processo, e sim como o efeito de uma *força* ou qualidade ativa. Isso resulta necessariamente: a) na possibilidade de abandonar a explicação do jato pela reação do meio; b) a possibilidade de movimento no vácuo; c) a noção de parada natural: a causa (força, qualidade) do movimento, localizada no móbil, esgota-se ao produzir seu efeito – o movimento.

3) O esforço de Galileu em Pádua (por volta de 1600) dirigiu-se para a constituição de uma física matemática (nem a física peripatética nem a do *impetus* são matematizáveis) segundo o modelo da estática de Arquimedes, ou seja, uma *dinâmica arquimediana*. O conjunto espacial de lugares qualitativamente distintos é substituído pelo espaço homogêneo da geometria; as noções de movimento-processo

ou efeito são substituídas pelas de movimento-estado, translação simples. Daí a possibilidade de afirmar a persistência indefinida desse movimento-estado, a ação da causa externa intervindo apenas para explicar suas modificações (constância de velocidade) etc. A dinâmica de Galileu não é um prolongamento natural da física do *impetus*: ela lhe dá as costas, assim como dá as costas ao senso comum e à experiência comum. Coloca-se imediatamente no mundo matemático de Arquimedes ao introduzir ali o movimento e o *tempo*.

* * *

Documento n.5

Ata da sessão da seção História das Ciências do Centre International de Synthèse

22 de janeiro de 1936
Archeion, v.18, p.238 ss., 1936.

O senhor Mieli passa a palavra ao senhor A. Koyré, que lê sua palestra "Os anos de aprendizado de Galileu", resumida, por ele mesmo, desta forma:

Os primeiros trabalhos de Galileu (os *juventia* e o *De motu pisans*) são de considerável interesse para o historiador das ciências. Na verdade, oferecem-nos um resumo impressionante, um quadro sintético da evolução da física pré-galileana, da física aristotélica, da física nominalista (física do *impetus*), da física arquimediana, e permitem-nos compreender a natureza das noções e concepções fundamentais que determinam a sua estrutura.

O esforço de Galileu consiste numa tentativa de matematizar a física; mas a matematização das noções de causa-tendência (Aristóteles) e força impressa (*impetus*) revela-se impossível. Somente a concepção arquimediana (mecanismo) é capaz disso.

Estamos testemunhando o desenvolvimento de uma nova concepção de movimento. O movimento-processo da física aristotélica – concepção que implica a necessidade da ação contínua da causa-motora contígua ao móvel – é substituído primeiro pela concepção do movimento-efeito da força impressa no móvel (*impetus*), que se esgota ao produzir o seu efeito (concepção que implica a necessária parada do móvel e, portanto, tanto como a primeira, é incompatível com o princípio da inércia); e, enfim, pela do movimento-estado que dura como qualquer "estado", sem que seja necessária uma causa que explique essa persistência.

A concepção de espaço sofre uma transformação análoga: o espaço físico de Aristóteles é substituído pelo espaço abstrato da geometria (espaço arquimediano) e o cosmo da física medieval desaparece. É essa transformação dos "fundamentos" que permite e provoca a eclosão da física clássica (galileana e cartesiana), e não o dado experimental, que, aliás, não é de forma alguma aumentado.

O senhor Mieli agradece.

O senhor Berr admirou a clareza, a lucidez e a riqueza dessa comunicação, que leva a conclusões importantes.

Senhora Metzger: A conferência do senhor Koyré ilustra maravilhosamente o que eu disse há um mês;[18] o método experimental no seu início era uma negação da experiência vulgar, do

18 Ver Metzger Bruhl, "L'*A Priori* dans la Doctrine scientifique et l'histoire des sciences", *Archeion*, v.18, n.1, p.29-42, 1936. (N. E.)

"diz-se", do "todo mundo sabe"; o julgamento racional que o fundamentou foi antes de tudo uma negação de fatos considerados impossíveis.

Senhor Bénézé: Galileu alguma vez falhou?

Senhor Marotte: Qual foi o papel da experiência em Galileu: ele a tornou mais precisa que seus antecessores?

Senhor Koyré: Experiência para Galileu era interrogar-se acerca de uma questão precisa; ele começou deduzindo a teoria pura; nunca admitiu qualquer fracasso e era muito seguro de si. A experiência existia para confirmar os resultados; a única precisa foi a do pêndulo; a lei da queda dos corpos foi deduzida inteiramente *a priori*; ele teve, portanto, a intuição ou concepção da inércia.

Senhor Laignel-Lavastine: Seria interessante retomar nossa conversa sobre o *a priori* usando o exemplo de Galileu.

Senhor Faddegon: Galileu foi o fundador da cinemática e não da dinâmica.

Senhor Marotte: Estou muito contente com o que você disse sobre Galileu: o lugar ínfimo que Duhem lhe deu causa-me surpresa e aflição.

Senhor Sergescu: Duhem considerou que Galileu fez uma síntese do trabalho de seus antecessores; a retificação que o senhor Koyré traz às suas ideias o teria encantado; ele teria considerado a conferência de hoje como um complemento à sua obra.

Senhor Koyré: Duhem descobriu vários séculos desconhecidos de pensamento científico; ele os interpretou de acordo com suas concepções filosóficas. Nada é tão admirável como a sua maneira de ver o progresso da ciência; não existe e nunca existirá uma teoria definitiva; porém nossos conhecimentos serão cada vez mais próximos.

Senhor Berr: Deveríamos planejar uma conferência sobre Duhem historiador das ciências;[19] ele colocou muita paixão em seu julgamento e talvez tenha sido melhor descobridor do que intérprete. Felicito mais uma vez o senhor Koyré por seu trabalho, que mostra um exemplo admirável de como a história da ciência contribui para o estudo do espírito humano.

Relatórios de ensino

História das ideias religiosas na Europa moderna

1931-1932

1) Numa das conferências dedicadas ao estudo das *Relações entre a ciência e a religião no século XVI*, continuamos a análise da impressão produzida pelo aparecimento do *De Revolutionibus* de Copérnico. Os textos de Copérnico, Melâncton, Tycho Brahe e Kepler foram traduzidos e comentados.

O senhor E. Namer, doutor pela Universidade de Paris, participou ativamente nas explicações.

2) Na segunda conferência foram estudados textos de Nicolau de Cusa relativos à noção de "douta ignorância" e à da coincidência de "contraditórios" no infinito. As noções de "limite" e "aproximação" foram explicadas com base no trabalho matemático de Nicolau de Cusa.

19 No ano seguinte, o grupo francês de historiadores das ciências (Rey, Laignel-Lavastine, Metzger Bruhl) de fato organizou uma conferência sobre Pierre Duhem, cujos anais foram publicados na *Archeion* (1937). (N. E.)

Os senhores Kojevnikoff e Patronnier de Gandillac participaram ativamente nas explicações.

Número de inscritos: 8.
Aluno diplomado: sr. Corbin-Petithenry.
Alunos titulares: sr. Adler, sr. Kojevnikoff, sr. Kupka, sr. Namer.
Ouvintes regulares: sr. Bataille, srta. Kogan.

* * *

1932-1933

1) Na primeira conferência, o professor deu continuidade ao estudo dos textos de Nicolau de Cusa iniciado no ano anterior. O pensamento de Nicolau de Cusa parecia evoluir para um dinamismo cada vez mais pronunciado, culminando, em seus últimos escritos, numa "superordenação" da potência do ser, este último resultante do ato pelo qual a potência pura se afirma e se manifesta. Essencialmente fecundo, a potência (a *posse ipsum*) manifestando-se, manifesta ao mesmo tempo algo diferente de si mesmo: o mundo concebido como um conjunto dinâmico de entidades que, elas próprias, são dotadas do poder de se manifestar e de perseverar no ser. A influência de Nicolau de Cusa na França foi então estudada, especialmente em Carlos de Bovelles (Carolus Bovillus). Notamos nele uma curiosa doutrina, ao mesmo tempo monádica e microcósmica do homem, em cujo pensamento se reconstitui a unidade do universo segundo Bovillus, bem como uma não menos curiosa doutrina metafísica: para salvaguardar a separação entre Deus e o universo, Bovillus é obrigado a conferir um ser *sui generis* ao nada.

2) A segunda conferência foi dedicada à filosofia religiosa de Hegel. Estudou-se a formação do pensamento e sobretudo do método hegeliano com base nos *Theologische Jugendschriften* (org. Nohl) e especialmente os textos recentemente publicados por Ch. Lasson (*Jenenser Logik* e *Jenenser Realphilosophie*) dos cursos de Hegel em Jena.

O método de Hegel, tal como aparece nesses escritos, parece ser o de uma descrição fenomenológica da consciência e os problemas aos quais está ligada a sua meditação parecem ter sido, naquela época, o problema da relação entre o finito e o infinito (implicação mútua) e a da relação entre a eternidade e o tempo. É a descoberta da natureza dialética do Tempo que, permitindo a Hegel identificar a lógica e a história, torna possível a constituição do sistema.

Os senhores Corbin-Petithenry, Kojevnikoff e Patronnier de Gandillac participaram ativamente nas explicações. O senhor Van den Bergh deu uma série de aulas sobre *La Philosophie et la théologie chez Averroès* [A filosofia e a teologia em Averróis].

Número de inscritos: 30.
Aluno diplomado: sr. Corbin-Petithenry.
Alunos titulares: sr. Adler, sr. Bataille, sr. Kojevnikoff, sr. Kupka, sra. Kaznakoff.
Ouvintes regulares: sr. Bessmertny, sr. Dalsace, sr. Kaan, sr. Madkous, sr. Paulus, sr. Queneau, sra. Bernheim, sra. Ventura, srta. Bonniot.

* * *

1933-1934

Estudos sobre Galileu

Nessas conferências, resumindo as pesquisas sobre Copérnico e Kepler feitas durante os anos anteriores, buscamos determinar, embora isso só pudesse ser especificado melhor nos estudos posteriores, os pontos exatos que separam Galileu de seus antecessores, e até mesmo de seus contemporâneos.

A questão nos parece ser esta: enquanto Copérnico, herdeiro da tradição pitagórica e neoplatônica (metafísica da luz), elabora, como estabelecemos em nossa edição do *De Revolutionibus* (Paris, 1934), sua construção astronômica a partir da visão do cosmo (harmonia, série de corpos regulares etc.), esse tipo de raciocínio desaparece em Galileu.

Mais precisamente, embora as considerações cosmológicas façam parte do raciocínio kepleriano, elas já não intervêm no âmago do raciocínio de Galileu.

Essa característica, mais do que qualquer outra, parece-nos marcar um momento decisivo com graves consequências na revolução galileana.

Estudos sobre Calvino

Em nossas conferências, tentamos elucidar a importância, para o estudo de Calvino, de uma análise precisa das noções de *justiça* e *justificação*. Esboçamos a história dessas noções (Santo Agostinho, Santo Anselmo, agostinianismo medieval), procurando identificar o liame que as une e que as liga ao da *liberdade* (liberdade = libertação do justo pela e para a justiça). Um estudo posterior será dedicado ao confronto entre Calvino e Lutero, bem como à análise do conteúdo moral e social da concepção calvinista de justiça.

Número de inscritos: 19.
Aluno diplomado: sr. Corbin.
Aluno titular: sr. Adler.
Ouvintes assíduos: sr. Gordin, sr. Gottelieb, sr. Queneau, sr. Ralli, sr. Spire, sra. Carlos, srta. Lattes, srta. Ostermann.

* * *

1934-1935

Galileu e a formação da ciência moderna

Nesta conferência estudamos a) a formação do pensamento galileano e as suas primeiras descobertas na mecânica e na astronomia; b) as primeiras reações da opinião pública – científica e religiosa – que elas provocaram.

O estudo do pensamento galileano – um estudo extremamente curioso e instrutivo – não nos permitiu aceitar as opiniões de certos historiadores modernos que o apresentam como um prolongamento da tradição científica do nominalismo parisiense (Duhem), ou como o da tradição empirista dos artesãos e engenheiros do Renascimento (Olschki). O pensamento galileano aparece-nos como o resultado de um esforço consciente de matematização da física. O fracasso desse esforço – concebido sob a influência de um estudo da estática de Arquimedes – aplicado à dinâmica de Aristóteles (movimento concebido como um processo) e à da escola parisiense (movimento concebido como o efeito de uma força inerente ao móvel) culminou em um retorno a Arquimedes e à constituição do que se pode chamar a dinâmica arquimediana (movimento concebido como um estado).

O trabalho astronômico de Galileu decorre de suas convicções copernicanas. Foi por ser copernicano e estar previamente convencido sobre a identidade da natureza da Terra e dos planetas que ele começou a observar o céu. É curioso notar que, antes de Galileu, ninguém tinha tido a ideia de utilizar o telescópio (inventado pelo menos um ano antes) para observações astronômicas: ou porque não acreditavam que tivessem algo a descobrir, ou porque o uso de um instrumento tão imperfeito (Kepler) não merecesse crédito. É igualmente importante notar que a opinião pública associava as descobertas de Galileu ao sistema filosófico de Giordano Bruno. Isso explica, em grande parte, a reação da Igreja.

O estudo da correspondência entre Kepler e Galileu confirma plenamente a distinção que estabelecemos entre os seus modos de pensamento: Kepler pensa em termos do cosmo; a astronomia galileana ignora essa noção.

A reação contra Galileu começou nos círculos acadêmicos. O sentido dessa reação parece ter sido ignorado pelos historiadores da física: as descobertas de Galileu viraram de pernas para o ar todo o sistema científico do universo (abalando tanto a química quanto a astronomia), destruíram a própria noção de um cosmo bem ordenado e pretenderam eliminar uma teoria sem a substituir por outra. Uma pretensão que a ciência, ao longo da sua história, nunca aceitou e continua a não aceitar. A observação de um fato nunca anula uma teoria: para ser vitorioso, Galileu carecia de uma teoria do fato observado e de uma teoria da própria observação (teoria do instrumento).

A reação da Igreja explica-se: a) pelo receio de que a nova astronomia fosse utilizada a favor do sistema de Bruno; b) pelo receio (perfeitamente justificado) de que a astronomia copernicana fosse utilizada a favor da crítica da Bíblia e de sua interpretação tradicional. A Igreja só interveio quando Galileu e os galileanos tentaram se contrapor a ela com uma nova interpretação da astronomia e verificar o movimento da Terra no Antigo Testamento. A diferença entre a atitude da Igreja em relação a Copérnico e a Galileu explica-se: a) pelo fato de Giordano Bruno; b) pelo próprio caráter da obra galileana, uma obra de propaganda e de combate tanto quanto uma obra de ciência.

A senhora Metzger participou ativamente nos debates.

Estudos sobre Calvino

Nesta conferência estudamos primeiro a formação intelectual de Calvino – um estudo bastante decepcionante dada a pobreza dos documentos biográficos e especialmente autobiográficos – depois, tomando como base a *Institutio Religionis Christianae* [Instituição da religião cristã][20] nas suas diferentes edições, bem como as obras polêmicas e os *Comentários*, procuramos esclarecer algumas das noções centrais da teologia calvinista, nomeadamente as de *Majestas et Potentia Dei*, *lex*, *fides*, *electio*, *praedestinatio*, comparando-as com algumas das doutrinas

20 Ver a tradução do latim por Carlos Eduardo de Oliveira, Omayr J. Moraes Jr. e Elaine C. Sartorelli publicada pela Editora Unesp: *A instituição da religião cristã*, em dois volumes (2008-2009). (N. T.)

contemporâneas ou anteriores, especialmente com as de Lutero, Bucer e Zuínglio.

A experiência religiosa mais profunda de Calvino parecia-nos ser a da eleição divina, uma eleição que consiste numa ordem de ação. A teologia de Calvino, portanto, parece-nos ser uma das formas mais radicais da teologia da conversão. O confronto com as doutrinas contemporâneas permitiu-nos identificar as características próprias do pensamento de Calvino: uma teologia resolutamente não filosófica (nada é mais instrutivo a esse respeito do que a análise paralela dos textos da *Institutio* e do *De servo arbitrio*; em comparação com a de Calvino, a obra de Lutero parece ser uma dissertação escolástica), e também resolutamente ativista e monista.

Calvino recusa-se a aceitar a distinção luterana entre *Deus absconditus* e *Deus revelatus*, assim como se recusa a aceitar a distinção escolástica entre *potestas absoluta* e *potestas ordinata*; recusa-se a aceitar um dualismo entre o Antigo e o Novo Testamento (entre o Deus do Antigo e do Novo Testamento); recusa-se a aceitar um dualismo entre o mundo da natureza e o mundo da graça; recusa-se a aceitar um dualismo entre a interiorização luterana da fé e [a] da salvação. A fé calvinista é uma fé essencialmente ativa – conhecimento e cumprimento da lei divina, uma realização possível apenas para os eleitos, na medida da sua santificação interior, uma santificação impossível de alcançar a não ser através da ação conforme à lei = a ordem de Deus. Também a *electio* é uma *electio* para a ação, tal como a *praedestinatio* é uma decisão divina para conduzir os eleitos ao fim da santificação.

A noção de *praedestinatio* é apresentada por Calvino fora de qualquer discussão ontológica, como correlativa às da infinitude e majestade divinas. Deus – senhor absoluto – não pode ser limitado por nada; portanto, a decisão divina precede não apenas o ser, mas até mesmo a essência da criatura. Monista aqui também, Calvino se recusa a admitir a distinção entre vontade e permissão: daí a doutrina da dupla predestinação.

O caráter não filosófico dessa doutrina torna-a inaceitável para a razão; é uma questão de fé e, enquanto tal, só pode ser plenamente admitida através desta. No entanto, a fé, sendo a ação do Espírito Santo sobre o homem, é prerrogativa dos eleitos somente, daí, do ponto de vista teológico, a explicação do caráter eminentemente consolador e reconfortante da doutrina: ela não é e não pode ser plenamente admitida a não ser pelo eleito.

A percepção da majestade divina tem como contrapartida a consciência da indignidade humana: elementos ou momentos correlatos e indissociáveis do conhecimento de si. Porém, essa consciência que provoca no homem um sentimento de "reverência" e aceitação do decreto divino que o condena difere profundamente da "consciência" do pecado no luteranismo: ela parece não conhecer o *terror damnationis*.

O conhecimento de si implica o conhecimento de Deus; a autocondenação implica conhecimento da lei divina (lei revelada ou lei natural; conhecimento revelado ou conhecimento natural). Diante dos textos formais de Calvino, ficamos surpresos ao encontrar, ainda hoje, "interpretações" do calvinismo como uma negação do conhecimento natural de Deus sob o pretexto de que postula uma distância absoluta entre o homem e Deus e afirma que *finitum non capax infiniti* [o finito não pode conter o infinito].

É certamente verdade que a distância entre Deus e o homem permanece absoluta e que o Deus de Calvino nunca se entrega ao homem como o de Lutero, porém essa distância não é intransponível: não o é pela vontade divina que se realiza na e por meio da ação humana, e que torna – ou tornou – o homem, *non capax infiniti*, capaz de receber a dupla revelação.

Ademais, uma das razões mais profundas para a ação do calvinismo (ação social e moral) deve ser procurada em sua identificação entre lei natural e lei revelada: a própria lei "natural" é também "revelada".

A obrigação de realizar a lei divina – um ideal de justiça sempre válido para o cristão – implica, para o eleito, a obrigação de trabalhar para a constituição da sociedade cristã "sociedade justa", onde reina a justiça – e não a sociedade dos justos –, uma sociedade que é Igreja e Estado ao mesmo tempo; sociedade onde cada qual tem um papel determinado pela "vocação". Confrontando a noção calvinista de vocação com a noção luterana de *Beruf* [chamado] pudemos notar, ao lado de um parentesco óbvio, uma diferença bastante considerável: o *Beruf* defende os quadros de uma sociedade patriarcal e hierárquica; a vocação é estritamente pessoal e de forma alguma implica manter o indivíduo "em seu lugar".

As últimas conferências (depois da Páscoa) foram dedicadas a um estudo crítico de certas teorias clássicas (Max Weber, Troeltsch) sobre o papel social e econômico do calvinismo, um estudo que culminou na constatação bastante surpreendente de que Troeltsch – que baseia a sua análise do calvinismo em obras que, embora sejam sem dúvida excelentes, são muito antigas, escritas antes da publicação no *Corpus Reformatorum* das *Œuvres complètes* de Calvino, editadas por Schuetzenberger e Kampschulte – muitas vezes ignora a subestrutura teológica, ao passo que Max Weber, pelo contrário, negligencia muitas vezes a realidade econômica e social.

Pareceu-nos que era preciso estabelecer uma distinção clara entre o calvinismo de Calvino ou, de modo mais geral, entre o calvinismo vitorioso, capaz de realizar o seu ideal da Cidade de Deus, e aquele, bem posterior, dos grupos minoritários calvinistas da Inglaterra e dos Países Baixos. O primeiro é – e continua a ser – medieval (muitas vezes esquecemos que a cidade e a economia urbana são fenômenos medievais); o segundo, excluído da política e das responsabilidades do Estado, recorre à economia, opondo a liberdade econômica ao domínio do Estado opressor.

Resta apenas que o ativismo calvinista era então sentido ali; porém, era nesse momento (nos séculos XVII e XVIII) apenas um calvinismo laicizado.

Os senhores Adler, Kojevnikov e Stern participaram ativamente nas explicações.

Número de inscritos: 11.
Aluno diplomado: sr. Corbin.
Aluno titular: sr. Adler.
Ouvintes assíduos: sr. Gurvitch, sr. Ivaniki, sra. Metzger.

* * *

1935-1936

Estudos sobre Galileu

Nesta conferência estudamos o período que se estende desde a condenação de Copérnico (1616) até a de Galileu (1632), período durante o qual a atividade científico-literária de Galileu é dedicada: 1) à invenção das bases da nova física; 2) à polêmica contra a ciência aristotélica. É justamente esse caráter polêmico da produção literária de Galileu que determina a sua forma e, até certo ponto, o seu conteúdo.

Galileu entendeu, de fato, que não conseguiria vencer a resistência dos aristotélicos que se opunham à nova ciência com uma frente de batalha muito sólida e unida. Então, ele desiste de tentar convencê-los e, desde então, limita-se a combatê-los. Já não se dirige aos sábios profissionais, aos acadêmicos, mas, como fará Descartes, ao "*honnête homme*" [homem culto]. É o *honnête homme* que deve ser conquistado para a causa copernicana, arruinando o crédito da ciência e dos sábios oficiais. A crítica ao aristotelismo transforma-se em polêmica e Galileu passa a utilizar a arma principal de todas as polêmicas: a chacota. Os defensores da tradição devem ser ridicularizados; seu prestígio deve ser arruinado; só então o *honnête homme* poderá deixar-se convencer, ou, mais precisamente, deixar-se persuadir por Galileu. Persuadir, não convencer, porque Galileu sabe muito bem que não possui provas físicas (demonstrativas) do copernicanismo (exceto a – falsa – teoria das marés que tampouco constitui uma prova); ele também sabe que as dificuldades astronômicas e físicas continuam grandes: por isso não fala delas nem das leis e descobertas de Kepler, e nem mesmo da astronomia copernicana propriamente dita (teoria do movimento dos planetas), simplesmente opondo o heliocentrismo ao geocentrismo como duas visões do mundo, solidárias de duas filosofias.

O copernicanismo para Galileu, na verdade, é solidário com o platonismo. Não o neoplatonismo da escola florentina, mas o platonismo de *Mênon* e do *Timeu*: inatismo, apriorismo, matematismo. As leis da natureza são as mesmas em todos os lugares e são em todos os lugares matemáticas; o pensamento humano, ao matematizar, se assegura de conhecer a verdadeira essência da natureza. Mais ainda: as matemáticas precedem a experiência e a condicionam, porque a natureza só responde às perguntas feitas em linguagem matemática.

O platonismo de Galileu é claramente expresso em uma série de passagens do *Saggiatore* [Ensaiador] e do *Dialogo* [Diálogo sobre os dois máximos sistemas do mundo]. Mais ainda, determina a própria estrutura dessa última obra, que estranhamente lembra o diálogo platônico.

Os três interlocutores, Salviati, Sagredo e Simplício, representam a nova ciência, o *honnête homme* e a ciência tradicional; mas também representam a razão purificada, o bom senso (*bona mens*) e o senso comum. Ademais, o objetivo do diálogo é duplo e até mesmo triplo: expor a nova *Weltanschauung* (heliocentrismo solidário com o matematismo platônico), combater e destruir os preconceitos tradicionais que obscurecem o senso comum (Simplício) e, assim, trazê-lo ao "bom senso"; despertar socraticamente o pensamento de Sagredo (*bona mens*) e fazê-lo encontrar as verdades – ele já as conhece – que formam a base da nova ciência, da física arquimediana.

O objetivo do diálogo é, portanto, filosófico e pedagógico (o parentesco com Descartes é impossível de ignorar). Essa é a sua força e a sua fraqueza; é também a fonte de uma certa hesitação.

Galileu sabe muito bem que a sua nova ciência (física matemática) implica a perfeita homogeneidade do espaço (por conseguinte, a negação de todas as direções privilegiadas e o abandono da própria noção de movimento natural) e a infinitude espacial do universo. Porém, ele não ousa proclamar esta última: isso seria demasiado perigoso, a lembrança de Bruno ainda é viva demais.

Vemos também Galileu empenhado em destruir o cosmo medieval, sem, contudo, opor-se – a não ser através de algumas alusões (tão veladas a ponto de não serem notadas nem compreendidas pelos historiadores de Galileu) – à visão moderna do universo infinito. Além disso, não pode formular expressamente o princípio da inércia (que, todavia, ele expõe de maneira absolutamente clara; fato este que foi ignorado pelos historiadores de Galileu, até mesmo por Duhem e Wohlwill), e vê-se obrigado a manter, a fim de ser capaz de admitir o movimento circular dos planetas e a lei da queda dos corpos, que não consegue matematizar a noção de atração de Gilbert, o caráter natural do movimento circular, bem como o da queda.

Entretanto, tem o cuidado de nos apontar (embora, mais uma vez, de forma demasiado velada) o caráter factício da identificação do movimento circular e do movimento inercial, bem como o caráter verbal da explicação da queda pela noção (designação) de movimento natural.

O *Diálogo* é um livro de ciência; porém é muito mais uma obra filosófica, um empreendimento de demolição, uma obra de *Aufklärung*.

Foi necessária, da parte de Galileu, uma boa dose de ingenuidade para acreditar que os seus adversários não perceberiam o sentido do *Diálogo*; ou, mais provavelmente, uma boa dose de confiança no apoio que tinha ou acreditava ter em Roma (Castelli e o próprio Urbano VIII) para acreditar que a Igreja não reagiria.

A senhora Metzger e os senhores Weil, Adler e Gordin participaram ativamente nas explicações.

A crítica religiosa no século XVII

Há 25 mil ateus em Paris, diz-nos o padre Mersenne em suas *Quaestiones Celeberrimae in Genesim*. O padre Mersenne sem dúvida alguma exagera, pois, apesar das nossas pacientes pesquisas, não encontramos nenhum.

Na verdade, ninguém, no início do século XVII, duvidava da existência de Deus; essa continua a ser uma tese que provamos pela metafísica, ou até mesmo pela física. Quando se fala na crítica aos "ímpios", "deístas" e "libertinos", não é disso que se trata: o que importa é a identificação desse deus dos filósofos com o Deus de Abraão e de Jacó; mais genericamente, com o deus da religião, da oração e da adoração; o que os ímpios colocam em dúvida é o valor religioso de um deus filosófico; o que tentam evidenciar é a sua incompatibilidade fundamental; eles procuram desfazer a síntese realizada a duras penas pela teologia medieval.

Além disso, de modo geral, as ideias que eles implementam não são novas nem originais: quase todas vêm dos séculos XVI e XV; poderíamos até dizer que quase todas elas são antigas. O averroísmo e o alexandrianismo de Pádua, o naturalismo estoico, o laicismo de Maquiavel, o ceticismo relativista de Montaigne, tal é o repositório de ideias que inspiram os críticos do século XVII.

A impossibilidade de provar a imortalidade da alma parece ser geralmente aceita. Vemos também os apologistas mais inteligentes (Silhon) procedendo com uma prova indireta, colocando em jogo a noção de sua criação por Deus.

Em geral, a crítica ao milagre, inaugurado no século XVI, não se refere ao fato – a credulidade dos incrédulos não tem limites –, mas ao seu caráter de milagre propriamente dito; o que se nega é a intervenção de um poder transcendente. A ontologia mágica do século XVI permite-nos atribuir tudo à natureza; seu primeiro axioma é: tudo é possível, exceto justamente a intervenção de algo sobrenatural. Vemos também, na maioria das vezes, a crítica e a apologética concordantes sobre a realidade dos fatos milagrosos e maravilhosos da tradição cristã, bem como daqueles relatados pela tradição literária pagã. Aproximação perigosa, porque, no século XVII, um Naudé ou um Vanini poriam em dúvida a realidade dos fatos pagãos. Os milagres relatados pelos escritores clássicos são, dizem-nos, ou falsificações políticas (Maquiavel) ou – uma ideia nova – simples criações literárias inventadas por letrados que desejam incrementar seus textos. É lógico que essa visão seja imediatamente aplicada ao maravilhoso dos cristãos.

Vemos também, por parte dos apologistas da religião, um esforço para provar a realidade do milagre (da intervenção e da própria existência de uma realidade transcendente) pela demonstração da existência diabólica transcendente. Daí o florescimento da demonologia, em oposição à magia natural: a existência de Deus é comprovada pela do diabo, e a existência da alma pela eficácia do feitiço. A religião liga o seu destino ao da bruxaria.

A crítica da tradição (crítica dos textos) ressuscitada por Bodin (o fundo arquivístico vem de Celso) não avança; porém, suas conclusões se espalham.

O que também se espalha é uma atitude antimetafísica. O ceticismo (legado do século XVI) ganha terreno; o que prevalece no raciocínio não são as categorias de possível, impossível e necessário, mas de provável e improvável (categorias do senso comum). Tudo é possível para a ontologia mágica da Renascença; mas nem tudo é igualmente provável. E são precisamente os mistérios da religião cristã que parecem improváveis. "Qual é a verossimilhança disso?", é o argumento mais forte.

Acrescenta-se a isso – uma atitude que não é, de modo algum, nova em si, mas nova em sua generalidade – uma crítica moral ao cristianismo. Crítica à moral cristã, por um lado; crítica da religião cristã do ponto de vista moral, por outro. A predestinação, o castigo eterno etc., parecem contrários à própria noção de um deus bom. Quão verossímil..., objeta o espírito forte. Ausência total, entre crentes e incrédulos, de sentimentos religiosos. A religião é uma questão de prova; para aqueles que não se convencem pelas provas, ela é uma invenção humana.

Finalmente, a influência crítica da nova ciência se propaga cada vez mais. Copérnico ou, mais precisamente, Giordano Bruno (seu nome é tabu na Itália, onde, no entanto, todos o leem; na França, na Alemanha e na Inglaterra, ele é lido e nomeado) arruína o cosmo medieval. O homem não está no centro do mundo e Deus parece demasiado distante para poder – ou querer – cuidar dele. "Que verossimilhança?", repete uma vez mais o espírito forte.

Em resumo, poucas ideias novas, porém, propagação e radicalização das ideias do século XVI, laicização profunda do espírito. É contra esse espírito que Bérulle, Descartes e Pascal irão resistir.

Número de inscritos: 20.
Aluno diplomado: sr. Kojevnikoff.
Aluno titular: sr. Adler.
Ouvintes assíduos: sr. Gordin, sr. Gurwitch, sr. Stephanopoli, sr. Orcibal, sr. Weil, sr. Polinow, sr. Brugmann, sr. Jouet, sr. Giret, sra. Bessmertny, sra. Metzger, sra. Jarr, srta. G. Freund.

* * *

1936-1937

Em minhas conferências de junho, resumi os resultados da investigação que realizo há três anos sobre o sentido e as repercussões espirituais da revolução galileana.

1) O movimento de renovação científica que culmina na destruição do cosmo medieval apresenta-se, em primeiro lugar, como um movimento filosófico. É o pitagorismo que inspira o pensamento de Copérnico e de Kepler, e é Platão quem inspira o de Galileu. Fato plenamente reconhecido pelos contemporâneos desses grandes pensadores: para o mestre (aristotélico) de Galileu, Buonamici, o platonismo e o aristotelismo se opõem principalmente em sua concepção do papel e do valor das matemáticas na ciência: para os platônicos, as matemáticas (a geometria) comandam a física; para os aristotélicos, a física, ou ciência do real, é independente das matemáticas, que tratam apenas de objetos abstratos. Para Mazzoni, amigo e colega de Galileu em Pisa, a grande questão é saber se uma pessoa é platônica ou aristotélica; para o primeiro tipo, as matemáticas constituem o fundamento da física; para o segundo, é o inverso. Quanto a Galileu e seus alunos, o seu platonismo é inteiramente consciente; para Cavalieri, o grande platônico do passado é Arquimedes, e o grande platônico do presente, aquele que arruína o aristotelismo ao criar uma dinâmica matemática, não é outro senão Galileu.

2) O matematismo realista da ciência galileana (e cartesiana) implica: a) a negação da realidade do sensível e, portanto, do papel da experiência comum; b) a substituição da noção geométrica de espaço pela noção empírica de lugar e, com isso, a negação do cosmo hierarquicamente ordenado e a afirmação da extensão

indefinida ou infinita do universo; c) o abandono de qualquer explicação finalista em favor de explicações mecanicistas.

3) A infinitude e a autonomia do universo material (que se expressa na lei da inércia), desalojando o homem do lugar central que lhe havia sido atribuído, reforçam a atitude cética dos libertinos – quão verossímil é que Deus tenha tido um cuidado especial com um grão de poeira perdido na imensidão do espaço? –, arruínam as provas tradicionais da existência de Deus e criam uma nova situação para a apologética: tendo perdido Deus na natureza, o homem só poderá buscá-lo em si mesmo, em sua alma ou em sua história (Descartes e Pascal). Também a crítica à religião se transforma: a infinitude do universo permite o panteísmo e o ateísmo; o reconhecimento do caráter histórico da Bíblia permite a crítica histórica (Espinosa).

Número de inscritos: 10.

* * *

1937-1938

As minhas conferências de junho foram dedicadas, por um lado, à descrição da situação filosófica da segunda metade do século XVII e, por outro, a uma *Introdução metodológica ao estudo de Espinosa*. A situação filosófica da segunda metade do século XVII é caracterizada pela vitória decisiva do aforismo platônico sobre o empirismo aristotélico (e nominalista); pela efetiva constituição de uma ciência matemática da natureza; pela destruição do cosmo medieval (extensão indefinida ou infinita do universo material, sua autonomia, ausência de hierarquia).

A *Introdução metodológica ao estudo de Espinosa* desenvolveu os seguintes pontos de vista: Espinosa encontra-se diante: a) da situação descrita acima; b) de filósofos e teólogos que não querem admitir a revolução espiritual que acaba de ocorrer e se recusam a aceitar as suas consequências.

A filosofia de Espinosa tem, portanto: a) um conteúdo positivo; b) um conteúdo polêmico. A polêmica de Espinosa é dirigida contra a tradição teológica, contra a filosofia da Renascença e, sobretudo, contra Descartes. Em particular, o primeiro livro da *Ética* é antes de tudo polêmico e contém uma crítica interna de toda teologia natural. Crítica interna: Espinosa, de fato, adota as definições tradicionais da metafísica escolástica (ou escolástica-cartesiana) *modificando-as o mínimo possível*; ele tenta nos mostrar que, se as levarmos a sério, seremos levados, necessariamente, à noção de Deus criador, bem como à impossibilidade de atribuir a Deus predicados outros que não puramente ontológicos. A teologia entra em colapso assim que levamos a sério seus fundamentos metafísicos.

De passagem, tivemos que sublinhar o perigo da perversão metodológica que consiste em procurar a inteligibilidade de uma doutrina em seus primeiros balbucios de juventude e não nas afirmações da idade madura. O pensamento de Espinosa está na *Ética*. Não está no *Breve tratado*.

Número de inscritos: 3.
Alunos diplomados: sr. A. Kojevnikoff, sra. H. Metzger.
Aluno titular: sr. Adler.
Ouvintes assíduos: srta. Mosseri, sra. Bessmertny, sr. De Santillana.

* * *

1938-1939

A crítica à religião em Espinosa

As primeiras seis conferências do ano (novembro-dezembro) foram dedicadas ao estudo da situação histórica de Espinosa, bem como ao sentido do apriorismo espinosista. Pareceu-nos que havia aí uma estreita relação com o averroísmo cartesiano. A filosofia de Espinosa é uma introdução à vida bem-aventurada com base no estudo da natureza humana. Essa ética e a antropologia que constitui a sua necessária subestrutura são precedidas por uma introdução metafísica (livro I da *Ética*) que contém ao mesmo tempo uma crítica radical de toda a teologia; crítica muito mais radical e profunda do que a encontrada no *Tratado teológico-político*, obra esotérica em que Espinosa não nos oferece o fundo arquivístico de seu pensamento.

Dedicamo-nos, portanto, a um estudo tão cuidadoso quanto possível do primeiro livro da *Ética*, do qual analisamos e comentamos as primeiras dezesseis proposições. Em nosso comentário, tentamos encontrar as fontes das noções e doutrinas de Espinosa e determinar os adversários visados pela sua polêmica.

A pesquisa das fontes é muito facilitada hoje pelos trabalhos recentes de Wolfson (*The Philosophy of Spinoza*, 2 volumes, Harvard, 1934) e Dunin-Borkowski (*Spinoza*, 4 volumes, Münster, 1910-1936). No entanto, nada substitui as *Disputationes Metaphysicae* de Suárez; com o *Guide des égarés* [Guia dos perplexos, de Maimônides], essas obras formam a base da erudição escolástica de Espinosa.

Os adversários de Espinosa, à primeira vista, formam uma massa díspar, que inclui teólogos, filósofos escolásticos e Descartes.

Porém, do ponto de vista de Espinosa, todos eram culpados do mesmo delito: o de não terem levado a sério as suas próprias definições e de terem se recusado a inferir as consequências que elas implicavam. Tal censura, do ponto de vista de Espinosa, aplica-se sobretudo a Descartes. Pois, se os escolásticos, que confundem o infinito e o incognoscível, são, de alguma forma, desculpáveis por dotarem o seu Deus com atributos incompatíveis entre si e com a natureza do infinito, então nada pode justificar Descartes, que, reconhecendo claramente a primazia, não apenas metafísica, mas também intelectual do infinito, fica, no entanto, aquém da perspectiva de um racionalismo integral e reintroduz o irracional tanto no homem quanto em Deus.

A doutrina de Espinosa propriamente dita é constituída na e pela decidida afirmação da primazia absoluta do infinito: apenas os aspectos ou caracteres essencialmente infinitos do ser são atribuíveis a Deus, isto é, aqueles que são percebidos pelo *intelecto*; todos aqueles que implicam finitude devem ser negados (e tudo o que diz respeito a graus implica finitude). Portanto, nem o intelecto nem a vontade podem ser atribuídos a Deus "como constituintes de sua essência", mas a extensão e o pensamento, sim.

O estudo das demonstrações da existência de Deus que comparamos com as de Santo Anselmo, Duns Escoto e Descartes permitiu-nos identificar o que poderíamos chamar de intuição metafísica última de Espinosa: a intuição do ser como poder (*potestas*) que afirma a si mesmo e persevera na própria existência. A autocracia do Deus de Espinosa é, talvez, um legado do *Sum qui Sum* do Êxodo (cf. comentários medievais, Fénelon).

O estudo da noção de extensão deu origem a um confronto muito instrutivo com as doutrinas dos cartesianos, de Malebranche e de *sir* Henry More.

Estudos sobre Giambattista Vico

A obra de Giambattista Vico, a cujo estudo foram dedicadas as conferências de terça-feira, revelou-se para nós como um esforço extremamente ousado e interessante para fundar a apologética cristã não mais na física e na cosmologia, tal qual o fizeram as apologéticas pré-galileana e pré-cartesiana, mas na antropologia e na história: uma vez que o cosmo físico fora definitivamente destruído pela nova ciência, Vico procura substituí-lo pelo cosmo histórico.

O confronto com as apologéticas de Pascal e de Bossuet, que devem ter em vista a mesma situação histórica de Vico, permitiu-nos realçar a profunda originalidade deste último: enquanto os primeiros queriam mostrar-nos a ação, ou seja, a intervenção direta de Deus na história universal (Bossuet) ou na história sagrada (Pascal), Vico elimina qualquer ação divina em sua concepção. Assim, ele deixa de lado o estudo da história sagrada e confia ao próprio homem a tarefa de fundar – e formar – o cosmo da sua existência histórica.

A doutrina epistemológica de Vico apresenta uma curiosa síntese do apriorismo cartesiano e do ativismo baconiano, à qual se junta – que acreditamos ter sido ele o primeiro a estabelecer – uma profunda influência da antropologia e da sociologia de Hobbes. Vico aceita a tese baconiana da primazia da ação.

O homem só conhece perfeitamente o que ele mesmo realiza; é por isso que ele possui um conhecimento perfeito das matemáticas: os objetos matemáticos são uma criação de seu espírito. Por outro lado, conhecimentos desse tipo são impossíveis na física, pois ali o homem não estuda suas próprias criações, mas seres que possuem uma existência independente dele. Uma física apriorística é possível para Deus (em virtude de seu poder e de sua ação criativos), não para o homem.

Existe, no entanto, um domínio da realidade que é plenamente acessível à inteligência humana: é a sociedade, é a história. Pois, embora o homem não se conheça, pois não é criador de si mesmo (esse é, para Vico, o erro de Descartes), é ele mesmo quem cria o seu ser social e o seu ser histórico. Também é possível uma filosofia da história, isto é, uma teoria geral e *a priori* da evolução histórica do homem e das sociedades humanas; esse é o objetivo da *Scienza Nuova*.

Tanto para Vico quanto para Hobbes (e, pelo menos parcialmente, para Lucrécio) o homem natural é definido pelo desejo e pelo medo. É do medo que limita os desejos que nascem a razão (previsão do perigo e do mal), a religião (*primos in orbe deos fecit timor*),[21] o pudor e a noção de lei.

Isso porque teme que o homem crie para si um ser social, formando grupos sob a autoridade (absoluta), a uma só vez política e religiosa, de chefes – *patres* – sagrados, grupos cujo encontro forma a cidade (aristocrática) da Antiguidade, cidade cuja história posterior é formada pela luta dos *minores* (plebeus) contra os *majores* (patrícios) pela obtenção de direitos religiosos e civis.

Essa luta enfim culmina na formação da monarquia civilizada (direito dos povos, direitos do indivíduo, supremacia da lei) e pacífica, que fecha o ciclo de evolução e cai sob os golpes dos bárbaros. Um novo ciclo (barbárie medieval) recomeça e, em princípio, a roda da história (*corsi* e *ricorsi*) giraria indefinidamente, se a intervenção do cristianismo, ação positiva de Deus,

---

21 Trecho de um fragmento de poema de Petrônio: "o medo fez os primeiros deuses do mundo". (N. T.)

não nos permitisse vislumbrar um estado definitivo de humanidade cristã.

A originalidade, a profundidade e a própria genialidade de Vico parecem-nos indiscutíveis. Infelizmente, as visões brilhantes estão literalmente afogadas numa confusão de erudição indigesta e mal digerida, de etimologias fantasiosas, de invenções positivamente ridículas – o que torna muito penoso o estudo de Vico, e explica o destino histórico de sua obra.

Número de inscritos: 14.
Aluna diplomada: sra. Metzger.
Aluna titular: sra. Mosseri.
Ouvintes assíduos: sr. Deblois, sr. Lenoble, sr. De Solliers, srta. Keim.

* * *

1939-1940

[Títulos anunciados das conferências:
A religião de Espinosa
Matemáticas e teologia: o problema da intensidade das formas]

3
1943-1945
Revoluções na história do pensamento

Nota

Durante o verão de 1940, Alexandre Koyré entrou em contato com o filósofo do direito Max Ascoli, um acadêmico judeu italiano, professor associado desde 1931 na Graduate Faculty of Political and Social Sciences da New School for Social Research (NSSR) em Nova York, dirigida pelo economista Alvin Johnson.

A correspondência entre Ascoli e Johnson[1] prova que Koyré manifestou o desejo de ir aos Estados Unidos para lecionar na área de "história da filosofia e das ciências". Ascoli o indicou como professor associado ou visitante na NSSR.

Os documentos relativos à candidatura de Koyré atestam, no verão de 1940, a reputação que ele adquiriu do outro lado do Atlântico, não só como filósofo e historiador da filosofia, mas também como historiador da ciência, através dos seus *Estudos*

---

1 The Rockefeller Foundation Archives (Nova York), Fundo arquivístico NSSR. Cópia dos originais preservados nos arquivos pessoais da sra. Mazon na Ehess.

galileanos, perante historiadores como George Boas, filósofos como Albert Salomon ou historiadores da ciência como George Sarton.[2]

Em outubro de 1940, para deixar a França, Koyré obteve uma autorização oficial para trabalhar na Universidade de Damasco. Chegando a Beirute, mudou-se para o Cairo, onde se juntou ao Comitê Nacional do Egito da França Livre. Em julho de 1941, após a visita do general De Gaulle ao Cairo, Koyré partiu para os Estados Unidos[3] como professor associado da NSSR. Via Índia e Pacífico, na companhia de sua esposa, ele tocou o solo americano pela primeira vez em sua vida em São Francisco[4] e, em seguida, chegou a Nova York.

Nova York ofereceria a Koyré uma experiência política e intelectual privilegiada: a criação de uma nova instituição científica da qual foi cofundador e secretário-geral. Em novembro de 1941, na NSSR de Nova York, Koyré fundou a École Libre des Hautes Études com o historiador da arte Henri Focillon, o jurista Boris Mirkine-Guetzevitch e Jacques Maritain. Pela lei americana, a École foi anexada, graças a um contrato de 12 de novembro de 1941 que garantia a sua independência, à NSSR.

Na sequência do Decreto de 9 de fevereiro de 1942 emitido em Londres pelo Comitê Nacional francês, a instituição da École Libre foi proclamada em 14 de fevereiro, durante a sessão inaugural da universidade franco-belga no Hunter College.[5]

---

2 Ver *infra*, "Documento n.6" e "Documento n.7".

3 Ver *infra*, "Documento n.11".

4 Delorme, "Hommage à Alexandre Koyré", *Revue d'Histoire des Sciences*, v.18, n.2: Hommage à Alexandre Koyré, p.129-39, 1965.

5 Ver *infra*, "Documento n.8"; bem como "Chronique de l'École Libre des Hautes Études", *Renaissance*, v.I, p.167-70 e p.650-1, jan.-jun. 1943.

Em maio de 1942, a École Libre contava com 65 professores, 928 alunos e 207 cursos organizados em turmas públicas ou fechadas ao longo de dois semestres. Ela preparava para a obtenção de diplomas universitários franceses e emitia diplomas da própria École reconhecidos pelo governo provisório da República. Funcionava com três faculdades: Letras, Direito e Ciências, além de cinco institutos: o de Filologia Eslava e História Oriental e Eslava (Robert Werner); o Latin-America Center, centro de estudos e informações para as relações com a América Central e do Sul (Claude Lévi-Strauss); o de Sociologia (Georges Gurvitch); o Centro de Arte Dramática e Cinematográfica (Jean Benoit-Lévy, Pierre Boyer); o de Direito Comparado (Boris Mirkine-Guetzevitch).

Na Faculdade de Letras (diretor Gustave Cohen) lecionaram, entre outros, Gurvitch, Paul Vignaux, Jean Wahl, Roman Jakobson, o historiador da literatura André Morize, Lévi-Strauss, Paul Rivet e Jacques Soustelle (antropólogos do Musée de l'Homme). A história do pensamento científico e religioso estava bem representada ali: Koyré, George Sarton e Paul Schrecker (editor de Leibniz e de Malebranche no Institut d'Histoire des Sciences da Sorbonne). Em 1944, o círculo linguístico de Nova York (Henri Muller, Jakobson, Lévi-Strauss, Marvin Herzog, Wolf Leslau) juntou-se à École Libre.

A Faculdade de Ciências (diretor Jacques Hadamard) foi criada em 21 de março de 1942, com a chegada de Jean Perrin aos Estados Unidos, e entre seus professores estavam Léon Brillouin, Claude Chevalley, Francis Perrin, André Weil e Szolem Mandelbrojt.

Em 1943-1944, a École Libre mudou-se da NSSR para as suas novas instalações, no número 66 da Quinta Avenida, onde dispunha de salas para conferências e seminários. Ela teve cinco anos letivos até o período de 1945-1946.

A École Libre publicou, além dos *Annuaires*, uma revista, dirigida pelo orientalista Grégoire, que, no entanto, teve Alexandre Koyré como fundador, secretário editorial e, mais tarde, codiretor; é a este último que ela provavelmente deve o seu título: *Renaissance* (v.I, jan.-jun. 1943). Koyré publicou ali suas reflexões sobre as razões estruturais que levaram à derrota das democracias na sociedade europeia.[6] O papel das elites, das castas militares e das classes sociais foi analisado com base em uma antropologia histórica atenta às doutrinas políticas do século XVIII, por um lado, e na crítica histórica de Paul Hazard, por outro.[7]

Sempre no âmbito da École Libre, Koyré participou dos seguintes "ciclos de conferências públicas" organizados por Mirkine-Guetzevich: "A nação checa",[8] "A obra da Terceira República", em março-abril de 1943,[9] e "As doutrinas políticas modernas", em fevereiro de 1944.[10]

No outono de 1943, Koyré partiu em missão oficial para encontrar-se com De Gaulle, em Londres, acompanhado de Henri Dupont,[11] a fim de relatar a atividade da École Libre. Em 14 de dezembro de 1945, a École Libre conferiu seu primeiro doutorado *honoris causa* ao general De Gaulle.

---

6 Koyré, 1945a ["La Cinquième colonne"] e 1945b ["L'Armée allemande"].

7 Id., 1947c ["La Philosophie au XVIIIe siècle"].

8 Id., manusc. inédito n.8.

9 Koyré, 1945e ["Le Mouvement philosophique sous la Troisième République"].

10 Koyré, 1946e ["Louis de Bonald"].

11 Ver Fundo A. Koyré, Centro Alexandre-Koyré, conferência de 14 de novembro de 1943, *The Chapel Hill Weekly*, 3 dez. 1943.

Assim, durante a sua estadia em Nova York, Koyré desenvolveu uma intensa atividade de conferências (os *Entretiens franco-américains* do Mount Holyoke College) e de artigos de propaganda política, mas também de pesquisa sobre as fontes do pensamento católico reacionário na França: o seu artigo "Louis de Bonald" foi publicado em 1946 no *Journal of the History of Ideas*.

Um efeito importante desse período repercutiu na cultura e nas instituições americanas: o encontro entre Koyré e os círculos de historiadores americanos. A partir da obra inovadora de Arthur Lovejoy, *The Great Chain of Being* [A grande cadeia do ser] (1936), o History of Ideas Club, uma escola histórica em plena expansão nos Estados Unidos (Gilbert Chinard, Harold Cherniss, George Boas, Marjorie Nicholson) brilha na Johns Hopkins University em Baltimore e ganha reconhecimento graças à fundação, em 1939, do *Journal of the History of Ideas*. Essa influente escola adotou as perspectivas de Koyré sobre a história da revolução científica, confrontando-as com a abordagem sociológica da história das ciências de Edgard Zilsel e com a da história intelectual e antropológica de Arthur Lovejoy, Marjorie Nicholson e Basil Willey.

Em 1943, Koyré publicou um relevante artigo nessa nova revista, "Galileu e Platão", condensando a abordagem e os resultados dos *Estudos galileanos*. Em 1944, publicou em Ottawa "Platonisme et aristotélisme dans la philosophie du Moyen Âge" [Platonismo e aristotelismo na filosofia da Idade Média], seu ensaio mais influenciado pelo método de Lovejoy. Graças à metodologia da história das ideias americana, a categoria de *Weltanschauungen* que Koyré retirou da história da filosofia de Cassirer pôde ser traduzida na categoria mais histórica de *background*, recorrendo a um horizonte mais rico em fontes intelectuais. Ele havia inaugurado uma colaboração que seria retomada após a guerra. Koyré será levado pela guerra novamente a Baltimore, porém como mentor dos historiadores das ideias, oferecendo--lhes uma abordagem original que se diferenciava consideravelmente, por sua precisão, dos modelos americanos.

Documentos

Documento n.6

Trecho da carta de Albert Salomon para Alvin Johnson, diretor da New School for Social Research

11 de setembro de 1940
Arquivos da Fundação Rockefeller, Nova York, Fundo NSSR, cópia dos originais preservados nos arquivos pessoais da sra. Mazon na Ehess. Assinado.

[...]

Como editor do periódico filosófico mais relevante e importante da França, *Recherches Philosophiques*, ele acolheu refugiados judeus e gentios, além de ter publicado os trabalhos destes nesse periódico.

As tendências filosóficas desse periódico podem ser definidas aproximadamente como uma combinação das tendências do filosofar fenomenológico e existencial com a ontologia cristã renascente que teve seu centro em Gilson. Esse periódico reuniu a juventude progressista e espiritual da França num poderoso esforço para unificar uma análise realista e positiva do mundo humano com uma ontologia da concretude humana, lutando por um novo Renascimento metafísico.

Suas obras literárias são avanços notáveis na direção de uma história sociológica das ideias filosóficas. O livro sobre Descartes e a escolástica abriu novos caminhos e discussões sobre a tradição da filosofia medieval no pensamento de Descartes e o seu esforço para salvar o conteúdo dessa filosofia dogmática, ao mesmo tempo que seculariza os seus padrões de acordo com o método relacional. Todos os trabalhos que tratam de Descartes começam com a constelação de problemas descritos pela primeira vez por Koyré. A mesma afirmação pode ser feita a respeito de seu livro sobre o místico Jacob Boehme, cujo significado filosófico ele revelou.

Prof. A. Salomon

* * *

Documento n.7

Trecho da carta de George Sarton para Alvin Johnson

27 de setembro de 1940
Arquivos da Fundação Rockefeller, Nova York, Fundo NSSR, cópia dos originais preservados nos arquivos pessoais da sra. Mazon na Ehess. Assinado.

O Editor de Osiris
Harvard Library 185
Cambridge, Mass.

27 de setembro de 1940

Dr. Alvin Johnson
Diretor, New School for Social Research
66 W. 12th St.
Nova York, N. Y.

[...]

Estou mais bem informado sobre o prof. Alexandre Koyré, que considero um dos mais ilustres historiadores da ciência e do pensamento de nosso tempo. Apesar da sua relativa juventude, publicou muitos estudos valiosos sobre Descartes, Galileu, Copérnico, Jacob Boehme. Não o conheço pessoalmente, mas admiro a sua atividade que se encontra representada por seus escritos impressos.

George Sarton

* * *

Documento n.8

Declaração constitutiva da École Libre des Hautes Études

14 de fevereiro de 1942
Publicado em *New School for Social Research. École Libre des Hautes Études, 1943-1944*. Nova York: [s./d.], p.7 (Arquivos Ehess, Paris).

A École Libre des Hautes Études é formada por um grupo de estudiosos da França, da Bélgica e de países de língua francesa residentes na América e determinados a permanecerem fiéis à liberdade.

Foi fundada no âmbito e com a assistência da New School for Social Research. Manterá os princípios e ensinará os métodos que, na França e nas nações democráticas, garantiram a independência da pesquisa, o respeito pela pessoa humana e a garantia da liberdade espiritual.

Os seus mestres expressam sua solidariedade sem reservas, tanto nos deveres da luta quanto nos deveres do pensamento, à nação livre que generosamente os acolheu. A mesma solidariedade os une à França Livre e aos Aliados.

Determinados a cooperar o melhor que puderem na atividade do grande povo anfitrião, permanecem unidos em coração e em espírito com os seus colegas da pátria-mãe que partilham as mesmas convicções e esperanças; enviam uma saudação afetuosa à Universidade de Estrasburgo, bem como às universidades e aos institutos universitários franceses e belgas. Eles continuam na América a tarefa a que se dedicaram entre os seus compatriotas.

Eles unem seus esforços aos dos professores que, há anos ligados às universidades americanas, já garantem a influência do nosso pensamento e da nossa civilização em todas as áreas.

Acrescentam mais um elemento à colaboração tradicional que une as suas universidades e as universidades da América. Ambas têm o mesmo objetivo e servem ao mesmo ideal. A guerra e a defesa contra a barbárie, ao fortalecer a sua amizade, dão mais força à sua obra comum.

Profundamente apegados aos ideais de liberdade, justiça e civilização que fizeram a grandeza histórica das democracias, unidos numa luta impiedosa contra o inimigo comum e respeitadores das tradições intelectuais de suas universidades, os professores da École Libre des Hautes Études estão empenhados em dedicar o seu ensino à busca da verdade e ao triunfo da grande causa humana pela qual os seus compatriotas continuam a lutar e a morrer.

Conselho de direção da École Libre des Hautes Études

* * *

Documento n.9

Relatório de Alexandre Koyré sobre o primeiro semestre de atividades da École Libre des Hautes Études

[maio de 1942]
Bibliothèque Nationale de France, Fundo Jean Gottmann, Correspondência 1933-1994, f.131 ss., datilografada.
Texto anexo à carta de Koyré para Gottmann datada de 1º de junho de 1942 anunciando a publicação da revista *Renaissance* em setembro. Uma cópia deste relatório também está preservada em Jacques Maritain Papers, Jacques Maritain Center, University of Notre Dame (Notre Dame, Indiana).

New School for Social Research
21 West 12th Street
Nova York, N. Y.
Algonquin 4-1239

Relatório sobre o primeiro semestre de existência da École Libre des Hautes Études.

Desde a sua criação em fevereiro de 1942 (o primeiro curso da École Libre des Hautes Études foi ministrado em 16 de fevereiro de 1942), a École Libre des Hautes Études teve um sucesso que superou não só as nossas previsões, mas até mesmo as nossas mais loucas esperanças, e assumiu uma extensão que a torna hoje, pela qualidade do seu ensino, pela variedade e riqueza dos seus ensinamentos, uma verdadeira e até muito bela universidade.

Atualmente, a École Libre des Hautes Études, com as suas três faculdades: Faculdade de Letras, Faculdade de Direito e Faculdade de Ciências criada em abril, com os seus institutos anexos (Instituto de Filologia e de História Oriental e Eslavas, Instituto de Direito Comparado, Instituto de Sociologia) pode, sem exagero, ser comparada às maiores universidades da Europa e da América. Aliás, ela já é conhecida assim na América do Norte e também na América do Sul.

O crescimento da École Libre expressa-se tanto pelo aumento constante do número de cursos e conferências ministrados pelos seus professores, como pelo número dos seus ouvintes.

Assim, em fevereiro, 40 aulas foram ministradas por 19 professores.

Essas conferências contaram com a participação de 326 alunos.

Em março, foram 127 aulas ministradas por 28 professores e acompanhadas por 790 estudantes.

Em abril, foram ministradas 195 aulas por 40 professores e acompanhadas por 850 estudantes.

Em maio, 48 professores mais 17 professores da nova seção de ciências deram 207 aulas. Esses cursos foram acompanhados por 928 alunos.

Enfatizamos o fato de que os cursos e as conferências da École Libre des Hautes Études não focaram em questões atuais;

nem eram conferências para a roda social, mas verdadeiros cursos universitários, como os ministrados na Sorbonne e no Collège de France.

De fato, esses cursos, e não só os cursos sobre literatura francesa e sobre os grandes problemas da filosofia que, normalmente, atraem o grande público (tais cursos da École Libre reuniram mais de 180 ouvintes), mas até mesmo os cursos especializados e bastante difíceis, cursos de direito, linguística, etnografia e história, encontraram numerosos e fiéis alunos.

Nossa surpresa foi grande ao ver auditórios com 50, 60 e 75 alunos frequentando esses cursos; e sentimos profunda satisfação ao constatar que a sua presença não se devia a uma curiosidade passageira, mas a um interesse muito vivo pela ciência e pela civilização da França e da Bélgica e, sem dúvida, também pelo valor do seu método de ensino.

Constatamos, com efeito, que não só o número global de ouvintes aumentava em progressão constante, mas que o mesmo acontecia para cada curso realizado individualmente, e que os cursos, que tinham cerca de trinta ouvintes no início, acabavam com mais de sessenta.

A elevada reputação científica da École Libre des Hautes Études tem um valor político indiscutível. É em toda parte considerada uma instituição da Bélgica e da França Livre.

Por este fato, ou seja, o fato de a universidade francesa ser a França Livre, tem-se uma negação retumbante a toda a propaganda de Vichy.

O lugar ocupado pela École, o papel que já desempenha, revela-se melhor no fato de ter conseguido organizar sob a sua égide uma série de conferências franco-inglesas. Esse lugar e esse papel só podem crescer.

A nossa cartilha, que se encontra em processo de reimpressão, passará a incluir a Faculdade de Ciências. Reunirá por volta de uma centena de nomes e será distribuída ainda mais amplamente do que a primeira.

Estamos estabelecendo uma posição segura na América do Sul.

Por fim, teremos a nossa Revista (que pretendemos publicar no início do ano letivo) que nos permitirá alargar e aprofundar a nossa ação.

O secretário geral
Alexandre Koyré

* * *

Documento n.10

Carta do presidente Franklin D. Roosevelt a Alexandre Koyré

5 de novembro de 1942
Esta carta, amplamente distribuída na imprensa americana e francesa, foi impressa no topo do primeiro número da *Renaissance*, v.1, jan.-jun. 1943, e no *Annuaire 1943-1944* da École Libre, p.5 (Arquivos Ehess, Paris).

The White House
Washington D. C.

5 de novembro de 1942

Meu caro dr. Koyré,

Foi com grande prazer que li o relatório da École Libre des Hautes Études que cobre o trabalho do seu primeiro período.

Onde quer que os estudiosos franceses e belgas mantenham a pureza e a honra do pensamento francês e belga, o espírito da França e da Bélgica será mantido.

A luz da cultura francesa iluminou o mundo; enquanto ela for mantida, a França não pode morrer.

A França está passando por um momento sombrio. Isso já aconteceu antes e, no entanto, ela cresceu em força e em confiança.

Acredito que exatamente agora começa a chegar o momento em que a França poderá mais uma vez ter a oportunidade de retomar o seu lugar no mundo. Ela terá uma dívida para com todos os seus filhos que não sentirem medo a ponto de serem silenciados ou induzidos a ajudar os seus bárbaros captores.

O pensamento francês não foi feito para escravos. Aqueles que o mantêm vivo trabalham pela libertação da França e da Bélgica.

Muito sinceramente,

Franklin D. Roosevelt

Dr. Alexandre Koyré, secretário geral
École Libre des Hautes Études
21 West 12th Street
Nova York, N. Y.

* * *

Documento n.11

Carta de Alexandre Koyré à direção do Ensino Superior.

Arquivos Ehess, Paris. Cópia sem data [1961] nem assinatura.

École Pratique des Hautes Études, 6ª seção
Centre de Recherches d'Histoire des Sciences et des Techniques
12, rue Colbert 2e, RIC 76-59.

Senhor Diretor Geral,

Tenho a honra de solicitar a vossa benevolência para que eu possa continuar minhas atividades até a idade de 73 anos: creio, de fato, poder valer-me das disposições da Lei n.52-332, de 25 de março de 1952, relativas à permanência em atividade para além do limite de idade aplicável ao emprego no caso de determinados funcionários públicos e agentes titulares do Estado.

Eis os fatos: após decidir, em 1940, seguir o apelo do general De Gaulle, mas sem poder ir para Inglaterra, consegui, em outubro de 1940, graças a uma "missão" que me foi concedida pela direção do Ensino Superior – ainda não "vichysada" –, partir para a Síria, de onde fui para o Egito (Cairo); ali juntei-me ao Comitê Nacional francês do Egito[12] e coloquei-me à disposição dos representantes da França Livre.

Permaneci no Cairo até julho de 1941 e, depois, orientado pelo general De Gaulle, viajei para Nova York, onde, com H. Focillon, B. Mirkine-Guetzevitch e M. J. Maritain, além de outros estudiosos franceses que se refugiaram nos Estados Unidos, fui um

12 Cartão de membro n.471 rubricado pelo general De Gaulle.

dos fundadores – e, até 1944, secretário-geral – da École Libre des Hautes Études em Nova York. Retornei a Paris em 1945 e fui, por decisão do senhor Auger,[13] reintegrado em minhas funções de diretor de estudos da École.

Não fui exonerado pelo governo de Vichy, como deveria ter sido e como, provavelmente, teria sido se permanecesse na França: a École contentou-se em esquecer-me – eu estava ausente – e retirar o meu nome dos murais. A direção do Ensino Superior fez o mesmo.

No mais, resta dizer: (a) que durante mais de quatro anos deixei de exercer as minhas funções na École Pratique des Hautes Études e (b) que a École Libre des Hautes Études de Nova York, cujo principal objetivo era fazer que a voz da universidade francesa fosse ouvida nos Estados Unidos,[14] foi uma organização de "resistência externa", reconhecida enquanto tal pelo general De Gaulle.

Parece-me, portanto, que as disposições da Lei de 25 de março de 1952 deveriam ser aplicadas ao meu caso.

Esperando uma decisão favorável, rogo-vos aceitar, senhor Diretor Geral, a expressão da minha mais elevada consideração.[15]

---

13 Pierre Auger, diretor do Ensino Superior, cofundador da 6ª seção da École Pratique des Hautes Études. (N. E.)

14 Ver a "Carta do presidente F. D. Roosevelt", Documento n.10. (N. E.)

15 Na sequência das disposições legislativas sobre a reintegração dos funcionários vítimas do regime de Vichy, a continuidade das funções de diretor de estudos na 5ª seção da Ephe já havia sido adotada oficialmente; ver a carta da direção de Ensino Superior ao presidente da 6ª seção da Ephe, 13 de novembro de 1961 (Dossiê A. Koyré, Arquivo da Ehess). Em abril de 1963, Koyré solicitou a aposentadoria a partir de 1º de outubro por causa da doença que o levaria a óbito no ano

Relatórios de ensino

Os textos aqui publicados são notas datilografadas dos cursos de Koyré na École Libre que se encontram preservadas no Fundo Koyré, Centro Alexandre-Koyré, Ehess, Paris.

Os títulos e horários são retirados dos *Annuaires* da École Libre des Hautes Études de Nova York, preservados nos Arquivos da Ehess, Paris. No que diz respeito às transcrições, esses textos conservam toda a qualidade de um estilo de ensino oral e, obviamente, todos os defeitos de escrita de uma transcrição.

Na edição destas transcrições e das seguintes, utilizamos os seguintes sinais: [...] indica lacuna ou omissão de palavras ou frases; [forma] uma integração necessária à inteligibilidade do texto, sugerida pelo sentido do discurso.

* * *

1942-1943

1º semestre

Problemas de lógica e epistemologia

[Somente o título.]
Quinze lições, aulas fechadas, sexta-feira das 6h às 7h.

---

seguinte, em 28 de abril de 1964, no hospital parisiense Ambroise-Paré, após enfrentar um câncer na garganta. (N. E.)

2º semestre

Textos de filosofia medieval: Santo Agostinho e Santo Anselmo

[Somente o título.]
Quinze lições, aulas fechadas, segunda-feira das 6h às 7h.

* * *

1943-1944

1º semestre

1) A doutrina política de Platão

[Somente o título.]
Doze lições, aulas públicas, quinta-feira, das 5h às 6h, a partir de 7 de outubro.

2) Leitura de textos de Platão

[Somente o título.]
Doze lições, aulas fechadas, quinta-feira, das 6h às 7h, a partir de 7 de outubro.

2º semestre

A idade da razão: de Bacon a Voltaire

7 de março de 1944

[Falta a primeira página]

[...] revoluções na história do pensamento, entretanto essa continuidade não deve fazer-nos ignorar a real diferença decorrente dessas mudanças quase imperceptíveis (imagem do espectro: uma continuidade, porém consegue-se passar do vermelho ao verde de forma imperceptível), mas que, no entanto, existem.

Tomemos os tempos modernos: um livro, as *Meditações* de Descartes, ou a *Ética* de Espinosa. Esses livros não poderiam ter sido escritos no século XIV; isso não é verdade para todos os livros, mas é verdade para os dois mencionados. Suárez, contemporâneo de Descartes, é um homem medieval; Suárez é um homem muito culto, mais do que Descartes: é um filósofo muito bom, um sábio, mas como ele aborda o problema filosófico? Para Suárez – e é isso que faz dele um homem medieval – há uma verdade dada antes de qualquer pensamento filosófico. Existe uma verdade dada por uma religião revelada (o catolicismo) e o pensamento filosófico só pode ser exercido no interior dessa verdade revelada. Tal primazia da religião é característica do pensamento medieval. Comparado ao pensamento filosófico antigo, existem dois tipos opostos de pensamento.

Para o filósofo grego, o [que é próprio] da filosofia é o pensamento independente. A filosofia é filosofia porque a única base de sua vida é o pensamento independente. Admitir uma verdade independente da filosofia, que vem de outro lugar, seria o sentido da filosofia para o filósofo grego. Filosofia = soberania/autonomia.

A filosofia que subia ao trono para o filósofo antigo estava subordinada, para o filósofo medieval, a uma verdade revelada. Tal subordinação só existe na medida em que o pensamento humano cai no erro de que há uma oposição. O pensamento filosófico é exercido no interior de um quadro dado. Descartes nos diz no prefácio da *Epístola aos doutores da Sorbonne* que o pensamento filosófico não pode receber censura de ninguém. Para os tempos modernos [há, portanto] autonomia, soberania, do pensamento filosófico.

Nas *Meditações*, Descartes quer demonstrar que a alma é imortal e que Deus existe. Nenhuma noção de pecado aqui, enquanto, no século XIII, através da noção de pecado, de queda, o interesse humano foi orientado de maneira diferente.

Descartes se pergunta como podemos demonstrar a existência de Deus, o que é a alma, e ele não liga esses problemas aos da salvação e do pecado.

O que é a nossa vida? Para a literatura medieval, ela é uma viagem, uma peregrinação: somos todos pessoas em trânsito, do nascimento à morte, e passamos por esta vida para chegar ao inferno ou ao céu. É evidente que os viajantes cuidam principalmente da chegada. Onde chegaremos? Há, porém, o resto: luxo, ambição, amor, orgulho que, no entanto, existem apenas como elementos da viagem. Para o mundo visto dessa maneira, como uma travessia, a ciência importante é a teologia. Ela nos ensina a alcançar o céu. A filosofia é útil porque explica: todo o resto é apenas subordinado, não pode ser um alvo.

Tomemos um livro moderno: Bacon explica-nos que o alvo da ciência e do saber é permitir-nos usar a natureza, o que só podemos fazer conhecendo-a e seguindo-a. Essa não é uma ideia nova (cf. os alquimistas). Trata-se de estabelecer uma ciência prática que nos permita organizar esta vida da melhor maneira possível: Bacon quer permitir-nos aguardar a partida com tanto prazer e conforto quanto forem possíveis. Não temos pressa e, cada vez mais preocupados com o nosso estado neste mundo, embora sendo crentes, deixamos que Deus cuide de nossa alma, [ao passo que] devemos cuidar deste mundo: "Tornar-se senhor, possuidor da natureza". Tomás, Boaventura, Suárez nunca disseram isso.

Estamos neste mundo como em um vale de lágrimas. Mas o que é este mundo? Trata-se aqui de uma questão de física.

O mundo medieval é um mundo fechado, ocluso, limitado, finito: começa num período, há um fim à vista. Estamos neste mundo muito bem ordenado, exatamente no centro, num lugar de onde, além disso, estamos embaixo e olhamos sempre para o céu no alto; a Terra nesse cosmo ocupa o pior lugar. Porém, estar no centro não é pouca coisa: ao nosso redor giram o céu, a Lua, as estrelas, os quais giram para nós porque nós, a humanidade, somos o ser mais importante da criação. Este é o mundo, o cosmo em que o homem vive. Lugar central e o mundo, embora grande, corresponde à nossa escala, podemos compreendê-lo.

No mundo cartesiano não existe esfera, nem centro, nem fronteiras, nem limites; existe um espaço infinito, vazio, onde não há nada. O silêncio dos espaços é infinito.

Pascal ficou prodigiosamente assustado com isso: se Deus existir, ele está tão longe que é improvável que esse Deus criador, que criou o mundo infinito, cuide de nós. O homem perdido na imensidão do cosmo [é] um homem que perdeu Deus, que procura reencontrá-lo, que não poderá mais [procurá-lo] na natureza e, em todo caso, nunca chegará tão próximo dele quanto o homem medieval havia estado. O homem está abandonado a si mesmo.

* * *

14 de março de 1944

Apresentei a vocês um quadro do final do século XVI e início do século XVII, e lembrei vocês dos traços característicos da época: por um lado, o relativismo e o ceticismo, por outro, uma atitude relativamente nova do homem, de homem senhor de si mesmo; é a crítica da razão humana, a crítica baseada no reconhecimento do erro e na vontade de escapar do erro. Falei a vocês sobre Bacon e seu projeto de salvação, é o empirismo do homem enquanto um ser ator e não pensador. O homem em relação à natureza é apenas um espectador, e ainda, só podemos conhecer o que fazemos.

Também falei a vocês sobre outro filósofo quase contemporâneo de Bacon, trinta anos mais jovem: o filósofo francês René Descartes, e comparei Bacon com Descartes.

Naquele momento eles não acreditavam ser tão opostos um ao outro. Descartes muitas vezes toma emprestadas ideias de Bacon (quando fala sobre experiência, diz que foi Bacon quem a explicou). Isso é normal, pois ambos estão ligados na luta contra a ciência tradicional; no entanto, o remédio proposto por Descartes é o oposto daquele de Bacon. Assim como Bacon, Descartes parte do fato de que a razão humana está imersa no erro. Descartes tenta criticar a razão humana, mostrar por que estamos errados e oferecer-nos os meios para encontrar a verdade. Para mostrar qual é a fonte do erro, uma fonte dupla: [ele mostra] 1) que ela provém da má educação recebida por nós, 2) que ela provém sobretudo da imprudência da nossa razão. Ela reside no fato de que nossa razão não é dona de si mesma.

Será preciso, portanto, segundo a razão cartesiana, tomar posse da nossa própria razão. Descartes descreveu esse caminho, o caminho da dúvida e da incerteza: trazê-lo para a certeza da razão autoconsciente.

No *Discurso do método*, para conduzir bem a sua razão e buscar a verdade nas ciências, Descartes reconta-nos a história da sua vida espiritual, da sua conversão ao espírito. Esse pequeno livro, que é um dos livros mais famosos e conhecidos da literatura filosófica, é um livro único, porque é a única vez na história da filosofia que um filósofo nos conta a história da sua vida espiritual e nos convida a extrair disso algum aprendizado.

Descartes nasceu no final do século XVI, em 1596. Ele era o cadete de uma grande família da nobreza togada. Estudou no colégio La Flèche (fundado em 1604), uma escola jesuíta.

Foi uma das primeiras escolas em que os jesuítas tentaram "recatolizar" os franceses. Descartes manteve grande afeição por seus mestres. Aprendeu ali tudo o que se poderia aprender na escola: a ciência escolástica de sua época, filosofia, direito e teologia. Em 1616, deixou a escola – tinha 20 anos. Pelo restante da vida, permanecerá o que era quando saiu da escola: um jovem nobre em busca de seu caminho. Vai para a Holanda e se alista no exército de Filipe de Nassau. Descartes é um jovem aventureiro, alguém que busca aventura heroica: quer lutar, participar da guerra. Após entender que não existe aventura, e sim vida de estado-maior, aprende o ofício que deseja: engenheiro militar. Depois, frustrado, demitiu-se e foi para a Alemanha, onde esperava ver batalhas. Diz que travou algumas batalhas e conquistou algumas vitórias sobre algumas dificuldades e que esperava vencer mais. Arrisca-se tudo: é isso que dá frescor ao texto cartesiano, e, embora três séculos tenham se passado, ele permanece muito bom. A aventura espiritual é uma grande e perigosa aventura. Ela tem início em um período de incerteza, de dúvida; é o que ele diz no *Discurso do método*.

Ele conta que, quando saiu da escola, onde haviam prometido ensinar-lhe a verdade, não lhe ensinaram nada (a poesia é bela, mas é inútil; a medicina é a arte de ganhar dinheiro; a filosofia permite-nos falar sobre qualquer coisa; a teologia nos permite chegar ao céu; porém, quanto ao verdadeiro conhecimento, nada). Ele nos conta como, depois de ler tudo, percebe que nada daquilo teria valido a pena. Montaigne já havia notado isso antes dele. Ele sempre quis poder julgar (distinguir o verdadeiro do falso). Descartes nos explica que apenas duas coisas emergem desta primeira crise: 1) a fé em Deus (primeiro, ele acredita, depois prova); 2) é preciso que haja uma ciência emergente.

Os matemáticos conseguiram fundar uma ciência e provar as verdades que ensinam, mas nós não conseguimos fundar nada sério, por quê? É o Descartes de 37 anos, o homem maduro, quem faz essa pergunta. É porque não entendemos a natureza das matemáticas e acreditamos que todo o seu valor consiste apenas em sua aplicação, que diz respeito à prática, mas não é nada isso; as matemáticas são feitas para nutrir o espírito e reabastecê-lo com verdades, para dar ao espírito o hábito da verdade. Não havíamos compreendido, pois, para tanto, seria preciso ter uma filosofia, e a filosofia escolástica não valia nada.

O importante é que Descartes é um jovem que quer a todo custo saber distinguir o verdadeiro do falso, e viu que não era capaz de fazê-lo.

Ele diz que a ação espiritual pela qual pensamos e fazemos algo não é a mesma coisa que a ação espiritual pela qual pensamos sobre o que fazemos (os atiradores de canhão sabem disso tanto quanto os filósofos que ensinam: eles fazem alguma coisa, mas não entendem o que fazem).

Éramos crianças antes de ser adultos e éramos submissos àquilo que sugeriam nossos pais e nossos professores, que sem dúvida não nos ensinaram o melhor; além disso, há também essa prevenção que nos faz aceitar como verdadeiras coisas que não são; o que fazer? Provar nossas ideias. Se não temos certeza e cometemos equívocos, é porque não sabemos distinguir as nossas ideias verdadeiras das nossas ideias falsas. Devemos revisá-las, submetê-las a uma crítica. Isso significa que o nosso espírito está doente: é necessário limpá-lo e curá-lo. Dizer isso é fácil, mas como fazê-lo? Com o que criticaremos as ideias? Descartes encontra uma maneira: provaremos nossas ideias por meio da dúvida. Tomar algo que se apresente como verdade e dizer a si mesmo: é verdade? É possível que isso seja falso? Tentaremos duvidar de tudo o que é [...].

Estamos na dúvida, no ceticismo: tudo é duvidoso. Sabemos que o cético deve estar enganado, que existe um critério que deve permitir-nos distinguir o verdadeiro do falso; venceremos o cético com suas próprias armas, inventaremos uma dúvida tão profunda que a dúvida do cético nos parecerá algo infantil, inocente.

Há algo que antecede esta dúvida: decidiremos evitar qualquer erro.

O que é o erro? É uma crença em algo que não pode ser admitido como verdadeiro, em algo falso. Rejeitamos nossa crença. Trata-se de um ato de liberdade, pelo qual decidimos suspender a nossa crença, suspender o nosso juízo, dizer não a todos os mecanismos, a todas as crenças da natureza. Tornamo-nos independentes da natureza, afirmamo-nos em nossa autocracia espiritual.

É de modo livre que decidimos não acreditar em nada e aplicar a prova da dúvida, com o objetivo de encontrar um ponto, um juízo, algo sobre o qual a dúvida não poderá mais atingir, algo tão certo que a dúvida irá se desmanchar. A dúvida servirá como alicerce para provar nossas ideias. Isso é muito difícil e muito demorado. Porém, basta mantermos uma crença em nosso espírito, uma prevenção não criticada, e podemos cair novamente no erro.

É a esse empreendimento heroico – esvaziar o nosso espírito, submeter as ideias à dúvida – que Descartes se submete. É isso que permitirá levar a razão ao seu nível mais alto.

Reuniremos todas as razões de duvidar que o cético nos oferece, iremos reforçá-las, iremos "recusar nossa crença" a toda *espécie* de ideias por meio das quais a dúvida e o erro sejam possíveis (aquele que nos enganou uma vez pode nos enganar sempre).

O senso comum é baseado na *percepção sensorial*. Os céticos há muito criticam a percepção (quem dorme não sabe que dorme). O erro dos sentidos: vamos recusar qualquer tipo de valor oriundo da percepção sensível. Daí a derrocada do antigo, da físico-química e das ciências antigas. Deixaremos a teologia de lado. O raciocínio? Quem ignora a possibilidade de cometermos erros e sofismas? Enquanto pudermos nos equivocar, não poderemos basear o nosso juízo no raciocínio. As matemáticas? Podemos estar errados – ao somar coisas. As matemáticas – a geometria e a aritmética – não constituem, portanto, uma certeza absoluta; ainda não podemos usar os métodos do saber matemático como regra ou critério de verdade. Exagero? É bem isso o que queremos. Talvez estejamos sempre equivocados? Talvez exista um espírito maligno que sempre queira nos enganar, que nos tenha feito de tal forma que estejamos sempre errados. A dúvida é levada ao seu limite extremo. A razão para duvidar que o cético nos forneceu, reforçada por essa terrível ideia de que fomos criados para o erro, aí está o limite da dúvida (Montaigne e o Deus maligno).

Portanto, não resta mais nada, nenhuma certeza, nem mesmo esperança de sair dessa situação. É aqui que encontramos algo que a dúvida, seja ela qual for, não pode mais atingir.

Descartes diz sim. Porém, deixemos que esse espírito maligno e poderoso nos engane o quanto quiser! Que eu me engane a cada vez que ele me enganar! No entanto, eu existo; eu sou, portanto eu existo; estou errado, mas certamente tenho ideias. Uma coisa não é possível: duvidar da minha existência, do eu que se engana, do eu que formula esses problemas.

No oceano da dúvida, uma coisa é certa: eu sou, logo eu existo. Minha existência me é dada. Esta é uma primeira certeza, a mais fundamental, que nos permitirá recuperar todos os meios de conhecimento.

* * *

21 de março de 1944

Da última vez, chegamos a esse momento importante da filosofia cartesiana, ao progresso da reflexão cartesiana. Começamos por excluir da nossa crença tudo o que pudesse ser colocado em dúvida, decidimos aplicar a dúvida a todas as noções nas quais ela pudesse ser aplicada, procedendo assim até encontrarmos uma rocha firme sobre a qual a dúvida seria dissipada. Encontramos essa "rocha" no fato de nossa própria existência. Eu sou, eu que duvido, não se pode duvidar do fato de que, eu que duvido, eu existo, eu sou.

Tal ideia não é inteiramente nova. Santo Agostinho, ao discutir o problema do ceticismo e da possibilidade de estar errado, já havia formulado o princípio cartesiano: "posso estar enganado, mas, se eu me engano, eu sou". Esta é a mesma ideia de Descartes e a certeza da alma com base em si mesma pode ser seguida através de Santo Agostinho numa longa tradição ao longo da Idade Média. Contudo, a tradição não explica Descartes nem o uso que ele fez desse pensamento.

Pascal conhecia bem as filosofias cartesiana e agostiniana – e, por não ser amigo de Descartes, teria preferido dar a Santo Agostinho o crédito de tal descoberta. Pascal disse que há uma grande diferença entre emitir uma ideia, digamos a ideia de aventura, e torná-la o fundamento de sua filosofia, extraindo dela uma série de consequências.

O que significa "eu sou"? O que significa "eu penso"? Então, o que há de tão particular nessa proposição "penso, logo sou"?

Descartes diz que aqui realmente existe tanta clareza, e que o espírito se apresenta com uma aparência de dado imediato tamanha, que não há nada que poderia nos induzir ao erro.

Há algo curioso aqui, especialmente quando comparamos essa frase com aquela de Santo Agostinho: "Se penso, eu sou".

Descartes não diz "pensar implica ser", mas *eu* penso, logo *eu* existo. Ele se permite um solecismo, embora conheça perfeitamente o latim; ele coloca um "*ego*" que não é necessário e que constitui até mesmo um erro em latim. É porque ele quer insistir em algo: não se trata de um pensamento impessoal, de um elo entre pensamento e existência; trata-se, isto sim, do *eu*, portanto há dois elementos em "*eu penso*": "eu" e "penso".

A partir desse fato, duas questões podem ser apresentadas: eu penso e eu sou, mas o que sou eu?

A resposta que Descartes dará parecerá um movimento circular, mas não é bem isso. O que eu sou? Através de nossa análise, temos elementos que nos permitem dar a resposta: este ser que pensa, erra, quer...

São elementos que pertencem a este ser e são os únicos, os únicos que não posso negar (duvido do fato de se possuir um corpo, porém os meus raciocínios, a minha dúvida e o meu pensamento pertencem a mim e são constitutivos de minha natureza).

Não há nada em mim além do meu pensamento, pois posso negar o resto, e isso não me impede de me compreender, de saber sobre mim enquanto penso; é porque o pensamento, essa qualidade, não está ligado a mais nada. Pensar, na terminologia cartesiana, não designa um exercício estritamente intelectual, como desejar, querer... É também, nessa terminologia, uma *atividade* intelectual.

Não é só isso: pensar também é ter ideias. E as ideias não são objetos, elas são objetos de alguma coisa. Portanto, tenho ideias diferentes e diferentes tipos de ideias. Não sei se correspondem a algo real, mas o certo é que tenho ideias.

Quais são elas?

Ideias de mesa, de outros homens, de animais, da quimera, de números, de Deus, de cores, do diabo: um amálgama bastante desconcertante. Vamos examiná-las de perto.

1) Ideias-imagens (cores, sons, tudo o que a filosofia chama de imagens dos sentidos). Elas têm algo em comum: a princípio são pouco claras, depois dão-nos a impressão de virem de fora, de se imporem sobre nós; elas são adventícias.

2) Ideia da quimera: tenho a impressão muito clara de que é uma ideia que eu mesmo fabriquei. Combinei coisas e fabriquei imagens.

3) Ideias de número, reta, círculo, triângulo. Elas não vêm de fora, não se apresentam da mesma maneira que as ideias dos sentidos, não dependem de mim como a ideia da quimera. Não posso alterá-las, elas são fixas. Elas se relacionam entre si, porém, ao contrário das ideias adventícias, elas são coisas que posso compreender: o círculo e a reta se tocam em um ponto: eu compreendo, embora isso não seja algo que eu tenha aprendido. Cada exercício do meu pensamento implica essas ideias. Elas pertencem especificamente à minha faculdade de conhecimento: ideias inatas.

4) Ideia de eu mesmo, de meu pensamento.

5) Ideia de Deus.

É verdade que vocês têm uma ideia de Deus? De volta a mim mesmo. Quem sou eu? Sou um ser cuja natureza é pensar, mas, ao mesmo tempo, um ser que se engana e que duvida. Estou enganado, então é porque não sou perfeito. Vejo muito bem que é melhor conhecer do que enganar-me, que há coisas que não sei, coisas difíceis. Sou, portanto, um ser imperfeito e finito. Eu me compreendo, mas será que posso compreender o que significa imperfeito e finito, se ao mesmo tempo não compreendo o que significa perfeito e infinito? (A filosofia aristotélica dirá: perdão, o infinito é uma ideia incompleta, porém, o oposto é verdadeiro.)

A primeira ideia, sem a qual não podemos pensar com clareza, é a ideia do perfeito, e, depois, a do infinito. É o perfeito que é a noção primária. Ao limitar o perfeito obtemos o imperfeito (a falta). Poderíamos dizer: o fato de saber que estou enganado é que tenho a noção da verdade. Como saberia que sou finito se não tenho a ideia desse infinito? A ideia de que sempre podemos progredir (Aristóteles) pressupõe a ideia de infinito.

Esse conhecimento de si implica a noção de Deus. Podemos formular: 1) a consciência de si implica a consciência de Deus. Não posso me conhecer se não tiver a ideia de Deus, um ser infinito e perfeito em relação ao qual posso me reconhecer como um ser finito e imperfeito; 2) eu sou, eu existo. Eu sou o único que existe? Como se faz para que eu exista?

Se revisarmos todas as nossas ideias, podemos constatar que nenhuma delas implica a existência do objeto que representa (se tenho a ideia do mundo material, o fato de ter essa ideia não implica que esse mundo exista). Mas penso que a ideia de Deus, esse ser infinito e infinitamente perfeito, implica a existência de Deus, assim como a ideia do triângulo implica a ideia de três lados.

A existência necessária está envolta na ideia de perfeição, caso contrário ela a destruiria.[16] Uma vez que pensemos com clareza, não podemos pensar nela como inexistente. Isso só seria possível para quem não confunde intuição e imaginação. A matemática nos habitua a nos livrarmos da imaginação e a pensar.

A demonstração cartesiana só é válida para quem tem uma ideia de Deus. Essa demonstração não parte da existência da natureza (tomismo), mas de mim mesmo, do meu conhecimento de mim mesmo e do fato de descobrir na minha alma, necessariamente, a ideia de Deus.

Descartes formula o problema: de onde vêm as ideias? Não descobrimos nada nessas ideias que nos permita dizer que as inventamos. Pode ser que seja a nossa alma quem cria essas imagens (quimeras), essas ideias inatas (número). Essas ideias inatas, por um lado, nós não as criamos; por outro lado, elas são

16 Koyré quer dizer: a perfeição destruiria a existência. (N. T.)

nossas, elas nos pertencem. Mas a ideia de Deus... Como poderíamos nós, sendo finitos e imperfeitos, como poderíamos fabricar, criar a ideia do infinito?

Isso parece impossível para Descartes. Que possamos fabricar a ideia de coisas finitas, sim, porém, de coisas infinitas, parece algo tão além das minhas forças de finitude que é inadmissível. Então, se não sou eu quem as fez, tal ideia, é porque foi impressa em meu espírito pelo próprio Deus, que é grande e poderoso o suficiente para criar algo assim. Podemos admitir que essa ideia é "como a marca de Deus em minha obra". Posso dizer: perdão, o padre me ensinou! Mas, então, quem o ensinou?

Uma vez que não saímos do finito, a nada chegamos. Essa questão se apresenta para qualquer ser finito, assim como para mim. No finito, podemos aumentar o poder do espírito, mas a margem do finito e do infinito permanece a mesma. Do fato de eu existir, de ter uma ideia de Deus, podemos concluir que Deus existe. É só assim que posso demonstrar a existência de Deus, que posso concluir que eu existo. Eu sou, mas de onde vem o meu ser?

O ser que sou vem até mim: 1) de mim mesmo, por mim mesmo; 2) de outra coisa diferente de mim mesmo.

1) De mim mesmo: se eu devesse a minha existência a mim mesmo, se fosse tão autônomo, teria me contentado com os pobres conhecimentos espirituais que possuo? Não, eu teria dado maior poder a mim, um conhecimento infinito e um poder infinito. Em suma, eu teria me feito Deus e isso é a minha limitação, como fato que prova que não sou senhor de mim mesmo. Essa existência que possuo, devemos admitir que vem a mim de um ser que existe por si mesmo, e que é Deus.

Os teólogos perguntaram a Descartes: o que significa ser a causa de sua existência? Uma causa é uma causa. O efeito e a causa não podem ser confundidos. Quando você diz que Deus é a causa da sua própria existência, que na ideia de Deus podemos encontrar a ideia da sua própria existência, isso significa que ele é tão poderoso que se criou. Porém, a causa de si parece ser uma impossibilidade, pois não se pode agir sobre si mesmo. Descartes diz: afirmo que, em primeiro lugar, existe a regra geral. Quando há uma existência, podemos sempre perguntar-nos qual é a razão que explica essa existência. Por que não perguntar ao Deus infinito de onde vem sua existência? Ele responde: eu sou porque quero ser, ele se apresenta, afirma-se na existência. Será que, para mim, existir não significa afirmar a minha existência? Será que sou como uma pedra? Será que o "ser" deve ser tomado de modo estático e não dinamicamente? Para mim, minha existência é uma afirmação finita; para Deus, é uma afirmação infinita.

"Ser" é afirmação, é o ato de vontade pelo qual nos estabelecemos. Somos finitos, por isso precisamos de Deus, porque não podemos passar do nada à realidade. Deus mantém sua existência e é sempre vitorioso sobre o nada. Nós não. Deus deve manter no ser tudo o que existe ali, caso contrário o ser desaparece no nada. "No minuto em que paro de pensar, já não sou mais, não é a mim mesmo que devo esse poder, é de Deus que o recebo, mas recebo-o para exercê-lo, e assim que deixo de exercer essa afirmação, eu deixo de ser." Essa concepção é completamente nova; seja como for, em nenhum lugar ela é tão importante como em Descartes, e em nenhum lugar ela é explicada como faz Descartes.

* * *

28 de março de 1944

Em minha última conferência, falei a vocês sobre a base da metafísica cartesiana e as provas da existência de Deus que Descartes nos oferece nas marcas características dessa metafísica.

A existência de Deus é mais bem demonstrada pela ideia que temos dele. Quanto a essa ideia em si, temos a certeza de possuí-la, pois é impossível ter conhecimento de si sem ao mesmo tempo ter conhecimento de Deus. Ora, como podemos ter conhecimento de nós mesmos, temos certeza de possuí-lo.

Provar a existência de Deus e mostrar que a nossa alma é inteiramente espiritual não é o objetivo último da filosofia. Sem dúvida, Descartes diz: o conhecimento de si e o conhecimento de Deus são coisas extraordinárias, as mais importantes. Ele dirá que é para isso que devemos dedicar nosso esforço do espírito. Essas são as bases, mas isso não é tudo, e Descartes explica-nos que, sobre essas bases, poderemos constituir uma ciência.

Partimos de uma situação de fato, da dúvida, do fato de as ciências serem incertas, de não termos um princípio que nos permite distinguir o verdadeiro do falso: é para isso que nos servirá a metafísica.

A explicação de Descartes permite-nos encontrar uma maneira de distinguir o verdadeiro do falso e constituir uma verdadeira ciência, uma ciência da natureza, uma boa filosofia, uma boa metafísica que nos permita construir uma boa física (aqui está a ideia cartesiana). Se não havia certeza nas ciências, é porque as ciências se fundamentavam na metafísica, e isso não era bom.

Como o fato de ter demonstrado a existência de Deus poderia nos ajudar? Descartes levou o ceticismo e a dúvida a ponto de admitir a possibilidade da existência do espírito maligno (e que a nossa inteligência havia sido fabricada por um espírito maligno).

Essa série de hipóteses desmorona. Sabemos que Deus é perfeito e infinito, que somos suas criaturas. Ora, é inconcebível que esse ser perfeito quisesse nos enganar; portanto, as ideias que se apresentam a nós de maneira clara e distinta são verdadeiras.

A existência de Deus garante o exercício do nosso pensamento. Podemos agora ter a certeza de que as nossas ideias claras e distintas são verdadeiras e que essas ideias correspondem a uma realidade.

Quais são essas ideias? Voltemos um pouco. A veracidade assegura os atos de intelecção. Descartes não diz que nosso espírito é feito de tal maneira que estamos sempre enganados.

Essas ideias claras e distintas são: 1) o pensamento, 2) a extensão, uma ideia que está na base da ciência geométrica e matemática (é por isso que somente as matemáticas chegaram à certeza).

Sabemos que Deus não nos engana, por isso podemos admitir razoavelmente que as nossas ideias claras correspondem a uma realidade, que a nossa ideia de espaço corresponde a uma realidade; existe um espaço real. Em contrapartida, devemos rejeitar as ideias que, de acordo com a nossa análise, não pertencem à razão ou à intelecção. Temos certeza de que existe um mundo espacial, que o mundo existe, que as coisas existem. Qual é a essência desse mundo externo? O que é seu caráter espacial? O que constitui a essência desse mundo material que nos rodeia? O que compreendemos dele é isso: seu caráter espacial, seu caráter geométrico. Por outro lado, tudo o que é dado aos nossos sentidos já não tem mais validade, uma vez que não temos o direito de afirmar a sua realidade. A nossa física baseia-se no fato de que podemos confiar totalmente em nossa razão geométrica, de tal maneira que é falsa qualquer coisa que não diga respeito à nossa razão geométrica. Isso significa que, se quisermos constituir uma física e uma ciência da natureza, devemos usar apenas noções que sejam claramente penetráveis pela razão, isto é, de tipo matemático; são apenas duas noções: 1) noção geral de extensão, 2) noção geral de movimento.

Tudo que existe no mundo é explicado com base nessas duas noções. [...] O mundo é assim reduzido à sua expressão mais simples. O mundo nada mais é do que extensão e movimento, o que implica tratar-se de um mundo infinito. Se o mundo nada mais é do que geometria realizada, não podemos estabelecer um limite. Isso implica ou explica a destruição do cosmo. Em um mundo que é apenas geometria realizada, não há ordem, nem harmonia; o mundo é extenso, ele pertence à geometria. Os movimentos recortam os corpos e os colocam em relação uns com os outros. A física torna-se, portanto, uma aplicação pura e simples das razões matemáticas. Depois de Descartes, a física será governada pela matemática. Há um enriquecimento prodigioso do poder do espírito. O espírito em Descartes parece suficientemente rico para descobrir as leis essenciais da natureza no interior de seu próprio pensamento.

Ideia de movimento: assim que pensamos em figuras geométricas recortadas pelo movimento, temos a possibilidade de descobrir as leis do movimento na realidade física.

Pouco importa que Descartes, ao estudar as leis do movimento, esteja enganado. São ideias tão simples que é difícil afastar-se delas (Descartes, ao deduzir as leis do movimento, errou grosseiramente, era muito difícil porque era muito simples, mas isso não importa).

O que mais encontramos em nossas mentes que podemos afirmar? Nada mais: autopercepção, percepção do pensamento. Toda a realidade do mundo se esgota na ideia de Deus, na ideia de eu próprio, na ideia de mundo material. No entanto, isso parece demasiado simples e ao mesmo tempo difícil de admitir.

A ideia de mundo: por que ninguém até agora teve uma intuição do valor dessa ideia? É porque ninguém havia conseguido afirmar o caráter inteligível [...] dessa noção – o valor objetivo da geometria –, ninguém, no fundo, duvidou dela; além disso, ninguém, no fundo, duvidava do valor inerente ao raciocínio geométrico; embora ninguém, por outro lado, tinha e podia admitir o caráter inteiramente inteligível da realidade espacial.

Descartes explica: a geometria que conhecemos cansa nosso espírito através do exercício de nossa imaginação. No conhecimento geométrico fazemos uso da imaginação e, ao mesmo tempo, imaginamos algo que não é: como podemos imaginar o vazio?

A grande conquista de Descartes foi ter libertado as matemáticas e especialmente a geometria desse uso necessário da imaginação. Ele é o inventor da geometria analítica que permite substituir a imaginação espacial pelo raciocínio.

Descartes descobriu que, em vez de desenhar figuras geométricas e, portanto, imaginá-las, podemos substituí-las por notações puramente abstratas. Se escrevermos $Y = ax$, essa fórmula representa uma reta que podemos designar (substituir uma reta por uma fórmula, uma figura geométrica por uma fórmula); encontramos fórmulas desse tipo, representando um número ou uma linha, que podemos interpretar de duas maneiras diferentes.

Ao fazê-lo, Descartes mostra-nos que, no raciocínio, temos necessidade não do desenho de figuras nem do uso da imaginação, mas da escrita de fórmulas. A vantagem é libertar o pensamento de um último vestígio da percepção sensível que é a imaginação. Quando estudamos as fórmulas, nosso pensamento não tem um objeto dado: $x - a = 0$. Não estudamos objetos dados ao espírito, que vêm de fora, mas sim operações de nosso espírito. Quando escrevo $(a - b)^2$, estudo operações, a elevação ao quadrado; não estudo grandezas, mas operações próprias de meu espírito.

$(A - B)(A + B)$: estudo o resultado de uma série de operações. Ora, nessa série de operações algébricas, nada é obscuro para o espírito. A possibilidade de reduzir o raciocínio geométrico ao raciocínio algébrico permite-nos dizer: o espaço que os geômetras estudaram, onde muito acertadamente encontraram dificuldades, que Platão considerava dado a nós de uma forma bastarda e não sensível, podemos agora considerar como inteiramente penetrável para a razão.

Para Descartes, a dúvida permitida, razoável para quem não conhecia a verdadeira natureza, não é mais permitida hoje. Perdem a relevância tanto o ceticismo, uma certa dúvida concernente à geometria, quanto a imaginação. E isso não é tudo. Essas descobertas matemáticas, a redução do raciocínio matemático a essa forma algébrica pura, equivalem à descoberta de uma nova lógica. Por que a filosofia não conseguiu até então descobrir ou construir uma verdadeira ciência física? É porque o único instrumento de pensamento era a lógica aristotélica – a lógica aristotélica não é um instrumento de descoberta –, e ela não poderia permitir a descoberta de uma nova verdade. O raciocínio lógico aristotélico não é um raciocínio enriquecedor, mas um raciocínio no qual a abstração e a generalização são sempre empobrecedoras.

Como pode o lógico raciocinar? Encontramos objetos no mundo, nós os classificamos, formamos a ideia dessas diferentes espécies (noção de cachorro, noção de gato); por abstração formaremos a ideia geral do animal. A noção de animal que obtivemos assim é mais geral, mas mais pobre. A noção de gato é mais rica que a de animal. Obtivemos, portanto, a generalização por empobrecimento. Como tal pensamento pode nos permitir descobrir algo novo? Por que não tentar desenvolver essa ideia? Vários tipos de animais? Isso não é possível; da noção de animal não podemos deduzir a noção de espécie. Como são possíveis os tipos de animais no mundo?

Ninguém pode responder. Não podemos dizer de antemão quais animais são realizáveis no mundo, não podemos deduzir a espécie a partir do gênero. Porém, se lidamos com o pensamento matemático, se temos a ideia ou a noção de círculo, sabemos o que é; o mesmo vale para as noções ou ideias de elipse, hipérbole, parábola, linha reta: formamos uma ideia que abrange tudo isso. Não é impossível; se temos uma equação de segundo grau (Descartes), temos a ideia ou noção de seção cônica (geômetras): essa noção é mais rica do que cada uma das noções das quais a derivamos. A noção de seção cônica é mais rica que a de círculo ou hipérbole. A prova: com essa noção podemos deduzir de antemão todos os tipos possíveis de seções cônicas; ou, se formamos a equação de segundo grau que representa uma curva, podemos dizer de antemão quais tipos de curvas serão possíveis. Partimos do círculo e seguimos em direção à seção cônica: a ideia não é mais pobre, e sim mais rica. É por isso que podemos, a partir dessa ideia, deduzir o tipo das espécies.

Descartes diz: eis o que descobrimos. Ao reformar as matemáticas, descobrimos um tipo de pensamento totalmente oposto ao utilizado até agora. A lógica aristotélica pode permitir-nos classificar as espécies que já conhecemos, mas descobrimos um tipo de pensamento que nos permite avançar, generalizar enquanto nos enriquecemos e dizer quais seriam os outros tipos. Progredimos assim: iniciamos com ideias simples (equação de 1º grau, noção de reta; equação de 2º e 3º graus... por meio da ordem, chegamos a noções cada vez mais ricas e cada vez mais completas). Se iniciarmos com noções bem simples (noção de movimento), poderemos deduzir todos os tipos de movimentos possíveis e de objetos possíveis no mundo. Construiremos dessa maneira, por ordenamento, todos os tipos de movimentos. Poderemos, através do exercício do nosso pensamento, descobrir que tipos ou categorias de objetos podem se tornar reais no mundo.

Essa noção ligada à veracidade divina concede a Descartes o poder de construir uma teoria física da realidade. Contudo, ele não percebeu que o homem poderia construir tal noção elevando-se a ideias cada vez mais gerais. A física cartesiana foi, em grande medida, um fracasso, não por culpa de Descartes, mas porque ela não era possível. As matemáticas cartesianas eram muito pobres, muito fracas, e o mundo era rico demais para se esgotar dessa maneira. Os movimentos possíveis eram incontáveis e Descartes percebeu isso.

Chegamos à necessidade de recorrer à experiência de tipo matemático. Mesmo assim, não podemos saber de antemão o que é possível, porque existem coisas demais. Descartes diz que sabemos que tudo se explica pelo movimento e pela extensão, que são as únicas noções retidas no mundo físico; contudo, não podemos nos limitar a isso, pois não podemos saber quais movimentos Deus usou para realizar isto ou aquilo.

São infinitos os meios possíveis para realizar o mundo dado; quando olhamos para o mundo, devemos buscar respostas possíveis através de questões formuladas em linguagem matemática, porque essa é a única linguagem que corresponde à realidade.

* * *

4 de abril de 1944

Da última vez, expliquei-lhes a marcha do pensamento cartesiano na perspectiva da concepção do saber matemático [...]. As características dessa física científica são as ideias claras, uma vez que somente elas correspondem à realidade. [Daí] A exclusão da natureza de qualquer qualidade sensível que não seja acessível à razão, de qualquer concepção que não possa ser geometrizada, a redução da natureza a um mecanismo exprimível em fórmulas matemáticas. Por outro lado, dado que qualquer mecanismo pode ser substituído por um mecanismo equivalente, [impõe-se] a necessidade de experimentação para descobrir como Descartes queria organizar a natureza.

Sabemos de antemão que todas as leis da natureza são geométricas e que Descartes queria apenas realizar um mecanismo na natureza; porém, como isso poderia acontecer por meio de diferentes mecanismos, é preciso olhar para a natureza a fim de ver qual deles ele escolheu. Em princípio, trata-se de todos os princípios da ciência natural moderna. No entanto, a física cartesiana é muito pobre, muito inexata. Descartes não consegue realizar seu ideal como matemático. De fato, os meios matemáticos de Descartes são demasiado pobres, mas isso não importa; o mais importante é ter lançado os fundamentos (o século XVII iniciou um desenvolvimento extraordinário da ciência da natureza, que seguiu os caminhos indicados por Descartes. Basta citar o holandês Huygens, que conseguiu transformar as matemáticas cartesianas em uma ciência na qual as experiências cartesianas [...]).

Se com Newton e Pascal o vazio reaparece, isso não importa. O que importa é a matematização da natureza.

Essa matematização cartesiana que funciona tão bem no lado espiritual, que reproduz para nós um espírito esclarecido, livre quando julga, em sua ação, uma natureza encerrada sobre si mesma... Ao mesmo tempo, essa metafísica encontra, ou melhor, cria uma nova dificuldade que substitui as dificuldades que ela havia abandonado.

Os dois mundos da metafísica cartesiana. Entre a alma e o corpo, na filosofia cartesiana, não existe contato possível. O nosso corpo é um corpo como todos os outros: o corpo do animal, apenas um pouco mais complexo, que sabemos construir; porém não passa de uma máquina que funciona segundo leis estritamente mecânicas (não há razão para introduzir elementos vitais, por exemplo os gritos dos animais). Chegamos, portanto, a uma concepção do animal-máquina.

Existe uma barreira absoluta entre o espírito, que não tem nada de espacial, e o corpo, que não tem nada de espiritual; no entanto, há um ponto, uma evidência curiosa e obscura, mas ainda assim uma evidência, na união entre o espírito e o corpo. Apesar de tudo, a minha alma está ligada ao meu corpo, e isso é um dado para mim. Posso duvidar, porém tenho um corpo e existe uma ligação entre a alma e o corpo. O homem é uma unidade na qual a alma e o corpo estão unidos de maneira substancial. Os grandes filósofos distinguem-se pelo seu desprezo por esse fato. [Descartes], o grande filósofo que encontrou bases sólidas, certas e claras para uma doutrina, irá persegui-la até o fim, seguirá as suas consequências, sem se deixar deter pela aparente falta de verossimilhança de algumas das suas conclusões. Quando valoriza a verdade, ele a persegue até o fim. Um grande filósofo nos mostra aonde chegaremos se seguirmos resolutamente um pensamento. O que poderia ser mais evidente do que o fato de os animais sentirem? Nicolas Malebranche, um grande filósofo, provou que os animais não sentem nada. Quanto ao ser humano, sabemos que sentimos, que as modificações do nosso organismo atuam em nosso pensamento, que a medicina, por exemplo, pertence às ciências físicas, que é por meio do corpo que agimos sobre a moral, que, se experimentamos paixões, é porque temos um corpo e órgãos dos sentidos.

O grande problema cartesiano será encontrar essa ligação entre a alma e o corpo; porém, o próprio Descartes não encontrou nada de bom para responder ao problema interno dessa filosofia. Ele só encontrou um meio de explicar como o homem, a alma humana, poderia dirigir os movimentos do corpo: ao dissecar cadáveres, encontrou um órgão único, a glândula pineal. Descartes imagina assim que a alma está ligada a essa glândula pineal (piloto): dessa forma, a alma não criou o movimento, ela simplesmente mudou a direção a fim de mudar o comportamento do corpo. Isso mostra que existe um problema, um problema que dominará a filosofia europeia até Leibniz.

Em primeiro lugar, houve um discípulo de Descartes, um médico, Louis de La Forge, que editou parte do *Tratado sobre o mundo* escrito por Descartes: para um médico e fisiologista, esse problema estava entre seus interesses mais relevantes. La Forge mostra muito bem a importância do problema e o interesse em resolvê-lo no quadro da filosofia cartesiana. É pela importância e pela impossibilidade de resolvê-lo que vemos surgir dois filósofos: Locke e Malebranche.

Malebranche nasceu em 1639, em Paris, e era padre. Foi a leitura desse *Tratado* editado por La Forge que – dizem – causou-lhe a iluminação filosófica. Malebranche indaga-se acerca desse problema e chega a dizer que não há como admitir uma ação do espírito sobre o corpo ou vice-versa.

Isso por vários motivos:

1) Se o espírito pudesse influenciar o corpo, o que faria meu braço se mover seria minha ação, minha alma, minha vontade. Uma vez que a alma é coextensiva com o pensamento, eu deveria saber como faria isso. Se fosse realmente eu, ou minha alma fazendo isso, eu saberia como faço.

2) O que isso significa: é a minha alma que age sobre meu braço? A alma age sobre a matéria, ela é uma causa. Ora, existem duas noções de causa: a) uma noção ativa, causa eficiente, a ação, a produção; b) chegamos ao fato: um corpo empurra outro, o primeiro se move e o outro também: o movimento de A passa para B. É a grande descoberta cartesiana que consiste em eliminar a noção de força da natureza: não há produção de movimento e a causalidade prossegue no mesmo nível.

Mas como podemos explicar a causalidade entre a extensão e o espírito, que são coisas tão díspares? Isso seria ridículo. A causalidade ativa faz alguma coisa, mas então saberíamos como. Podemos em geral admitir esse tipo de causalidade na natureza? O que significa dizer "fazer algo", "produzir algo"? Significa dizer: criar algo que não existia. Coloquei em movimento um corpo que não se movia, crio movimento. É isso o que Deus faz ao dar existência a algo que não existia. É a criação.

Admitir a existência dessa força-efeito criadora nas coisas é divinizar. Tal concepção de causalidade-efeito equivale a divinizar. Essa concepção, portanto, não poderia existir para o Aristóteles pagão.

Existe uma correspondência entre meus desejos e meus movimentos, porém não há causalidade. Existe apenas um ser [suscetível] à ação no universo: Deus. Diremos que nossos desejos são apenas causas ocasionais. O importante é que, graças a Malebranche, temos uma concepção de mundo completamente diferente: um mundo onde as causas não desempenham nenhum papel e, ao contrário, as leis desempenham um papel primordial.

Os fenômenos da natureza, os fenômenos da vida espiritual e corporal estão ligados por leis de correspondência que nos permitem calcular, prever o que acontecerá no mundo do espírito e da natureza. Trata-se do ideal científico daquilo que chamamos de positivismo moderno. Malebranche acredita que não precisamos introduzir no mundo essa noção de causalidade: ele considera o mundo como um mecanismo...

Descartes estabeleceu as leis pelas quais o mundo "funciona"; Malebranche está tão imbuído da noção de lei que explica tudo a partir dessa noção. Descartes organizou o mundo com um mínimo de leis; Malebranche, em suas *Entretiens métaphysiques* [Conversas metafísicas], reúne um teófilo e um ateu:

> *Ateu*: Como podemos acreditar em Deus se o mundo vai tão mal?
>
> *Teófilo*: É certo que o mundo vai mal, porém, isso não é nada.
>
> *Ateu*: Então Deus não poderia ter feito o mundo de outra forma?
>
> *Teófilo*: Não, pois Deus teria então que mudar as leis; Deus estabeleceu o mínimo de leis, e a satisfação intelectual seria menor se o mundo fosse regulado por mais leis.

Malebranche concentra tudo em Deus, e o faz de tal forma que o próprio conhecimento acaba sendo concebido em Deus: é somente em Deus que nossa alma vê as leis que regem intelectualmente o mundo. Por outro lado, a alma não se vê, porque, se ela visse a si mesma, poderia apenas contemplar-se. Em contrapartida, os raios de iluminação chegam de Deus à alma: ela vê tudo em Deus.

Malebranche acabou por extrair do racionalismo e do matematismo cartesianos tudo o que eles continham em potência, ou seja, um mundo onde não há mais causalidade, não há mais contato e onde, se quisermos preservar a ação-criação, precisamos concentrar tudo em Deus.

Trata-se de um mundo puramente matemático e espiritual, livre de causalidade e no qual a causalidade não existe mais. Quando Malebranche reintroduz a ação, a realidade, a individualidade, ele declara que somente a fé lhe permite introduzi-las. A fé nos garante muitas coisas...

É na "legalização" total que reside a grande importância da filosofia de Malebranche. Tal generalização é normalmente atribuída a Hume, porém foi Malebranche quem conseguiu elaborá-la com mais vigor.

* * *

25 de abril de 1944

Em minha última conferência, expus alguns prolongamentos do racionalismo cartesiano, o dualismo e a metafísica cartesiana (dualismo no sentido estrito: entre a alma e o corpo, o espírito e a matéria), bem como dificuldades que esse dualismo apresentava ao pensamento filosófico, dificuldades que era necessário resolver, mas que não puderam ser resolvidas.

Apresentei a vocês a solução de Malebranche, que na verdade não é uma solução; expliquei que, ao excluir qualquer ideia de ação causal, o malebranchismo acabou nos apresentando uma imagem do mundo como um conjunto de acontecimentos governados por leis de natureza matemática. [...] Foi a primeira tentativa realista baseada na noção de lei. Eu deveria ter falado sobre os desenvolvimentos posteriores do problema cartesiano, deveria ter falado sobre Espinosa, que restabelece a unidade do ser em si mesmo através da perda da individualidade do ser finito, e ainda sobre Leibniz, que restaura e redescobre uma individualidade do ser finito...

Hoje passamos à Inglaterra para examinar dois pensadores que desempenharam um papel muito importante na formação do espírito moderno: Hobbes e Locke, com os quais começa o movimento do empirismo relativista que domina todo o pensamento do mundo moderno.

Hobbes foi contemporâneo de Descartes. Nascido em 1588, viveu muito, conheceu Descartes e sua obra, e também Galileu: mas não entendeu nada, e isso por dois motivos:

1) Nem Hobbes nem outros filósofos ingleses eram matemáticos. Não sabiam, pois, compreender o sentido da revolução cartesiana. Além disso, não estavam interessados no problema cartesiano. O que lhes interessava em primeiro lugar eram o problema político e o problema religioso. Portanto, o que lhes interessa não é a questão da ciência, do conhecimento. Quando criticam a ciência humana, é com a ideia de introduzir questões práticas no mundo em que vivemos, além de estabelecer o consenso entre os homens.

Por mais que Descartes evite tocar nos problemas políticos, os ingleses lidam com eles. [...]

Esses filósofos ingleses oferecem-nos uma imagem nova. Hobbes viveu em uma época singularmente turbulenta. Viu as revoluções inglesas, as guerras civis e religiosas, e elas dominaram todo o seu pensamento. Por que os homens lutam? É porque têm ideias divergentes e diferentes sobre problemas que não apresentam interesse prático: o problema da vida após a morte, porque criam religiões para si próprios, para coisas que não podem conhecer. É melhor analisar o que podemos saber, o que é certo, como a natureza do homem.

Assim, Hobbes nos diz que o que podemos saber é antes de tudo o que é dado aos nossos sentidos. Não é o que a nosso espírito vazio entende sobre o mundo, mas o que vemos e ouvimos.

Existe mais alguma coisa além disso? Não, só existem coisas acessíveis à sensação, ou seja, a matéria – a categoria essencial do ser –, de modo que o resto não se encontra no mesmo nível. Então, o que o homem deveria fazer? Ele deve se ater ao que as sensações lhe oferecem: as qualidades sensíveis, a existência da matéria, o número, o movimento, o espaço que fundamenta o conhecimento, a física. Além disso, temos a capacidade de criar palavras e atribuir vários significados a essas palavras. A ciência consiste no uso correto das palavras, nas noções corretas que correspondem a essas palavras.

Trata-se de uma lógica muito simples: uma física materialista que, enquanto física, não difere muito daquelas de Galileu ou de Descartes, mas que não possui o mesmo fundamento.

Hobbes acredita que a matéria é aquilo que se move, aquilo que tocamos, de modo que não existem forças espirituais no mundo. Porém, tudo isso é apenas um prefácio à sua verdadeira filosofia, que visa excluir do universo tudo o que seja apenas força sobrenatural. Se o homem é como Hobbes o descreveu, o homem é um animal entre outros, devendo comportar-se como tal. Existe um radicalismo transicional que raramente foi igualado. Então, aqui está um mundo onde existem corpos, homens.

Para Descartes, o homem era um ser livre, possuidor da ideia de Deus e, portanto, da faculdade de conhecer o universo através do olhar para dentro de si. Para Hobbes, o homem é um animal que está no mundo como todos os outros animais. Uma diferença o torna único na natureza: os desejos do animal-homem são ilimitados. [...] Contudo, pelo próprio fato de seus desejos serem ilimitados, o homem tem a capacidade de prever [...], a consciência do perigo, porque ele é o único a ter consciência do perigo e a sentir medo. [...]

O homem no estado de natureza não é virtuoso, ele é mau e infeliz. O homem é verdadeiramente o único ser que tem medo constante e – acrescenta Hobbes – o único que tem medo dos seus semelhantes. Sendo razoável, ele entende que não é vantajoso viver em tal estado, porque corre-se o risco de ser morto, e o homem tem medo de perder sua vida (a vida e o próprio eu são a mesma coisa, pois, no mundo de Hobbes, não há vida após a morte: a vida é o próprio eu). Para evitar esse perigo, é preciso fazer um contrato com outras pessoas.

Essa ideia de contrato não é nova. Existe há dois mil anos e, provavelmente, foi inventada pelos gregos. A novidade é a aplicação que Hobbes faz dessa doutrina, fundamentando-a na missão de um poder, da coerção para impor a paz ao animal-homem consciente do perigo. Os homens unem-se e fazem um contrato pelo qual transferem os seus direitos a um terceiro (antes do contrato, eles são todos iguais e absolutamente soberanos, e ninguém tem quaisquer direitos ou obrigações para com ninguém). Trata-se de tudo o que eles possuem, e é por esse motivo que abandonam isso em troca da proteção de uma terceira pessoa, que assume o encargo de proteger e impor a paz à sociedade. [...]

Num livro de 1650, Hobbes explica o milagre da criação da sociedade humana pelo homem. Se Deus existe, Deus criou somente o homem; quem criou a sociedade foi o homem. Esse homem, que em sociedade está privado de todos os direitos, é aquele que cria a sociedade, o único ser sobre-humano e transcendente que, de acordo com a concepção de Hobbes, pode existir. Todas as doutrinas absolutistas foram inspiradas por ele: até as crenças são regidas pelos decretos do soberano. O dever do soberano, ou seja, da sociedade, é impor ideias conhecidas por quase todos: portanto, nada de liberdade de pensamento, nada de religião (a religião da população é determinada pelo governo civil na Inglaterra).

Hobbes, ele próprio copernicano, sabe que não faz sentido discutir essas questões. [...]

O soberano só pode manter o poder e o direito na medida em que, ao incutir o medo, ele possa manter a paz e preservar do perigo a sociedade. Quando esse poder se enfraquece, iniciam-se os conflitos e o soberano perde todos os seus direitos. Quando o soberano não mais detém o poder, vem a revolução. Temos aqui uma tentativa de laicização do poder central, um único poder, conduzido segundo uma análise pura e simples da natureza humana: uma análise muito pessimista que apresenta o homem como um ser que tem medo.

Esse conceito ainda pode ser encontrado hoje. Ao lado dele surge outra tradição, aquela de um naturalismo otimista, do qual Locke é o primeiro representante. Hobbes é um grande filósofo, Locke é um filósofo de envergadura muito menor, porém, devido justamente a isso, de muito maior importância do ponto de vista histórico, porque nenhum filósofo, nem mesmo Descartes, teve uma influência tão direta no mundo moderno quanto o sábio Locke.

Locke nasceu em 1632, estudou medicina, foi preceptor. Ele viu a guerra civil, teve de procurar a salvação na França e, tal como Hobbes, preocupava-se com a paz social e com o problema da política. Se empreende a análise do espírito humano, é para conseguir um certo consenso entre os homens, para que não estejam em conflito. Porém, Locke é muito diferente de Hobbes, é um ser muito gentil, ele próprio mais pacífico e mais corajoso, e não sente medo. Locke tem confiança na possibilidade de levar os homens a um certo acordo, a uma certa concordância em suas ideias (há algo no pensamento de Locke que diz respeito à aproximação: a concordância nunca é total e ele não acredita que nossas ideias possam representar exatamente o real, mas apenas de certa maneira...). É a partir daí e da sua total incompreensão das matemáticas que podemos explicar a profunda aversão que esse filósofo tem contra a ideia inata própria do pensamento que vem do platonismo cartesiano.

Hobbes também não se sentia possuidor de tais ideias. Há povos que não as possuem... Então, essas ideias inatas assemelhavam-se estranha e perigosamente, para Hobbes, às inspirações das seitas religiosas da Inglaterra. A própria noção de uma ideia inata, de uma posse inata da realidade, resulta em intolerância para com aqueles que não a possuem. Não há nada em nosso intelecto além do que é dado aos nossos sentidos, que são praticamente semelhantes em todas as pessoas. Esse domínio pode ser considerado como o do conhecimento, onde podemos concordar e encontrar critérios comuns acessíveis a todos. Não será um saber absoluto como era em Descartes: o homem deve admitir que existem coisas, muitas coisas, que não podemos conhecer.

Temos em Locke uma base para o empirismo que se contenta com o conhecimento parcial e relativo, experimental, que as ciências naturais – as quais ainda não são matemáticas ou, até mesmo, são não matemáticas – representam na ciência. [...]

* * *

2 de maio de 1944

Na última vez, falei sobre John Locke. Locke é razoável demais para ser um grande filósofo. Ele é cheio de bom senso e de contradições do bom senso, e foi isso que o tornou tão facilmente aceitável. Ao contrário de Hobbes, que vê o homem como um animal mau e medroso, Locke é mais otimista: o homem para ele é um animal que pode ser razoável [...]. Seu grande erro é acreditar que conhece coisas que, de fato, não pode conhecer. A partir daí, ele inventa ideias e acredita nas interpretações dos textos sagrados. Tudo isso produz batalhas e intolerância, quando não há nada mais ridículo do que lutar por coisas que não podemos conhecer. [...]

Mas o que podemos saber? O que percebemos. Uma vez que percebemos, temos, portanto, ideias, ou seja, o que nos é dado pelos sentidos e pela percepção. Em seguida, combinamos essas ideias que, bem ou mal, representam o mundo exterior. As ideias de qualidade (vermelho, verde) têm um caráter bastante subjetivo: os sábios (Galileu, Descartes, Hobbes e outros) acreditam que o mais importante na realidade física diz respeito à extensão e ao movimento. [...] É preciso, por exemplo, expressar o movimento pela pressão de um corpo sobre outro. Em Locke há sempre a incerteza de saber se as nossas ideias são válidas para o mundo exterior.

Existem conjuntos de percepções que sempre aparecem juntas. São esses conjuntos que designamos pelo nome de substância. Isso significa que existe um vínculo, existe uma regra, mas qual? Contentemo-nos com a nossa situação real: não sabemos o que é uma substância. Existem certas atribuições que sempre andam juntas, e isso é tudo. Não procuremos abraçar o universo numa teoria geral. O mesmo acontece com o grande problema da metafísica: podemos demonstrar facilmente a existência de Deus, porque todos entendem que não há existência necessária, assim como as coisas encontradas no mundo não existem necessariamente. É, portanto, impossível que um ser inteligente seja criado por algum ser que não seja inteligente. Há, pois, uma causa: devemos ser criados por alguém que seja inteligente: Deus. Entendemos que Deus é infinito.

O que significa infinito? É muito difícil, isso ultrapassa nossa compreensão. Compreendemos a série dos números, mas Deus é o infinito em ato e não sabemos muito bem o que isso significa. Ainda estamos na região média da inteligência.

Conhecemos muito bem a relação entre as ideias: quando temos uma, não conhecemos nada, mas, quando temos duas ou três, podemos estabelecer relações e semelhanças. Quando se trata de ideias complexas, podemos analisá-las, ver do que são compostas. Isso é bem diferente do problema de saber se essas ideias correspondem a algo real.

Há uma dificuldade subsequente na análise das ideias complexas, como a justiça ou a moral, porque as ideias associadas a tais palavras pertencem não a nós, mas à sociedade, à história. [...] A linguagem comum muitas vezes apresenta dificuldades e o filósofo inteligente deve analisá-las, reduzi-las a ideias simples. Se tivermos sucesso nessa análise, seremos capazes de fazer as pessoas entrarem em acordo.

Locke não é inteiramente sensualista como Hobbes, que via a percepção como a única fonte de conhecimento. Locke acredita que a nossa própria percepção vem de outra fonte, que, entre as nossas ideias e as nossas percepções, temos um sentido externo e um sentido interno. Essa é a maneira de resolver a questão que faz os homens lutarem entre si: a questão da liberdade. Será necessário analisá-la e reduzi-la.

Descobrimos então que há coisas que mudam e que podemos mudar a nossa própria atitude corporal: queremos mexer o braço, decidimos e temos liberdade para agir. O conhecimento em mim é reflexivo: surpreendo-me na ação de me levantar. Existe a faculdade de agir e ações que executamos por paixão ou por uma decisão razoável. Caso contrário, agimos diretamente, como os animais. Nesse caso, não somos livres. Ou então avaliamos os resultados e as vantagens por um juízo apreciativo que está ligado à liberdade.

Nenhuma das dissensões das seitas religiosas tem sentido. Podemos saber que Deus existe, mas não muita coisa além disso. Locke acredita que, quando se mostrar aos homens que estão errados quando lutam por coisas que não podem conhecer, eles viverão em uma sociedade mais razoável. Ao contrário de Hobbes, Locke acredita que o homem possui certas faculdades e uma certa capacidade de previsão, bem como certos direitos razoáveis. Isso não se deve ao fato de ele ter ideias inatas concernentes a tais direitos, mas porque existem direitos razoáveis – como a vida, a propriedade (o meu trabalho justifica a minha propriedade) – e, por conseguinte, existe uma base razoável na relação entre os homens.

Vamos criar uma sociedade cujo objetivo será garantir a cada um de nós esses direitos que possuímos. A manutenção desses direitos, para Locke, depende de um poder, uma associação. Essa associação visa manter os direitos que eu possuía antes da criação da sociedade. Se a sociedade violar esse objetivo, tenho o direito de dissolvê-la, de quebrar o contrato.

Essa concepção muito razoável da sociedade e do contrato social inspirou, no século XVIII, a constituição dos Estados Unidos e a Revolução Francesa.

A sociedade visa preservar e defender esses direitos; o exercício da religião é um só, mas não [de] todas [as religiões] e nem da irreligião, porque aí – prega Locke – a tolerância cessa. Enquanto pudermos demonstrar a existência de um Deus, aqueles que não querem acreditar nele estarão de má vontade. Além desses direitos que são naturais, as regras da moral são estabelecidas por Deus. Portanto, aqueles que não admitem a existência de Deus são imorais. Nessa sociedade, os ateus não têm lugar. Eles podem acreditar no que quiserem: esta é a base da filosofia social de Locke que fornece a base para a filosofia social do século XVIII: um certo número de leis que pertencem [tanto] ao homem como à sociedade. Um motivo bastante sensato e sempre na iminência de se modificar, com possibilidades de enriquecimento, sempre na aproximação.

Além de algumas ideias que recebemos de Deus, existe alguma margem, a aproximação. É essa aproximação, essa possibilidade de integrar algo novo, essa concepção de uma razão pobre, sem dúvida, porém uma razão aberta, que torna importante a filosofia de Locke. A filosofia de Descartes, embora mais profunda, não nos promete esse enriquecimento, além de estar muito longe do senso comum.

Há em Locke muitos elementos do ceticismo que serão desenvolvidos e acentuados mais tarde. Na própria América, em 1698, na época em que Locke terminava seu *Ensaio*, apareceu um livro de Toland, que oferecia uma crítica muito rigorosa, mais violenta que a de Locke, de todas as religiões estabelecidas. A religião nos diz muitas coisas impossíveis: milagres, falsidades... Não existem milagres, e, além de coisas muito vagas, a religião para Toland não passa de piedade do homem primitivo e consiste na crença num Deus criador, autor da regra moral. Todo o resto são invenções humanas. No fundo, é a aliança com o poder estabelecido: ora é a religião que segue o poder, ora, ao contrário, é o poder (na Inglaterra com Henrique VIII) que quer tal mentira, a aliança dos padres.

Bayle é mais habilidoso, mais inteligente, e deu armas ao século XVIII. Viveu sessenta anos (1647-1707) e produziu uma obra de extraordinária riqueza. Seu *Dicionário* ainda hoje é lido e consultado, e nele encontramos esclarecimentos profundos. É um milagre da erudição. Bayle não expressa abertamente a opinião justa, mas cita um número tão grande de opiniões diferentes sobre cada questão que o leitor tem a impressão de estar diante de um amálgama de tagarelices ou de doutrinas muito poderosas admiravelmente apresentadas (porque Bayle é um espírito muito poderoso, de grande consistência), de tal maneira que é impossível fazer uma escolha. Cada um dos problemas da metafísica é tratado da mesma maneira. Bayle nos apresenta doutrinas conflituosas: quanto à existência da alma, Descartes é o único que conseguiu explicar as razões de sua imortalidade. Resta somente o conhecimento histórico, a profunda desconfiança de tudo o que vai além do conhecimento da história, a desconfiança em matéria de religião e de metafísica.

1) Ou Deus não é todo-poderoso.

2) Ou Deus é todo-poderoso e, então, ele é mau.

3) Ou Deus não tem o conhecimento.

Essas são três soluções ímpias que devem ser rejeitadas. Continuamos, portanto, diante do vazio. Concluindo: toda doutrina transcendente cai, impossível ao homem, prejudicial ao homem. O que resta é o conhecimento histórico do homem por si mesmo. É sobre isso que devemos construir uma antropologia, uma possibilidade de coexistência humana em que cada homem será mais tolerante com os demais e não dará tanta importância às próprias crenças.

Essa é a tendência do século XVIII: uma espécie de ceticismo, de relativismo, uma negação do conhecimento transcendente, a esperança de uma vida pacífica.

* * *

9 de maio de 1944

Em minha última conferência, falei sobre Locke e Bayle, sobre a ação derivada de um movimento racionalista, sobre a dissolução da grande filosofia racionalista representada por Descartes, Malebranche, Espinosa e Leibniz. Falei sobre Locke, que, por nada entender de matemática, não viu o sentido da reforma cartesiana, e sobre Bayle, que, no enriquecimento dos conhecimentos históricos, retoma o tema cético de Montaigne [...]

Fontenelle viveu muito tempo: cem anos. É a ele que atribuímos esta bela frase em resposta a alguém que lhe perguntou o que sentia por ter cem anos: "um aumento na dificuldade de ser".

Começou como homem letrado, foi secretário da Academia, acompanhou todos os desenvolvimentos científicos do seu tempo. Matemático de primeira categoria, viu as implicações das novas descobertas. É esse enriquecimento desordenado da ciência que levou Fontenelle a colocar em dúvida, até mesmo rejeitar, as concepções cartesianas de ciência (Descartes parte de verdades evidentes e vai passando de verdade em verdade a fim de se enriquecer). Fontenelle reconhece descobertas aleatórias, parciais, fragmentárias e, somente mais tarde, Leibniz descobrirá axiomas em todas as verdades parciais.

A razão cresce de maneira um pouco desordenada e irracional, a unidade aparece no início, mas está no final, e isso mostra a Fontenelle o caráter imprevisível do progresso. Embora tenhamos confiança, não podemos nos limitar antecipadamente a uma associação de ideias fechadas: o conhecimento progride, há sem dúvida uma associação, porém não conhecemos essa associação. Quanto à teologia, à metafísica e à religião, Fontenelle é uma das fontes do ceticismo do século XVIII.

Fontenelle está tão persuadido de que não sabemos grande coisa, que até as descobertas celestes representam um problema para ele. É impossível que existam outros seres no universo – a religião se opõe a isso –, e, de todo modo, qual é a importância disso? Fontenelle escreve livros muito bem, livros leves e pequenos que todos leem. Ele nos explica, baseado no trabalho de um holandês, que a nova apologética não vale nada. Explica-nos que os milagres e os oráculos são demasiado convenientes para tentarmos saber se são verdadeiros ou falsos. Em seu livro *A origem das fábulas na literatura antiga*, o autor entende que as fábulas cristãs não têm mais verdade do que as do paganismo e que tudo se resume à imaginação.

A história é bela demais e estúpida demais para que nela haja intervenção divina; isso é obra da imaginação e do erro humanos. Fontenelle é cético em relação à religião. Para ele, o Deus da história que redescobrimos não está presente. Ele acredita em novas verdades, na descoberta, o que implica uma desconfiança quanto a qualquer decreto, qualquer sistema fechado, qualquer conhecimento que se apresente como um sistema fechado. Ele acredita no progresso.

Do outro lado do Canal da Mancha, graças a Locke, um filósofo baseado no bom senso e na experiência, vemos o desenvolvimento de uma filosofia fundamentada na experiência. O bispo Berkeley formulou suas ideias filosóficas aos 20 anos. Mais do que Locke, Berkeley representa a reação contra o racionalismo matemático. Ele não entende nada das matemáticas.

Em pleno século XVIII, é curioso ver um homem que se coloca novamente num contexto pré-cartesiano. Para Descartes, a percepção sensível e a imaginação são separadas do conhecimento. Conhecer é compreender: o tipo de conhecimento perfeito é o do tipo algébrico. Ora, para Berkeley, compreender é o que podemos imaginar; ele faz um esforço para arruinar o racionalismo matemático, tenta derrubar as construções da ciência matemática. O que está claro são as qualidades sensíveis. Todo o resto é invenção do nosso espírito: a substância (em Locke) nada significa, e assim também é o espaço. As únicas coisas reais são as qualidades sensíveis. [Estamos assim testemunhando um] retorno ao sensualismo e ao idealismo.

Por trás da sensação, para Berkeley, não há nada: as ideias e as qualidades sensíveis constituem a própria trama do real. Não há matéria. Podemos concluir, se quisermos, que Berkeley nega a realidade do mundo externo, ou que tenta recolocá-la no seu lugar neste mundo.

Existem qualidades sensíveis que só existem em seu espírito, o meu ou o de Deus. O som existe em mim quando ouço, ou em Deus quando não ouço. Entre tais qualidades existem relações: o mundo é um conjunto sistemático de qualidades sensíveis ligadas por leis (cf. positivismo, sensualismo).

Este mundo está ligado a Deus como se estivesse amarrado, é uma linguagem por meio da qual Deus fala. Malebranche e Leibniz também tentarão resolver esse problema, apresentando-nos um mundo sem causalidade, onde existem leis, leis do mecanismo. Se para Malebranche o mundo é lançado no irreal, para Berkeley é o oposto, e são as leis das relações matemáticas que arrastam os dados sensíveis. Ao mesmo tempo, Berkeley acredita na ciência experimental, na ciência dos fatos. Não existe conhecimento *a priori*.

O mundo sensível da experiência é reforçado por Newton. Este, um matemático, explica verdadeiramente o movimento do universo de maneira mais exata do que Descartes. As descobertas matemáticas (cálculo infinitesimal) permitem fundir a física celeste e a física terrestre, mas todas as leis matemáticas, com uma precisão a que Descartes renunciou, fundem-se, apoiadas sobre algo opaco.

O mecanismo cartesiano baseia-se no fato, chamado por nós de atração, de que a Lua, a Terra e os objetos terrestres se atraem.

Newton nos dá a fórmula, mas ele sabe que não entende, que não sabe por que os corpos se atraem. Acredita que, para que a ciência seja perfeita, seria necessário poder explicá-la, o que lhe parece completamente impossível. Não entendemos por que os corpos se atraem, isso é um fato: temos leis que nos permitem calcular como os diferentes corpos agem uns sobre os outros. É porque não entendemos por que os corpos se atraem que devemos realizar experiências.

[...]

A própria experiência nos dá o fato, e isso é tudo. Admitimos que, se não encontramos uma exceção, podemos aplicar a experiência, porém, sentimos quão obscura e opaca é a base.

Existem fatos, os fatos dos corpos celestes: dada tal posição e tal força, embora não possamos explicar por que os planetas agem... Trata-se de fatos, portanto, há fatos por todo o lado que descobrimos, que ligamos por uma ciência matemática, mais poderosa que a de Descartes, porém ela não nos apresenta a essência mesma da realidade; ela descreve, conecta, mas o fundo permanece opaco. É a vitória do racionalismo matemático que reforça a atitude anterior do espírito.

Desse ponto de vista, a eficácia cartesiana parece não ter conseguido dar-nos conhecimento suficiente da realidade para podermos explicá-la. Trata-se, portanto, de um poder desproporcionalmente aumentado das matemáticas, uma ciência rica, baseada em leis e na irracionalidade de fatos observáveis e incompreensíveis. Isso por um lado. Por outro lado, a ausência de providência na história. Tentamos encontrar Deus no universo. Pode-se, de uma só vez, confiar a Deus a construção formal do universo, da criação, das leis, dos fatos. Ele aparece como o geômetra que deu as leis ao mundo, ou como o criador que colocou tal coisa de tal maneira para que o mecanismo funcionasse. Um Deus distante do homem, que já não se preocupa com o homem. Deus da filosofia. Deus do universo que ainda nos permite salvaguardar algo das crenças religiosas. É a época do deísmo, de Hume.

Hume [produziu] uma reforma filosófica de grande envergadura, cética, empirista, incrédula. Hume, que não conhece as matemáticas, que está "pronto" [jovem], por volta dos 22 anos (nasceu em 1711). Aos 25 anos, ele escreve sua primeira grande obra, *Tratado da natureza humana*, em três volumes. Foi um malogro do ponto de vista editorial, e é ao fato de esse livro não ter sido um sucesso de vendas que devemos a *Investigação sobre o entendimento humano*, no qual as ideias do *Tratado* revistas são apresentadas com menos profundidade, porém com mais elegância e graça. Ele continua o movimento iniciado por Berkeley: o desvio do racionalismo matemático que aparece cada vez mais [como] uma construção pelo espírito de ideias abstratas que não nos dão conhecimento da realidade.[17]

Apesar do bom senso, [essas obras] falam da alma (ideia inerente): Hume mostra-nos que sabemos tão pouco que, se tomarmos literalmente as definições dos teólogos, podemos mostrar que a alma é material. O conceito da alma como conceito espiritual, como substância, desaparece. Hume, de certa forma, segue os passos de Locke e Berkeley e aplica [as] críticas [destes] às nossas ideias. Na maioria das vezes, fabricamos nossas ideias com elementos simples. Para saber, é preciso decompor ideias complexas e reduzi-las a elementos simples.

---

17 Ver a tradução de Déborah Danowski publicada pela Editora Unesp: *Tratado da natureza humana* (2.ed. 2009). (N. T.)

Quais são esses elementos simples sobre os quais precisamos nos concentrar? Em nosso espírito há a impressão dos sentidos, das suas imagens. Reunimos essas ideias e muitas vezes as combinamos, de tal forma que nada real lhes corresponde. A sensação, a impressão dos sentidos, eis o que nos é dado. De resto, há a conclusão de teorias, raciocínios científicos que se baseiam na causalidade, no princípio da ação.

Hume não encontrará nada na impressão que lhe permita atribuir um valor objetivo à causalidade. Não vemos a ação. Vemos o livro, o papel, o movimento; o que não vemos é a ação de um corpo sobre outro, porque queremos saber se existe uma ação: nunca vemos essa ação, nunca vemos causalidade. A ciência carece desse elemento de intelecção. Se buscarmos fundamento no sensível, se declararmos que o espírito humano está no nível do sensível, não poderemos superá-lo sem algo a mais além do sensível.

É evidente que não vemos a causalidade, porém isso não prova que ela não exista.

O mundo de Berkeley e Hume não é o nosso mundo, é um mundo tal como se apresentaria a um ser [racional]. Hume não reconhece nada que, vindo de fora, não possa estar sujeito ao controle da razão.

* * *

16 de maio de 1944

Em minha última conferência, falei sobre um grande filósofo, Hume, que é considerado o filósofo cético, o maior representante do pensamento cético. Ele submeteu a metafísica a uma crítica muito severa, e a noção de causalidade a uma crítica particularmente destrutiva, mostrando-nos que, a partir do momento em que nos colocamos em terreno empirista, renunciamos à construção do [mundo] *a priori* como queria Descartes, e a evolução das ciências mostrou a natureza impossível da experiência. Se nos colocarmos no terreno dos dados, se encontrarmos impressões externas, encontraremos dados qualitativos de mudança. Nunca encontraremos a causalidade da ação de um corpo sobre outro corpo, nunca conseguiremos justificar as nossas crenças na identidade daquilo que encontramos; é a multiplicidade de impressões quase indiscerníveis. Se nos voltarmos para o mundo externo, encontraremos a reflexão cuja existência Leibniz demonstrou, enquanto multiplicidade de ações que se sucedem, um fluxo (como será dito mais tarde), porém não encontraremos a identidade de uma alma, de uma pessoa: a metafísica espiritualista de tipo cartesiano perde todo o sentido.

Para Hume, o problema da filosofia não é justificar essas ideias *a priori*, mas descobrir como podemos acreditar na identidade se não a encontramos em lugar nenhum. Hume pensa que é o hábito de ver os fenômenos externos sucederem-se numa determinada ordem, um conectado ao outro, que explica – essa conexão – a existência dessa noção de causalidade no mundo.

Portanto, reconhecemos todos os desenvolvimentos futuros dos filósofos. Temos o direito de chamá-lo de cético, mas tudo isso – diz Hume – é dito do ponto de vista da razão. Somos filósofos muito raramente apenas, e depois de termos discutido. Mostramos a validade dessa noção; saímos de casa e, em nossa vida, aplicamos essa noção – e acreditamos nela – cujo fundamento a razão filosófica nos mostrou.

Vemos nessa filosofia, portanto, o aparecimento de uma atitude muito moderna, que encontramos entre os sábios: a atitude da dupla verdade. Como animal e como ser social, ele aplica a categoria da filosofia e, concomitantemente ao filósofo, reconhece a validade, a crítica à concepção religiosa.

Hume prolonga o movimento mostrando que a noção religiosa ou as concepções em que se baseiam as nossas religiões não têm fundamento, e que não sabemos do que estamos falando. As noções dogmáticas tampouco podem ser justificadas por algum processo humano. O milagre que desempenha um grande papel na apologética é uma falsa maneira de fundar a religião, é algo irrazoável. Com efeito, só seria razoável acreditar em milagres se fosse impossível encontrar outra explicação nos fatos que nos são relatados (como o da rainha Elisabeth, morta, sepultada em Westminster e ressuscitada...).

Por outro lado, é razoável duvidar dos milagres que acabaram resultando na religião porque não é razoável admitir coisas que não concordam.

Por um lado, a razão torna-se cada vez mais modesta. A razão de Hume já não pretende explicar o universo. Ela não pode fazer muito; no entanto, essa razão tão modesta, esse espírito humano que se tornou tão modesto, cético em relação a si mesmo e ao mesmo tempo mais dogmático, sabe que é a única coisa que possuímos; sabe ainda que o seu conhecimento do mundo é exato o suficiente para nos permitir negar qualquer coisa que viole suas leis, ou seja, a religião natural. É absolutamente razoável acreditar que, se Deus não intervém na história, ele nos deu uma revelação; é portanto razoável que as leis da moral venham de Deus e que os deístas acreditem num Deus criador, que fez o mundo, como no caso de Voltaire.

Para Hume, isso é demais. Os raciocínios pelos quais acreditamos no Deus criador não valem nada; a crença nos milagres não vale nada; a crença na providência não vale nada. Para Voltaire, o mundo é um relógio. Para Hume, tal raciocínio não se sustenta: o mundo não é um relógio porque, se levássemos um raciocínio como esse a sério, Deus seria imperfeito; porém não há religião com um Deus imperfeito, nem mesmo o deísmo.

Vemos algo se desenvolvendo quando admitimos Deus. Em Newton, [Deus intervém] para substituir as explicações das irracionalidades pelo fato da impossibilidade. Deus não está mais interessado no homem, nem na história, nem na moral. Toda a literatura dogmática, todas as religiões, o que são em última análise? Imaginação nefasta que provoca a intolerância, lutas e guerras; a luz da razão deve destruir isso.

A partir de Hume, já não buscamos encontrar um cristianismo razoável: a razão e a fé parecem opostas. A existência da religião parece até uma doença mental. A religião que dominou o mundo e que as gerações anteriores a Hume buscavam parece agora digna de ser destruída: "Nada mais nojento" (Diderot), ou "Não podemos ofender o cristianismo chamando-o de cristão" (Voltaire).

Durante o século XVIII, o dogmatismo cristão era desprovido de qualquer elemento emocional, dos refinamentos do paganismo. A religião cristã é a religião da intolerância. A destruição da religião torna-se um dos objetivos desse século. A razão humana diminui suas pretensões, renuncia ao conhecimento metafísico e teológico, mas proclama que a metafísica e a teologia não podem existir, pois elas negam o mundo existente. "Felizmente, o que não podemos conhecer é o que não existe."

A razão não diminui as suas pretensões em relação ao ser, simplesmente não existe conhecimento metafísico porque não existe ser metafísico; o mesmo para a teologia.

A razão proclama-se, em relação ao mundo que é o seu, senhora do mundo, e o homem considera-se senhor e possuidor da natureza. Não há mais conhecimento metafísico, nem Deus, nem alma. O que resta é a posse da natureza. A ciência substitui todo o resto. É em direção a si mesmo que o homem se volta. Deus é o Deus de uma natureza eterna que não é nada para ele. O homem sentia-se cada vez mais abandonado por Deus... Isso está consumado. Ele não se sente mais abandonado por Deus e abandonado a si mesmo. Ele se sente senhor de si mesmo e da natureza.

Só falta darmos um passo: senhor de seu destino. Quando o universo entrou em colapso, aqueles que queriam preservar Deus procuraram-no na história. O século XVIII não quer história. A história que Voltaire nos entrega não apresenta a ação de Deus no mundo: Deus não existe. O que ele nos apresenta é a história do homem, as etapas da existência do homem, da cultura, da civilização [na qual não haverá mais guerra...]. Temos uma série de imagens, estruturas históricas, etapas que se dão, mas não existe uma filosofia da história.

O que é uma filosofia da história? Nada. A história é, portanto, projetada de certa forma na natureza; porém, se o homem se concebe cada vez mais como o senhor da natureza, então ele se concebe como o senhor da história.

Nisso consiste a grande Revolução do século XVIII: o homem concebendo-se como senhor de si mesmo, a história será (para Turgot, para Voltaire) a história daquilo que se fez. A história não é o que foi, mas, sim, o que faremos. O homem considera-se livre por ter conquistado a sua libertação, assim como a si mesmo.

Razão muito modesta, mas que pretende ser a única razão legítima. O homem não pode fazer tudo, embora possa e queira fazer. É isso que está no centro dessa noção de progresso incompreendida pelos historiadores do século XIX, que veem na história aquilo que nos fez; estes já não compreendem mais o espírito grandioso do homem que vê no [progresso] aquilo que ele quer fazer.

Como todas as grandes [ideias], essa concepção durou pouco tempo; produziu a Revolução Francesa e a criação dos Estados Unidos.

* * *

1944-1945

Os grandes problemas da metafísica

Curso público, quinze aulas, terça-feira, das 6h às 7h, outubro-janeiro.

[Notas manuscritas lacunares das aulas de 10 de outubro, 5 de dezembro e 12 de dezembro sobre o problema do tempo e da causalidade (Arquivo Koyré, Centro Alexandre-Koyré)].

* * *

A Idade da Razão: de Montesquieu a Voltaire

Curso público, quinze aulas, terça-feira, das 6h às 7h, fevereiro [março]-maio.

5 de março de 1945

O século XVIII tem, em geral, uma péssima reputação. Os historiadores da literatura desprezam-no, provavelmente com razão, comparando-o ao Grande Século que o precedeu. Não há dúvida de que, no que diz respeito à literatura francesa, o século XVIII não tem nada a mostrar comparável ao século XVII; não há Racine, não há Corneille...

Os historiadores da filosofia não são mais ternos. Podemos compreender esse ponto: comparado com essa época extraordinária do século XVII, da qual a humanidade não conhece [nenhum] outro exemplo, a época em que, no espaço de cinquenta anos, tivemos Malebranche, Descartes, Espinosa, Pascal, ou, do ponto de vista científico, Galileu e Newton, o século XVIII não pode oferecer uma plêiade tão extraordinária de pensadores.

Da mesma forma, os historiadores do pensamento tratam o século XVIII com um pouco de desprezo; ele é pobre em comparação ao século XVII e à época que se seguiu, a época de Kant, Hegel etc. Além disso, o século XVIII, com a sua filosofia das Luzes, é realmente muito ingênuo: pessoas que acreditam na luz, na razão, que representam o homem de uma maneira tão simples, que não entendem que há no homem profundezas nas quais a luz não penetra, justamente ali, onde se encontra o que há de melhor.

O século XVIII parece ser um século ingênuo e superficial, que ignora a história, os seus poderes, as forças tumultuosas da natureza humana; ele não tem o sentimento místico do século XVI nem [aquele] do mistério. Tudo isso é verdade. No entanto, creio que o estúpido século XVIII, estúpido por ser razoável, não merece o desprezo com que tem sido tratado.

Na realidade, o século XVIII foi um grande século, e a ele devemos quase tudo. Sem dúvida não produziu grandes sistemas metafísicos, nem grandes teorias científicas (Newton), porém foi um século que era e queria ser razoável.

Quando censuramos o seu racionalismo, temos de concordar. O grande século racionalista foi o século XVII, o século de Descartes, Malebranche e Espinosa, no qual o homem acreditava que poderia dar uma explicação global sobre o universo e o homem. O século XVIII torna-se mais modesto, e o próprio termo "razão" é feito para ser entendido, podendo e devendo aplicar-se para compreender e explicar tudo o que está ao seu alcance. Não é o *logos* que se desenvolve a partir de si mesmo, mas um instrumento de explicação razoável.

O século XVIII foi dominado por influências contraditórias. As duas ou três influências principais, doutrinas herdadas do século XVII, não concordam bem entre si. É porque houve um acordo entre influências não compatíveis que ele teve que desenvolver essas influências: Locke e Bayle. Newton oferece-nos, pela primeira vez na história da humanidade, uma teoria científica que formula uma lei geral aplicável a todo o universo, uma lei estritamente matemática que nos permite calcular exatamente os efeitos de qualquer acontecimento material, além de fornecer o quadro para qualquer acontecimento universal. A lei da atração universal une todas as partes do universo e se aplica tanto ao átomo quanto ao sistema solar... Essa lei é apenas um fato e o próprio Newton sabe que não pode explicá-la, ele sabe que a existência desse fato contradiz a razão.

Os sucessores de Newton escaparam, por assim dizer, da derrota: abandonaram a existência da razão e admitiram que a atração universal é uma propriedade da matéria, embora continuasse a ser uma propriedade incompreensível, um fato. Situação que permanece paradoxal: uma lei absolutamente geral que não é inteligível.

Por um lado, é uma coisa magnífica: aqui está uma lei que ilumina o mundo, o universo inteiro, que o liga numa unidade, eis Newton, que explica e lança luz [sobre] o universo. Por outro lado, essa luz é um fato que não compreendemos. Essa lei é uma lei naturalmente universal, demasiado universal: ela explicaria a estrutura atual do universo, explicaria também, para nós, qualquer outro sistema (sistema solar, e, se este não [existisse,] a lei funcionaria igualmente bem). Aqui, novamente, temos uma ordem no universo que, se não for inteligível, é explicativa até certo ponto.

Se quisermos acreditar em algo da explicação teológica dos séculos anteriores, basta dizermos que a constelação, o arranjo, não vem do acaso nem dessa lei que não pode explicar o fato atual; Deus organizou o mundo e temos a prova de um Deus criador do mundo. No caso de não sermos crentes, diremos: talvez seja o acaso, ou talvez, pelo que sei, não tenhamos penetrado suficientemente no mecanismo dessa lei, e isso seja um efeito da distribuição das [leis] matemáticas no mundo. Deus não tem nada a ver com isso.

O Deus que se encarrega de colocar as estrelas a uma certa distância não é, certamente, um Deus que cuida dos nossos assuntos; é um Deus aceitável para Voltaire, é um Deus que já não desempenha nenhum papel na vida da humanidade, que retomou sua função de criador do mundo físico, mas que, diante de um mundo infinitamente maior do que o cosmo medieval, teve que abandonar o seu papel.

Também a religião do século XVIII, a única que pode ser demonstrada e comprovada, é o deísmo. E o deísta, como muito bem disse o senhor visconde de Bonald, é um homem que durante toda a sua breve vida não teve tempo de se tornar ateu.

Se considerarmos a influência de Locke, ela nos parecerá contraditória. Locke diz: não se envolva muito nas grandes construções teológicas ou metafísicas, o espírito humano não foi feito para isso, há coisas que não podemos conhecer e são essas coisas que motivaram o esforço dos grandes sistemas da metafísica: Deus, o universo, a substância e o próprio eu. São coisas que sem dúvida existem, mas que não conhecemos.

É certo que Deus é o ser infinito de que fala Descartes, porém não entendemos o que isso significa. É certo também que o universo se estende de maneira indefinida, e que isso ultrapassa os nossos meios de pensamento. Acima de tudo, Locke nos dá uma lição de modéstia. Ele diz: temos certas ideias, não muitas (de sensação, de reflexão, de conhecimento) e com esse material construímos todo o universo do pensamento; isso não é grande coisa e, por conseguinte, muitas vezes ultrapassamos os limites daquilo que podemos fazer; construímos sistemas fantasiosos e, se não queremos cair em todos os erros possíveis, devemos esclarecer as nossas ideias e trabalhar com o que nos resta: percepções, percepções de nós mesmos, a razão, a possibilidade de concluir que existe um criador e que ele deve ser inteligente, regras morais, direitos naturais, a possibilidade de prender-se à razão neste mundo e de manter uma [visão] razoável acerca dessa razão razoável.

Para que esse homem razoável viva de forma razoável, é possível destruir tudo: preconceitos, entusiasmos, fantasias, metafísica e teologia, todas essas falsas ideias de fanatismo religioso, porque é isso que faz a nossa infelicidade.

Bayle não acredita na possibilidade de fundar ou desenvolver esse grande sistema metafísico, esse grande sistema cartesiano que englobaria a física, as ciências, a filosofia e a teologia: não é possível para nós. Em contrapartida, Bayle acredita em algo que terá cada vez mais interesse: ele acredita na história, no estudo da história.

Ao mesmo tempo, a história feita de maneira inteligente permite-nos um autoconhecimento muito melhor do que qualquer método de autoexplicação permitiria. Isso porque qualquer estudo inteligente e crítico da história é o meio mais poderoso que o homem possui para se esclarecer e para destruir totalmente as superstições, os fanatismos e os preconceitos que confundem o mundo. É a isso que Bayle se aplica na sua admirável obra, o *Dicionário histórico e crítico*, que serviu durante o século XVIII como um depósito de armas para a luta por libertação. Comparando as doutrinas, veremos o verbalismo de certas discussões, o caráter dos fatos em que se baseia a apologética religiosa, a inexistência de milagres sobre os quais a apologética se baseia cada vez mais desde Pascal. É a história, é a crítica histórica que nos libertará dessa massa de preconceitos que nos cegam; ela nos mostrará os verdadeiros motivos que dirigem e impulsionam as ações dos homens. É a história que nos mostra como agir em diferentes conjunturas.

Por um lado, uma ciência que fornece uma explicação absoluta e perfeita de todos os acontecimentos, de todo o curso do universo material e que, ao mesmo tempo, tem como base um fato, algo que não compreendemos. Um universo onde podemos postular um Deus criador, do qual podemos concluir um Deus criador. Porém, o Deus do deísmo (um Deus para quem a criação do mundo esgota toda a atividade) e uma teoria do conhecimento, que dão ao homem a possibilidade de conhecer, de acender a sua lanterna, de construir o sistema, o seu próprio universo, impedem-no de acessar o conhecimento da realidade metafísica.

Finalmente, temos uma obra histórica que exclui radicalmente da história humana qualquer intervenção de forças sobrenaturais por meio da crítica da história.

Existe, portanto, uma situação completamente nova na qual um certo dualismo se verifica. Conhecemos a natureza graças a Newton, mas esse conhecimento da natureza é o conhecimento da natureza que é separado, que não forma um sistema, uma unidade com o conhecimento que temos acerca de nós mesmos. Nós nos conhecemos de modo imperfeito através da história crítica de Bayle; vivemos em dois mundos: o mundo da natureza, que é fechado e caminha por conta própria, e o nosso próprio mundo.

Nesses dois mundos, não há intervenção de um poder transcendente, de um poder divino; cabe-nos recorrer aos meios disponíveis, com uma razão que não tem o poder que lhe foi atribuído por Descartes ou Espinosa, que não nos permite explicar o universo, mas permite-nos conviver com as coisas humanas; coisas que, livres da intervenção do sobrenatural, nos parecem mais compreensíveis e mais explicáveis. Deus – ou uma providência – cujos decretos misteriosos impulsionam a humanidade para o alvo da humanidade, que ela não compreende... É provável que sejamos capazes de dirigir a nós mesmos no mundo, assim como dirigimos a nossa atividade econômica.

É curioso que um pensador italiano, Vico, embora crente e muito católico, explique-nos que só existem duas coisas que podemos compreender melhor do que todo o resto (não podemos compreender o universo porque ele é feito por Deus, a quem não conhecemos e, por conseguinte, dele só podemos constatar seus feitos): as matemáticas, porque elas são feitas por nós – e compreendemos o que fazemos –, e a história, pela mesma razão, porque ela é feita por nós.

O século XVIII, de fato, ao contrário do que se diz, foi um século histórico que se interessou muito pelos fatos da história, da vida humana, pela diversidade da vida humana. A sua ambição era compreender as leis dessa existência histórica variada, as leis que se aplicam a essa situação, que nos permitem compreender as convenções, as estruturas do sistema humano, como "funciona", como "mantém-se coeso" e como podemos agir no interior dessas leis. Não de maneira absoluta, mas na medida do exercício possível de nossa ação, quando podemos nos libertar das forças não razoáveis da nossa natureza e agir de acordo com a razão.

Vico acreditava que poderíamos compreender a marcha da história e desenvolver a história *a priori*. Programa ambicioso demais. Montesquieu sabe que é mais complicado, que vivemos na natureza e que a natureza nos dá condições fixas (a geografia). Existe em nós esse lado natural que se opõe a agirmos de maneira livre, contra as leis da conveniência, da estrutura; ele se esforçará para descobrir tais leis, para compreendê-las, iluminá-las pela razão humana – para nos permitir uma ação razoável no interior dessas leis: quais são as coisas que podem ser exitosas e quais não podem.

Montesquieu diz: nenhuma máquina funciona muito bem, há atrito etc., e podemos classificar as máquinas de acordo com certas leis, certos princípios, e ver a sua adequação interna; é a isso que Montesquieu se dedica, pois ele pensa que, com esse saber, poderemos compreender a nós mesmos e compreender o sistema, bem como obter meios para agir de forma razoável neste mundo.

* * *

12 de março de 1945

Montesquieu não tem uma ideia de história como essa, mas o que ele traz para o seu exame da história (ele também foi um grande historiador e, ainda hoje na história, suas considerações sobre a grandeza e a decadência dos romanos são de grande proveito), é a ideia de que existem leis históricas de coexistência, de conveniência, e que os fatos históricos sem ordem ou razão que a história nos traz têm um significado e uma ordem na qual podem ser classificados.

Montesquieu nos diz que estudou bastante os fatos históricos, as leis e os costumes. Basicamente, ele não compreendeu nada até encontrar os princípios que ordenavam tudo. Montesquieu trabalhou durante vinte anos na preparação de *Do espírito das leis*.[18] Como sempre, para compreender o autor, é preciso pensar em seu adversário. O adversário e o mestre... Trata-se da antiga tradição que remonta aos sofistas gregos, que viam nos costumes e nas leis dos diferentes países puras convenções arbitrárias.

Montaigne, nos *Ensaios*, dá-nos um catálogo dos costumes e das leis de diferentes países absolutamente divergentes, o que nos

18 Ver a tradução de Ciro Lourenço e Thiago Vargas publicada pela Editora Unesp: *Do espírito das leis* (2023). (N. T.)

mostra que aquilo que é certo num país não é certo a três quilômetros de distância. Ler Montaigne nos dá a impressão de desordem e ausência de sentido. A crítica às leis e aos preconceitos sempre procedeu dessa forma, mostrando-nos a relatividade histórica dos juízos e fazendo-nos ver que, se quisermos fundar a Cidade da Razão, devemos partir de algo constante – o homem, a razão – e reduzir, ou reconstruir, a partir daí, a cidade com suas leis fundamentais, tal qual deveria ser. O que Montesquieu oferece é uma certa modéstia da razão. Para nós, não se trata de construir ou reconstruir o modelo do Estado, mas sim de compreender ou explicar como os Estados existentes são constituídos, de encontrar um modo de compreensão que nos permita entender ou encontrar as leis necessariamente diferentes que governam essas diferentes estruturas, ou a que essas estruturas obedecem. Esse livro também está repleto de exemplos e análises históricas.

Ele cita os princípios estruturais que nos permitem compreender o arranjo ou a interdependência desses fatos. Assim, a cidade humana aparecerá para nós na sua multiplicidade, e veremos que os diferentes tipos de cidades pertencem e obedecem a leis diferentes. É por isso que encontramos no início de *Do espírito das leis* uma definição da lei (no sentido filosófico). A lei é a relação necessária entre os seres, que se fundamenta na própria natureza dos seres, e o objetivo do sábio, do filósofo, é descobrir essas leis. Por outro lado, encontramos a afirmação recorrente de que essas leis não se realizam de maneira rígida como acontece com as leis da física.

Alguns teóricos – Durkheim – censuraram Montesquieu por tal hesitação no conceito de lei. Ora, não há hesitação em Montesquieu, mas simplesmente uma concepção da lei que não é a de lei científica. A diferença é essencial para a compreensão de

Montesquieu e de muitos outros filósofos (especialmente filósofos políticos). Uma lei da natureza, uma lei física por excelência, realiza-se em todos os lugares e em todos os tempos (uma pedra que se deixa cair, que se atira ao ar etc., a boa ou a má saúde etc.: esses fatos obedecem às leis). A lei física da natureza é uma necessidade que se realiza. Quando se refere às sociedades humanas, a noção de lei empregada por Montesquieu é uma noção que não vem da ciência física, mas da Antiguidade, de Aristóteles; é uma noção de lei que descreve as relações de equilíbrio. Se tudo no mundo estivesse sujeito a leis em conformidade à natureza, leis da fatalidade, não teria sequer existido história ou filosofia política; não haveria sentido em lidar com esses assuntos. As leis que estudamos são leis de equilíbrio, de conveniência, que deixam espaço para a ação humana (do tipo das leis médicas, que permitem saúde e doença). Essa noção de lei, tal como Montesquieu a emprega, é a noção médica de *conveniência* e condicionamento mútuo.

As leis estão em conformidade com a natureza e explicam as relações naturais, mas estão sujeitas a condições factuais e deixam espaço para a ação humana. Existem fatos; os fatos da natureza e os fatos da ação humana: é entre essas duas instâncias que a história se faz. Um dos pontos principais da teoria de Montesquieu é o da influência do clima, que desempenha, com efeito, um papel importante na análise das estruturas sociais, políticas e humanas. Porém, trata-se de uma espécie de dualismo. A condição geográfica está dada (no calor, trabalhamos mais devagar; no frio, temos que trabalhar muito). Se a riqueza da natureza não nos permite fazer nada, o resultado é que os homens, sendo preguiçosos, não trabalham. Para que trabalhem é preciso *forçá-los*, por isso haverá [um] impulso de indolência, [será necessário] obrigar as pessoas a trabalhar (escravidão).

Eis o fato, a ação, a reação humana que leva à escravatura; poderia haver outro fato que atenuasse essa tendência. Mudar a ação do clima sobre os seres humanos, agir sobre as condições naturais, criar condições humanamente sociais. Não há, portanto, fatalismo nem automatismo: um determinado clima não produz algo assim – incita-o, impulsiona-o – a menos que o homem reaja. É por isso que o caráter empírico é introduzido.

Montesquieu traz mais uma vez a ideia de que podemos compreender as leis que regulam as diferentes estruturas políticas e sociais, embora admita que a natureza humana é uma e a mesma em todos os lugares. O que dificultou a sua tarefa foi que não havia meio-termo, parecia-lhe que não havia nada inteligível entre os dois [polos].

Montesquieu oferece-nos a possibilidade de compreender e explicar o homem natural: trata-se de um homem bastante abstrato, do qual nada sabemos. O que conhecemos é o homem no estado de sociedade, e Montesquieu se livra do homem no estado de natureza em poucas linhas. Aqui vemos a oposição novamente; o inimigo a ser combatido é Hobbes.

Hobbes havia nos apresentado o homem natural dominado pelos desejos de gozo e de posse ilimitada, além do medo. O desejo de gozo ilimitado, o desejo de apropriar-se de tudo o que pudesse estar sob o seu poder, levou o homem natural à guerra, e o medo conduziu-o para a constituição de uma sociedade cujo único objetivo seria defendê-lo. Montesquieu acredita que isso é ir longe demais.

O homem natural é muito fraco, um animal muito fraco; ou seja, concebê-lo estendendo seu desejo a todo o universo é ir longe demais. Muito fraco, ele ficará com muito medo e, em vez de lutar, fugirá. Ele é medroso, pobre e infeliz. Ao contrário, quando se reúne na sociedade, ele será forte e dará início a guerras. A análise do homem natural, da mesma forma, não nos traz muito para a intelecção da sociedade.

Por outro lado, o homem natural não será tão perigoso, será medroso; mas, como todos sentirão medo, conseguiremos arranjar as coisas e, então, [pela] diferença dos sexos – "a oração que um sexo dirige ao outro" –, eles desejarão conversar. Mas, quando se encontra em sociedade, o homem tem consciência de sua força; ele irá para a guerra enquanto sociedade. Eis uma quantidade imensa de fatos acerca das sociedades humanas. Por que e como vamos classificá-los?

Para quê? Queremos entender o que acontece e ter algumas regras de ação. Não é um manual do legislador, um manual do político que Montesquieu nos oferece; o que ele quer fazer é esclarecer o estadista a respeito da forma como atua, esclarecer os cidadãos sobre o seu tipo de cidade, para que não procurem transpor sem critério as leis de um país para outro, porque, dependendo das condições geográficas, dependendo das diferenças na história, as leis que são convenientes num país não seriam convenientes em outro.

Como vamos classificar os fatos? Como vamos classificar os fatos da história, ou seja, do homem? As cidades devem ser classificadas de acordo com sua estrutura. A maneira mais evidente é classificá-las de acordo com a sua estrutura política. Desde Platão e Aristóteles, os Estados foram classificados de acordo com seu tipo de estrutura. Montesquieu, ao inventar ou combinar Aristóteles e Bossuet, classifica os Estados existentes em três categorias, e apenas três. Isto é bastante curioso e só pode ser explicado por considerações históricas: democracia ou república, monarquia, despotismo.

Na verdade, a república lhe interessa como uma estrutura típica, mas não tem muita importância no mundo de Montesquieu (no século XVIII). Ela pertence a um tipo ultrapassado, embora existam algumas bem pequenas. Portanto, a distinção que é praticamente a única interessante é aquela entre monarquia e despotismo. O que os teóricos antigos definiam como regime aristocrático ou oligárquico é o que Montesquieu classifica como democracia.

1) Se o poder pertence a um homem, trata-se de monarquia ou despotismo.

2) Se o poder pertence a vários, trata-se de república: a) democrática, b) aristocrática.

A república: cidade onde o poder pertence à multiplicidade das pessoas. Se o poder pertence a um único, a) o poder é limitado por leis, ou b) é exercido sem leis.

Trata-se, basicamente, da distinção clássica entre monarquia e tirania, que Montesquieu recupera; nela, os Estados intermediários são por ele classificados como repúblicas. Eis as três estruturas essenciais.

Não basta determinar as cidades humanas de acordo com a sua estrutura jurídica ou política. A cada uma dessas estruturas [retoma-se] um princípio que deve corresponder à estrutura para que o equilíbrio seja mantido e perdure.

Quais são esses princípios? Aqui novamente poderíamos ter encontrado modelos antigos. A república implica virtude política. A monarquia não implica virtude de forma nenhuma. Para que uma monarquia se mantenha e perdure, não há necessidade de os súditos serem virtuosos; ao contrário, não devem ser demasiado virtuosos, mas precisam ser movidos pela ambição, pela honra (cardeal de Richelieu).

Quanto ao despotismo, estão excluídas as pessoas virtuosas, bem como aquelas motivadas pela honra. Sendo uma forma corrompida por si mesma, não pode manter-se por conta própria; é necessário que o monarca inspire medo, terror.

Para cada estrutura existe, portanto, um certo espírito: o espírito das leis. Isso não é tudo. Existem leis e estruturas típicas que estão implicadas em cada uma das formas de cidade. Se tivermos uma república, é muito importante saber qual é a lei de participação no governo (a lei eleitoral é a mais importante). Na monarquia, é importante saber quem tem direito a qual privilégio. Embora na república a própria existência do privilégio seja contrária à república, a ausência do privilégio seria inconsistente com o espírito da monarquia. Na monarquia, são as leis que regulam honras, títulos etc. No despotismo, pelo contrário, não pode haver privilégios, trata-se de suprimi-los assim como qualquer gradação de honras. O despotismo deve abolir todos os cargos hereditários.

Há, portanto, uma adequação do organismo social que vai longe demais, das estruturas subordinadas que concretizam a análise e que nos dão a possibilidade de determinar estruturas e tipos suficientemente concretos de Estado, de ver as condições necessárias à sua estabilidade, as condições de sua mudança, seus fatores de doença, de degeneração. [...]

Isso regulará a nossa ação e irá nos permitir evitar erros, não tentar fazer algo que não pode ser feito (para Montesquieu, a transformação de um Estado como a Inglaterra ou a França numa república seria uma prova disso: os ingleses tentaram e não conseguiram).

* * *

19 de março de 1945

Os fatos da história são incompreensíveis e não podem ser ordenados até descobrirmos os princípios que os regulam e que permitem ordená-los. No empirismo existem fatos e coisas que só descobrimos através da observação dos fatos, observação que por sua vez permite a classificação e a intelecção. Portanto, não há construção *a priori*. A multiplicidade, a variedade da riqueza histórica são classificadas em diferentes tipos de estrutura, cada uma das quais com suas próprias leis. O papel da inteligência é compreender esses tipos de estrutura e essas leis, compreender o tipo de estrutura desta ou daquela sociedade e as suas próprias leis. Não são empiricamente dados por acaso, [...] mas é possível compreendê-los. As motivações são diferentes nas sociedades, mas são todas inteligíveis.

Montesquieu diferencia as cidades por suas estruturas políticas: república por um lado, monarquia, despotismo: combinação de antigas classificações. Para além dessa estrutura formal externa da cidade, Montesquieu mostra-nos que cada cidade é animada por um princípio que sustenta as suas leis (Platão). Os princípios são diferentes e, por vezes, opostos: a virtude política é necessária na república, deslocada numa monarquia; honras e privilégios sustentam uma monarquia: estão deslocados numa república e são inconcebíveis sob o despotismo. É razoável ser vaidoso na monarquia, não é razoável ser vaidoso na república.

Essa é a forma de Montesquieu descobrir essas estruturas essenciais e mostrar-nos a conveniência entre as estruturas e a realidade. Existem condições e, nessas condições, a cidade pode ser estabelecida. Na prática: não vamos tentar estabelecer numa cidade monárquica leis que só têm razão de existência e possibilidade na república e vice-versa. Quando os homens são razoáveis, conformam-se a tais princípios que devem ligar determinada estrutura política a determinada estrutura real de costumes.

As leis da moral, as leis do equilíbrio, não atuam diretamente sobre os homens, quer as estruturas se mantenham ou não. Se o homem comete ações contrárias à ordem da cidade, ela se corrompe e, às vezes, até mesmo – é aqui que a estatística de Montesquieu se transforma –, é pelo próprio desenvolvimento, ou pelo exagero do princípio da cidade, que a corrupção se estabelece. Por exemplo (e aqui mais uma vez Montesquieu inspira-se em modelos antigos e em fatos modernos), a virtude política (isto é, o amor à cidade), sem a qual um cidadão não é feliz, é a mediocridade das fortunas. Se houvesse muitas diferenças entre as fortunas dentro da cidade, isso não se sustentaria: os mais ricos iriam querer formar uma aristocracia. A república só pode ser mantida se as fortunas pessoais forem medíocres e toda a riqueza for dedicada ao bem público (diz Montesquieu) se a república – como a república romana – for ao mesmo tempo republicana e guerreira. Ela irá à guerra e às conquistas; haverá quem goste disso, buscará expandir o Estado. A princípio tudo correrá bem, mas, quanto mais o Estado se expandir, menos a cidade-mestra será capaz de manter a virtude republicana. As pessoas saquearão o mundo e desejarão constituir uma aristocracia. Haverá corrupção e o despotismo será exercido sobre os países conquistados. Roma amava a guerra e a liberdade: a república cresceu e não aguentou. Esparta, que amava a liberdade e a guerra tanto quanto Roma, nunca fez nenhuma conquista e a república se manteve.

A história nos dá um exemplo experimental. A república tende à igualdade dos cidadãos, esse é o princípio da república (Platão).

Observem, diz Montesquieu, que os homens não são iguais por natureza – não se trata de uma questão de igualdade natural –, eles só são iguais como cidadãos; isso é algo que Montesquieu aprendeu com o direito romano. Eles são iguais pela lei e diante da lei. Mas, se essa tendência se transformar em um igualitarismo extremo, a cidade já não se sustenta porque então (Montesquieu pensa em Atenas) os cidadãos, em vez de se contentar com essa igualdade diante da lei e por ela, desejarão exercer a igualdade de fato através do comando; desejarão substituir os magistrados e não respeitarão mais os magistrados nem os senadores. Não haverá mais ordem, nem respeito, e a cidade não se sustentará.

Isso é instrutivo para nós: se o respeito pela lei desaparece, então a obediência à república e a república desaparecem, a república "some do mapa". Montesquieu acrescenta algo a Platão: não devemos apenas obedecer à lei, mas devemos obedecer e respeitar os magistrados eleitos (obediência à legalidade).

É claro que, cinquenta anos depois, um reacionário, o senhor de Bonald, nos dirá: eis o absurdo do princípio republicano; ninguém nunca quis obedecer à lei, e sim a um superior [...]. Montesquieu nos diz: quando se começa a não mais respeitar os eleitos (senadores), a república corre o risco de se corromper.

Isso às vezes acontece, diz Montesquieu, por consequência de um grande sucesso. A corrupção do regime republicano também pode resultar do simples crescimento. Montesquieu está convencido de que uma república só pode ser pequena: a república é a forma de governo própria da cidade (a experiência inglesa prova a justeza dessa lei).

Não se trata apenas de memória histórica, é algo específico da cidade grega, medieval, e há algo aí que a experiência histórica não desmentiu; as grandes repúblicas modernas não desmentiram de forma alguma essa lei que Montesquieu acredita poder estabelecer. Para quê? Aqui, novamente, as leis das estruturas são leis da motivação. Por que uma república que cresce se corrompe?

Na verdade, todos os cidadãos se conhecem numa cidade; eles podem, portanto, eleger facilmente o seu governo, o que corresponde à eleição de um prefeito...; porém, há outra coisa: o princípio da cidade republicana é a virtude, o apego ao Estado; ora, esse apego é impossível no caso de uma cidade grande, que não tem a mesma realidade imediata da cidade que podemos percorrer, e podemos ser felizes fora da cidade.

Num Estado grande, [o cidadão] não se ressentirá desse apego de ligação; será feliz a despeito da cidade: para ele é bem fácil ser feliz mesmo que a cidade seja infeliz. Além disso, se a cidade for grande, haverá necessariamente mais diferenças entre os cidadãos do que numa cidade pequena. Ela então não se sustentará.

O que mudou desde Montesquieu foram os meios de comunicação e o ensino da geografia. As leis da motivação de Montesquieu permanecem verdadeiras apesar dos fatos que parecem refutá-las.

Outro tipo de cidade: a monarquia. Em nenhum lugar de sua obra Montesquieu recorre à lei divina e à religião. O seu Deus é, de certa forma, neutro; a religião intervém como fator, e não para explicar ou reabilitar este ou aquele tipo de Estado: laicização completa do pensamento.

A monarquia é baseada na honra e, portanto, no privilégio. Tudo é contrário aos costumes da república: nenhuma virtude, nenhuma igualdade perante a lei; ao contrário, a monarquia exige desigualdade perante a lei [...]. É do esforço de cada um para manter a sua honra que resultará a coesão de todo o corpo do Estado. E como todos defendem o seu privilégio, as ações do monarca serão limitadas. Ele só poderá governar de acordo com as leis que regulam esses privilégios; será necessariamente moderado. Para que a monarquia perdure, deve haver desigualdade de numerosos e diversos privilégios, e o monarca deve, ao mesmo tempo, obedecer às leis fundamentais e ser moderado.

Como haverá corrupção nessa estrutura? Também aí, se formos além do princípio, como na república (nem demais, nem de menos, disse Aristóteles); se o rei – isto é, aquele que detém o poder, que é a fonte dos privilégios e das honras – abusa, se as honras passam a depender apenas do beneplácito do monarca, se, como diz Montesquieu, a honra e as dignidades acabam não concordando mais, se alguém consegue obter dignidades por meio de atos não honrosos, por meio da servidão ao monarca, isso não funcionará mais; porque a rigidez, a fixidez da estrutura não mais se mantém. A honra ou as dignidades deixam de ser algo que se opõe ao poder do monarca. Não há mais nenhum freio, nenhum obstáculo ao exercício de seu poder. Montesquieu diz que haverá, por parte do monarca, uma tendência ao abuso de poder, e por parte dos súditos um nivelamento. Nada é mais perigoso do que nivelar os súditos e estabelecer a igualdade perante a lei, porque então é grande o perigo de que o poder monárquico, não tendo contrapeso na sua resistência egoísta, se transforme em despotismo.

Enquanto o princípio da honra encontrar as condições em que possa ser exercido, ele funciona, porque os abusos são dificultados. Numa monarquia, o comando do monarca deve ser obedecido, porque ele representa poder; o que pode impedi-lo é a honra (se o mandamento do monarca for contrário à honra).

O despotismo, por não ter princípios [que sejam] geralmente bons, é uma antiga tirania fundamentada no medo: a obediência deve ser absoluta.

O comando, como o mandamento divino, deve ser obedecido; não deve haver discussão. Se o déspota admitir a discussão, o Estado despótico não se sustentará. Qual é a única razão que faz cessar a obediência ao déspota? Não se trata de honra nem de virtude (porque não existe nenhuma); trata-se de religião. O déspota é um super-homem, por isso seus comandos devem ser obedecidos. Os súditos lhe obedecerão em tudo, exceto na religião (matarão seus pais e suas mães, porém recusar-se-ão a comer coisas contrárias à religião).

Em Bossuet, a religião intervém na monarquia. Em Montesquieu, a religião intervém como princípio de detenção do despotismo.

A concentração e o exagero do poder real transformam a monarquia em despotismo, assim como o nivelamento ou o alargamento; uma monarquia conquistadora que se torne demasiado grande não será capaz de se manter. Nesse caso, Montesquieu se apoia na história do Império Romano. Quando nos expandimos além da medida, o despotismo torna-se necessário [...]; ou as leis das províncias são demasiado fortes e os grandes senhores feudais tornam-se independentes, ou, se quisermos manter a unidade, devemos inspirar tal terror que eles não ousem tirar vantagem dos seus direitos e privilégios (império de Alexandre, árabes, Roma). Para governar os impérios da Antiguidade (ou nas condições da Antiguidade), demorava muito para se mover: apenas um poder tirânico que inspirasse medo absoluto poderia ser mantido. As condições modernas mudaram tudo isso.

Em Montesquieu, vemos uma forma de raciocínio muito moderna: os fatos históricos são classificados em relação a certos princípios (tipos de governo, de estruturas da cidade) que são variados.

Os princípios de Montesquieu são confirmados pela história, que nos serve, a uma só vez, como laboratório e como matéria. Ao mesmo tempo, o nosso raciocínio confirmado pela história nos faz compreender a história. Coisas muito diferentes, estruturas muito diferentes, processos muito diferentes: tudo pode ser compreendido e explicado, e parece-nos inteligível e, portanto, razoável. A história não é uma loucura. Não existe mais linha divisória entre a intelecção e a loucura, o acaso. Há coisas que entendemos, e que são relativamente compreensíveis. Trata-se da grande invenção de Montesquieu.

* * *

26 de março de 1945

A razão, em Montesquieu, abandona as suas pretensões exageradas, a própria razão torna-se razoável. República, despotismo, monarquia. Qual desses estados é melhor para se viver? Como podemos organizar uma cidade, um Estado em que possamos viver de maneira razoável?

Embora a república seja boa, ela é necessariamente pequena e, portanto, fraca; ela pode se sustentar numa cidade, mas não num Estado de dimensão europeia. O despotismo deve ser sempre temido porque, se for necessário em impérios que ultrapassam a dimensão razoável e humana dos Estados, será uma forma de corrupção que sempre pode ser estabelecida. O despotismo é inato no império e é possível num Estado pequeno: como evitar esse perigo?

Veremos o que foi feito no mundo e levaremos em conta o que a realidade histórica nos dá. Queremos estudar e compreender um Estado (sua estrutura) em que o homem possa ser livre. Ser livre é algo muito simples. Trata-se basicamente de fazer o que você deseja, contanto que não incomode os outros; trata-se de não ter medo, e, portanto, estar protegido.

A monarquia, segundo Montesquieu, oferece-nos o melhor, o único meio possível de organizar a existência humana de tal modo que o homem possa ser livre. A monarquia é a estrutura de Estado que pode ser alcançada num Estado de tamanho médio, a estrutura que melhor aproveita as paixões e vaidades do ser humano. É ainda necessário que a monarquia seja organizada de uma certa maneira, de acordo com o espírito que necessariamente anima as instituições monárquicas, isto é, os privilégios.

É na monarquia inglesa que Montesquieu encontra o seu ideal mais ou menos realizado, e é mais ou menos ali que está a grande influência do modelo inglês sobre o pensamento político europeu e sobre a Europa (a data exata da influência inglesa remonta às *Cartas filosóficas* de Voltaire). Isso é ainda mais curioso e interessante porque Montesquieu não gosta dos ingleses. Ele ficou chocado com a vida inglesa: sem (ou com pouca) polidez, amizade inexistente... Há, porém, outra coisa: podemos ter uma centena de inimigos e, mesmo assim, nada vai acontecer conosco; podemos estar perfeitamente seguros e fazer o que desejarmos; isso não diz respeito a ninguém e ninguém pode fazer nada conosco. Portanto, não há medo, mas proteção. É isso que decide para Montesquieu a superioridade da estrutura inglesa. Montesquieu decide que a forma de organização na Inglaterra é a de uma cidade animada pelo espírito de liberdade (não no mesmo sentido que na república). Qual é o princípio dessa estrutura? Salvaguardar as liberdades, e, portanto, não sofrer ameaças. É preciso que, por um lado, o Estado seja forte o bastante a fim de proteger o cidadão, e, por outro, suficientemente fraco para não exercer um poder tirânico. De acordo com a doutrina de Montesquieu sobre a separação de poderes, em que consiste o poder da cidade?

1) no interior: promulgar as leis;

2) julgar em conformidade às leis;

3) nas relações externas, declarar (guerra ou paz). Ou seja: 1) execução, 2) legislação, 3) julgamento.

Montesquieu afirma que, quando os três poderes se unem numa só cabeça ou num único órgão, as coisas vão mal: o despotismo acontece imediatamente. Montesquieu não confia na bondade, na perfeição do homem, que é um ser bastante mau e que se corrompe tão logo a oportunidade surja, sobretudo se lhe for conferido o poder: pois, assim que há poder, há abuso. Isso remonta à Antiguidade: segundo Platão, o poder é necessariamente corruptor, o seu [exercício] confere ao homem o poder absoluto, corrompe-o a tal ponto que ele perde a razão.

É necessário, portanto, dividir os poderes: 1) poder executivo: ao rei. É melhor dar o poder executivo a um único homem, porque a execução deve ser rápida; 2) poder judiciário: ao povo. Porque o povo é ciumento e desconfiado, e sempre suspeitará dos poderosos: sistema de tribunal. Porém, ainda aqui, o poder judiciário não deve ficar sempre com as mesmas pessoas; 3) poder legislativo: deve ser entregue ao povo (e não ao monarca, pois será objeto de abuso). Diretamente ao povo? Não, o povo não sabe deliberar; e então, num Estado de dimensões "medíocres", não pode haver uma assembleia popular. É preciso haver uma assembleia eleita (Parlamento). O povo escolherá os seus representantes (os prefeitos). Porém, uma vez unidos, irão gostar desse poder e abusarão dele: é preciso que não permaneçam por muito tempo no cargo.

Montesquieu vai mais longe: isso não pode ser feito porque, numa cidade monárquica, existem divisões em meio ao povo (é perigoso para um monarca reduzir o povo à uniformidade). Então, é preciso haver estamentos. O poder do monarca deve opor-se a uma nobreza que defende os seus privilégios. É preciso colocar a nobreza contra o povo, porque também é preciso haver tensão: daremos à nobreza um estatuto separado (a Câmara dos Lordes).

Os nobres defender-se-ão do monarca e do povo, formarão um equilíbrio, impedirão essa unificação, esse perigoso nivelamento. Até lhes daremos privilégios que não parecerão lógicos. Não lhes será dado o poder de instituir as leis, mas sim o poder de vetar as leis instituídas pelo povo; na verdade, existe um perigo: o povo opõe-se eternamente à nobreza e desejará suprimi-la, eliminando assim essa contraforça; então, ou o povo suprime o rei, ou o rei estabelece uma ditadura. O controle da bolsa será entregue ao Parlamento, porque sem dinheiro não é possível fazer nada.

O exército

Para evitar que o exército se estabeleça como uma potência real, é necessário:

1) que haja um exército de cidadãos;

2) que o exército seja marginalizado e suficientemente fraco para não poder tomar a cidade (Montesquieu diz: o exército

desprezará o Parlamento). O único meio de controlá-lo é fazê-lo pagar ao governo civil, para que não seja muito numeroso, não tenha muito prestígio e, enfim, para que seja formado por pessoas comuns. Sem prestígio social, sem dependência fiscal, sem bens pessoais.

O princípio dominante é que deve haver tensões em todos os lugares. O homem é feito de tal forma que está sempre e em toda parte sujeito ao abuso; devemos, portanto, deixá-lo com a menor possibilidade de cometer abusos, e que não se possa confiar nele.

São necessárias oposições, é preciso que todos defendam os seus privilégios. O cidadão sempre encontrará algum meio de escapar da opressão, pois nunca estará sozinho na luta. Ele estará protegido por esse amálgama de tensões e privilégios.

A religião

Montesquieu vê o problema religioso, que desempenha um papel importante no Estado, da mesma maneira. Trata-se de não se deixar oprimir pela religião. Quando há apenas uma religião, isso é perigoso: porque, nesse caso, ela tem um grande poder, e nada poderá se contrapor a esse poder (o que só é útil no despotismo, quando a religião é o único poder que se opõe ao déspota). Se houver várias, elas serão obrigadas a se tolerar umas às outras, porque a religião, qualquer religião, não é tolerante por si só. Toda religião, segundo Montesquieu, afirma sua excelência, e, por isso, deseja expandir-se e oprimir as outras. Acima de tudo, as religiões que foram oprimidas são perigosas. É necessário que cada uma seja fraca o suficiente para não poder oprimir as demais. Finalmente, perderão seu caráter proselitista.

A multiplicação de seitas é uma coisa muito boa. Por outro lado, quando uma nova religião surge, é melhor evitá-la: ela será animada pelo proselitismo e por um espírito de propaganda, o que é ruim.

É a mesma concepção, aliás, puramente laica, e a mesma intelecção profunda da estrutura de uma comunidade religiosa para o mesmo equilíbrio, para que o pobre cidadão possa escapar da opressão. Montesquieu antecipa aqui a realidade, deduz a realidade a partir da sua intelecção da estrutura religiosa, porque na sua época ela não existia inteiramente. Não existia em absoluto na Inglaterra, nem na América, mas, na verdade, foi a multiplicação das seitas que levou a uma tolerância da necessidade, que se tornou uma tolerância do hábito, e, depois, uma tolerância do direito à liberdade religiosa.

Montesquieu era desprovido de senso religioso. Em seu leito de morte, ao padre [que lhe disse] "Deus é grande, meu filho", Montesquieu respondeu: "Sim, porém o homem é muito pequeno...".

4
1946-1962
História das ideias religiosas e do pensamento científico

Nota

Retornando à Ephe em abril de 1945,[1] Alexandre Koyré retomou a docência na direção dos estudos sobre História das Ideias Religiosas na Europa Moderna.

Seus vínculos com os círculos acadêmicos americanos foram renovados e o afastavam de Paris com regularidade, todos os anos: em outubro de 1946, ele estava nas universidades de Columbia e de Chicago. Regressou a esta última no outono de 1947, para ali realizar um seminário sobre Ciência e Teologia no Século XVII, e novamente em 1948. Paris deixou de ser a capital e a sede da história das ciências: a partir de 1938, Aldo Mieli transferiu para a Argentina – onde faleceu em 1950 – a revista *Archeion* e a Académie Internationale d'Histoire des Sciences.

---

1 Ver Arquivos da 5ª seção da Ephe, carta do Ministério da Educação Nacional, de 6 de agosto de 1945 sobre o depósito de seu salário de 1º de abril de 1945.

No Centre de Synthèse, na rua Colbert, ele deixou apenas sua biblioteca. Seu colaborador, Pierre Brunet, foi diretor da seção de História das Ciências do Centre de Synthèse.

Henri Berr fundou a *Revue d'Histoire des Sciences* em 1947 (Pierre Brunet, Suzanne Delorme, René Taton). De acordo com o desejo do fundador, a revista assumia dois compromissos: "o estudo da gênese das descobertas" por um lado, e, por outro, "o estudo da sociedade, das carências coletivas e dos efeitos da ciência sobre a vida".[2]

Quanto à revista *Thalès*, a guerra criou um vazio: Léon Brunschvicg morreu em 1944, Hélène Metzger Bruhl não regressou de Auschwitz. Abel Rey morreu em 1940. Gaston Bachelard foi chamado de Dijon para sucedê-lo na cátedra e no Instituto da Sorbonne. Um impulso epistemológico aplicado à ciência contemporânea substituiu o projeto de Rey; nos números da revista *Thalès* após a guerra, a filosofia das ciências e a história das técnicas (Jean Piaget, André Varagnac, Pierre Ducassé, Maurice Daumas, François Russo) e a cibernética conviveram com a erudição histórica (Jules Duhem, Jean Jacquot, Robert Lenoble, Taton).

Nessa situação modificada, Alexandre Koyré encontrou os seus interlocutores entre os historiadores em Paris. Em particular, nesses anos do pós-guerra, como veremos, foi especialmente ao lado de Lucien Febvre que ele se envolveu muito ativamente, tanto em termos intelectuais quanto no âmbito institucional.

Além disso, Koyré encontrou Henri Berr em Paris e participou em duas "semanas de síntese" sucessivas no Centre International de Synthèse da rua Colbert: uma, em 1948, dedicada

---

2 Berr, "Antécédents de la nouvelle *Revue d'Histoire des Sciences*", *Revue d'Histoire des Sciences*, v.1, p.5-8, 1947.

ao tema *Nascimento da Terra e da vida na Terra*; a outra, no ano seguinte, sobre *A síntese, ideia motriz na evolução do pensamento*, com a participação de Julien Benda, Pierre-Maxime Schuhl, do matemático François Le Lionnais e de historiadores da filosofia do século XVII, como Bernard Rochot, Émile Bréhier e François Russo.

Após a conferência de abertura, confiada a Koyré, que tratou dos limites da "Contribuição científica do Renascimento", Pierre-Maxime Schuhl, na sua conferência sobre "O papel de Bacon", respondeu contrastando a vocação aplicável característica da ciência moderna e o "bloqueio" da ciência helênica em relação à técnica. Como explicar, de fato, o fosso entre os sucessos teóricos da ciência grega, por um lado, e, por outro, o atraso nas aplicações que datam apenas da era moderna?

Schuhl aqui retomou as teses de seu trabalho anterior à guerra, *Machinisme et philosophie* [Maquinismo e filosofia],[3] que, por sua vez, remontava a uma conferência de 1937 no Institut Français de Sociologie intitulada "Bloqueio mental e maquinismo". Objeto de um relatório negativo por parte de Marc Bloch nos *Annales*,[4] o livro de Schuhl foi suficiente para reacender o debate entre epistemólogos e historiadores, pois abordou a questão da estagnação técnica na Grécia antiga segundo uma noção epistemológica de "bloqueio mental", análoga à de "obstáculo epistemológico" proposto por Gaston Bachelard: ela unificava todos os fatores sociológicos, econômicos e culturais do atraso técnico da cultura grega. O "desbloqueio" anunciado por Bacon só pôde ser

3 Schuhl, *Machinisme et philosophie*.

4 Bloch, "Un Beau Problème", *Annales d'Histoire Économique et Sociale*, v.10, p.354-6, 1938.

efetivado na Europa no século XVIII, graças a condições econômicas que valorizaram as técnicas.

No seu retorno a Paris em 1945, Koyré também abordou em seu primeiro seminário na Ephe a questão das origens da tecnologia em relação à produção de instrumentos de medição precisa e matemática promovidos pela nova física galileana:

> [...] procurei esclarecer o aspecto complementar da revolução, a saber: o nascimento da técnica científica oposta à técnica empírica do século XVI, bem como o nascimento do instrumento (instrumento de medida, instrumento óptico), encarnação da teoria na realidade, o que, por si só, torna possível a constituição de um saber experimental e a redução do mundo a *numerus, pondus, mensura*.[5]

Três anos depois, ele publicou dois importantes artigos sobre esse problema na revista *Critique*, fundada por Georges Bataille: "Os filósofos e a máquina" e "Do mundo do aproximado ao universo da precisão". Ele mostrou que conhecia bem os fatores sociais favoráveis à ciência aplicada. Porém, aos seus olhos, o fenômeno do desenvolvimento da tecnologia na civilização moderna não foi determinado apenas pelo contexto social. Ao subscrever as reflexões que Lucien Febvre havia publicado na abertura do número especial dos *Annales* sobre a história das técnicas,[6] Koyré considerou a história da inovação técnica "inseparável da história do pensamento".

5 Ver *infra*, "Relatórios de ensino, 1945-1946".

6 Febvre, "Réflexions sur l'histoire des techniques", *Annales d'Histoire Économique et Sociale*, v.7, p.531-5, 1935a.

À noção epistemológica e psicológica de "bloqueio mental", ele opôs a noção histórica de "estrutura conceitual", definida pelas condições do que é pensável numa determinada época. Essa noção especificava aquelas de "mentalidade" e "ferramenta mental" utilizadas por Lévy-Bruhl e Febvre. Em particular, a estrutura conceitual que tornou possível a ascensão da tecnologia ocidental emanava de um ideal de matematização dos fenômenos físicos.

Em 1946, durante uma de suas primeiras experiências nos Estados Unidos como professor visitante, ele ministrou com sucesso um curso sobre "Ciência e técnica no mundo moderno" na Graduate Faculty da New School for Social Research em Nova York. No entanto, não é fácil dizer se o seu interesse pela história da tecnologia remonta à sua própria experiência da cultura industrial americana ou à influência de Lucien Febvre. O fato é que foi graças a esse interesse pela relação entre ciência e tecnologia que se desenvolveu uma intensa colaboração intelectual após a Segunda Guerra Mundial entre Febvre e Koyré, logo no início da nova 6ª seção, Ciências Econômicas e Sociais, do Ephe, fundada em 1947 pelo historiador da economia Charles Morazé e pelo físico e diretor geral do ensino superior Pierre Auger, e da qual Febvre foi presidente até 1956.[7]

Koyré foi um dos atores dessa nova instituição de ensino e pesquisa em ciências humanas e participou de sua organização desde a primeira reunião do conselho de diretores. Dessas reuniões iniciais, destinadas a planejar e distribuir as áreas de pesquisa, chegou até nós o testemunho nas notas manuscritas

7 Mazon, *Aux Origines de l'École des Hautes Études en Sciences Sociales: le rôle du mécénat américain, 1920-1960*, p.93 ss.

escritas de Fernand Braudel, que era o secretário da nova seção na qual o nome de Koyré aparece associado ao ensino em antropologia cultural.[8]

Na realidade, seus cursos na 6ª seção começaram com o título geral de Ciência e Maquinismo. Eles aconteciam nas salas de seminário da École Pratique na Sorbonne, no primeiro andar da escada E, às terças-feiras, a partir de 16 horas, e durante os três primeiros anos letivos (de 1948-1949 até 1950-1951), teve como tema: Ciência e Técnica no Século XVIII, Técnicas Científicas e Técnicas Industriais: a Máquina e o Instrumento, e Nas Origens do Cálculo Infinitesimal.

No cartaz do programa de ensino da 6ª seção, tal qual Febvre havia articulado, esse curso de Koyré fazia parte de Civilizações Antigas e Modernas, ao lado de outro seminário dedicado à história das técnicas, intitulado Maquinismo e Psicologia e oferecida pelo sociólogo marxista Georges Friedmann, que estudava a indústria.[9]

Somente a partir do ano letivo de 1951-1952 é que a expressão "História do Pensamento Científico" apareceu como título do seminário Koyré no cartaz da 6ª seção, com o programa anual: Às Origens do Cálculo Infinitesimal de Fermat a Newton.

Tal mudança de título está ligada à candidatura que ele acabara de apresentar, em 1951, no Collège de France para a criação de uma cátedra intitulada justamente História do Pensamento Científico. Em paralelo ao ensino da 6ª seção, a estreita colaboração entre Lucien Febvre e Alexandre Koyré também se realizou

8 Fundo Braudel, Arquivos Nacionais, "Koyré Anthropologie culturelle", *Séances des Assemblées de 1948. Notes manuscrites de F. Braudel.*

9 Ver Fundo L. Velay, b.84, Arquivos da Ehess, *Affiches 1948-1973*; e Fundo Braudel, Arquivos Nacionais, *Livret de l'étudiant* (1951-1952 e 1952-1953).

em outros planos. Em 1955, a série Cahiers des Annales apresentou, com prefácio de Febvre, três dos estudos sobre a história do misticismo da Renascença publicados por Koyré antes da guerra, reunidos sob o título *Mystiques, spirituals, alchemistes du XVIe siècle allemand* [Místicos, espirituais e alquimistas do século XVI alemão]. Contudo, o aspecto mais marcante da sua solidariedade aconteceu em 1951, para a sucessão de Gilson no Collège de France: era o projeto de criação da nova cátedra dedicada à história das ciências intitulada História do Pensamento Científico, no lugar daquela que havia sido abolida trinta anos antes, em 1922, com a morte de Pierre Boutroux.

As condições para a realização desse projeto pareciam estar reunidas: entre os professores do Collège de France, o físico Francis Perrin e o matemático Szolem Mandelbrodjt partilharam com Koyré a experiência da École Libre des Hautes Études de Nova York. É verdade que Lucien Febvre havia se tornado professor honorário em 1949, porém ele ainda exercia influência no Collège de France, onde Fernand Braudel o sucedeu e Georges Dumézil acabara de ser nomeado, em 1949.

Quanto ao interesse de uma cátedra definida como História do Pensamento Científico, Étienne Gilson, ao apresentar-se no Collège de France em 1931, sublinhou a importância de uma abordagem conceitual e filosófica da história das ciências ao defender que "um contato necessário é aquele que deve ser estabelecido entre a história da filosofia e a das ciências. Também aqui, e possivelmente mais ainda, a unidade é um fato do qual o historiador tem o dever de tomar consciência".[10] Porém,

10 Gilson, *Exposé des titres pour une chaire d'Histoire de la Philosophie au Moyen Âge au Collège de France*, p.3.

até que ponto a componente científica e a componente especificamente filosófica do Collège de France poderiam ter sido afetadas por um programa de história do "pensamento científico" que se anunciava como ensino de história?

A partir da apresentação do projeto, as "reviravoltas" se sucederam até ficar delineada a opção de manter-se o ensino "filosófico": uma filosofia da história da filosofia. O programa "anti-historicista" de um novo candidato que afirmava seguir o pensamento metafísico do próprio Gilson, Martial Guéroult, filósofo da Sorbonne, foi bem recebido pelo Collège de France.

Para melhor sublinhar o valor do ensino da história do pensamento científico, o programa da cátedra de Koyré foi apresentado à assembleia de professores do Collège de France por Francis Perrin. Febvre também interveio para atrair o favor dos historiadores da literatura e da arte no que dizia respeito à criação de uma cadeira como aquela idealizada por Koyré. Essa tática não foi exitosa, mas por pouco: 18 votos "sim" contra 21 votos "não".

Foi, portanto, apenas na 6ª seção da Ephe que o programa de Koyré e Febvre adquiriu forma institucional, através da criação, três anos mais tarde, da direção de estudos História do Pensamento Científico e depois, em 1958, de um Centro de Pesquisa em História das Ciências e das Técnicas confiado a Koyré. Não sabemos quais teriam sido as reações de Alexandre Koyré se sua proposta de candidatura ao Collège de France em 1951 fracassasse. Fato é que, no ano seguinte, ele decidiu dividir-se entre a França e os Estados Unidos. Ao anunciar a Braudel sua intenção de lecionar por um semestre em Baltimore, ele escreveu que:

> o objetivo dessa ausência – ou a sua razão – é um curso sobre história e filosofia das ciências na J[ohns] H[opkins] U[niversity],

> mantendo o prestígio da tradição francesa de história filosófica das ciências (morta, pelo menos oficialmente, na França: embora os americanos não saibam disso).[11]

Essa nova fase americana de sua carreira revelou-se para ele tão estimulante quanto frutífera. Durante sua estada em Baltimore, em 1952, como professor visitante na Universidade Johns Hopkins, ele proferiu duas conferências, "As origens da ciência moderna" e "Ciência e filosofia na era de Newton", retomadas nas The Hideyo Noguchi Lectures, que foram atribuídas a ele em 1953; estas, por sua vez, formaram a estrutura de seu livro *Do mundo fechado ao universo infinito*,[12] sua mais extensa obra de síntese.

Trata-se de seu livro mais conhecido e também, talvez, o primeiro livro erudito de história das ciências, técnico e ao mesmo tempo acessível para ser lido e compreendido. As qualidades literárias de Koyré foram ampliadas através do contato com a historiografia anglo-saxônica, para a qual a história era "ciência e arte": a ciência da erudição e a arte da comunicação escrita. Além disso, até mesmo em Paris, a cumplicidade entre a escrita e a demonstração em história reforçou a afinidade entre Koyré e os historiadores da 6ª seção da Ephe. Na verdade, talvez pela primeira vez, *Do mundo fechado ao universo infinito* fez a história das ciências ser reconhecida como uma disciplina histórica por direito próprio, apresentando problemas gerais essenciais para qualquer historiador.

---

11 Koyré a Braudel, 20 nov. 1952, Bibliothèque de l'Institut de France, *Correspondance Braudel*.

12 Koyré, 1957a [*From the Closed World to the Infinite Universe*].

Em 1954, na reunião da American Association for the Advancement of Science, em Boston, Koyré apresentou um dos seus mais importantes desenvolvimentos metodológicos contra o físico e filósofo neopositivista Philip Frank: "A influência das concepções filosóficas na evolução das teorias científicas". Com Edwin A. Burtt, ele chamou a atenção para as "subestruturas filosóficas". Porém, acima de tudo, reivindicou para o historiador o privilégio de compreender a história das ciências: "Somente o historiador é quem, ao refazer e reconstituir a evolução da ciência, apreende as teorias desde o passado remontando ao seu nascimento e vive, com elas, o *élan* [impulso] criativo do pensamento. Então, voltemo-nos para a história".[13]

Nesse mesmo ano de 1954, logo após uma autorização ministerial concernente à possibilidade de acumular duas direções de estudos em duas seções da Ephe, Koyré foi eleito diretor de estudos *cumulant* da 6ª seção.[14]

Em 1955, foi eleito secretário da Académie Internationale d'Histoire des Sciences, da qual só tinha se tornado membro em 1950. Em outubro-dezembro, foi convidado pelo Institute for Advanced Study (IAS) de Princeton, dirigido por Robert Oppenheimer. No ano seguinte, a nomeação de Koyré como membro da School of Historical Studies do IAS estabeleceu o reconhecimento da história das ciências numa das instituições mais representativas da comunidade intelectual internacional. A discussão entre Koyré e Panofsky sobre as relações históricas

---

13 Koyré, 1962a [*Introduction à la lecture de Platon, suivi d'Entretiens sur Descartes*], p.258.

14 Ver *infra*, "Documento n.12"; bem como Fundo Braudel, Arquivos Nacionais, carta de Koyré ao secretariado da 6ª seção, 15 ago. 1954.

entre ciência e arte no final do Renascimento repercutiu de modo fecundo. Em Princeton, Koyré dedicou os primeiros semestres de seus anos letivos, de 1955-1956 a 1960-1961, ao estudo dos textos de Newton. Em 1959, a History of Science Society concedeu-lhe a medalha Sarton e, em 1961, deu o último testemunho do seu engajamento crítico, através de uma discussão com o historiador americano da química Henry Guerlac.

Teve como palco a conferência Scientific Change, organizada em Oxford por Alistair Crombie.[15] A comunicação de Guerlac, "Alguns pressupostos históricos da história da ciência", criticava o preconceito que a história intelectual tinha espalhado contra o estudo dos fatores econômicos no desenvolvimento científico. Mesmo que a história das ciências tivesse sido integrada na história geral pelo viés da história das ideias, isso ainda não seria suficiente: "Uma separação arbitrária entre ideias e prática, como se as ideias tivessem vida completamente independente, separada da realidade material"[16] ainda era o efeito perverso de uma noção "idealista" e completamente desencarnada da história das ciências.

"Concordo em grande medida com o meu amigo Guerlac", respondeu Alexandre Koyré, subscrevendo plenamente a preocupação de "superar esse idealismo, deixando de isolar os fatos que a história das ciências descreve do seu contexto histórico e social... em primeiro lugar, renunciando à separação, arbitrária e artificial, entre ciência pura e ciência aplicada, teoria e prática".[17]

---

15 Crombie, *Scientific Change: Historical Studies in the Intellectual, Social and Technical Conditions for Scientific Discovery and Technical Innovation, from Antiquity to the Present, University of Oxford, 9-15 July 1961.*

16 Ibid., p.811.

17 Ibid.

Koyré reafirmou os critérios que orientaram sua investigação sobre a história das ciências:

> Recuperar a unidade real da atividade científica – pensamento ativo e ação pensante – ligada em seu desenvolvimento às sociedades que lhe deram origem e fomentaram – ou impediram – esse desenvolvimento, e em cuja história ela, por sua vez, exerceu certa ação. [...] Ser uma história da ciência, e não uma justaposição pura e simples de histórias separadas de ciências – e técnicas – diferentes.[18]

Quanto à acusação de idealismo, Koyré devolveu-a ao seu crítico: Guerlac fora vítima da "ideia" (anacrônica) do papel essencial da ciência para o poder social e para os sistemas de produção: "a projeção no passado de um estado de coisas atual ou, pelo menos, moderno".

Ele aceitava a definição de idealismo ("e, se isso é idealismo, estou preparado para suportar o opróbrio de ser um idealista") na medida em que as aplicações técnicas por si só são insuficientes para explicar a natureza e a evolução da ciência. Esta, como qualquer outra atividade intelectual, tem uma história imanente, e é em função dos problemas que lhe são próprios que a história das ciências merece "ser compreendida pelos seus historiadores. Acredito mesmo que esta seja justamente a razão da grande importância da história das ciências, da história do pensamento científico, para a história geral".[19]

A última estadia de Koyré em Princeton, de outubro de 1960 a abril de 1961, foi dedicada à organização da edição crítica do

---

18 Ibid.

19 Koyré, 1966 [*Études d'histoire de la pensée scientifique*] (aqui 2.ed., 1973, p.396 e p.399).

Philosophiae naturalis principia mathematica de Newton, em colaboração com I. Bernard Cohen. Os afastamentos para o IAS de Princeton que Koyré havia previsto para 1961-1962 e 1962-1963 não puderam ser efetivados por motivos de saúde.[20] Em relação ao prestígio internacional que adquiriu no final de sua vida como historiador das ciências, Koyré teve na França um público restrito à sua pesquisa em história da filosofia ou ao seu perfil de filósofo com formação fenomenológica. As palavras-chave introduzidas por Koyré na história das ciências, especialmente a expressão "revolução científica", foram recebidas através da difusão do ensino da história das ciências na Europa e nos Estados Unidos, o que ocorreu com mais rapidez do que uma verdadeira discussão.

Com o Centre de Synthèse e o Palais de la Découverte, o Collège Philosophique de Jean Wahl foi um dos raros lugares em Paris onde Koyré proferiu conferências para um público irrestrito. Contudo, foi entre os historiadores da 6ª seção da Ephe que Koyré encontrou os interlocutores mais atentos. Em 1958, sob a presidência de Fernand Braudel, ele criou o Centre de Recherches d'Histoire des Sciences et des Techniques no interior dessa mesma 6ª seção.

Para promover o recrutamento de pesquisadores, em 1959-1960, Koyré foi destacado para o CNRS como diretor de pesquisa. Em 1966, o Centre, dirigido por René Taton, recebeu o nome de Centre Alexandre-Koyré. Porém, a partir do ano seguinte, a direção de estudos História do Pensamento Científico será transformada na de História das Ciências Exatas, com

20 Ver Arquivos Ephe, Dossiê Alexandre Koyré.

cursos ministrados por Taton e Pierre Costabel, diretores de estudos da 6ª seção, e Jean Itard, *chargé de conférences*.

O projeto de Koyré voltado ao estudo das ciências e das técnicas em um mesmo centro de pesquisa da 6ª seção da Ephe não foi concretizado. Com Bertrand Gille e Maurice Daumas, o estudo da história das técnicas foi transferido para um centro anexo ao Conservatoire des Arts et Métiers.

Tal esquecimento do ensino de Koyré na França foi explicado por Suzanne Delorme como o efeito de um esquecimento de si mesmo:

> Ele sempre se valorizou tão pouco, tanto do ponto de vista do pensamento quanto em termos de sua atuação, gabou-se tão pouco de sua valorosa conduta em 1914 e em 1940, que foi somente por acaso que Gaston Berger descobriu, em 1956, que Koyré era cavaleiro da Legião de Honra, omissão que o diretor geral do Ensino Superior se apressou em reparar.[21]

Alexandre Koyré morreu na cidade de Paris, em 28 de abril de 1964. Fernand Braudel, Paul Vignaux e Jean Wahl discursaram diante de seu túmulo no cemitério Père Lachaise mencionando a complexidade de sua obra. Em 19 de fevereiro, o CNRS tinha lhe concedido a medalha de prata do ano de 1964.

---

21 Delorme, "Hommage à Alexandre Koyré", *Revue d'Histoire des Sciences*, v.18, n.2: Hommage à Alexandre Koyré, p.129, 1965.

Documentos

Documento n.12

Eleição de Alexandre Koyré como diretor cumulant da 6ª seção da École Pratique

31 de maio de 1954
Manusc., École Pratique des Hautes Études, 6ª seção, Fundo L. Velay, Arquivos da Ehess, *Atas das reuniões do Conselho de 17 de março de 1948 a 19 de junho de 1960*, f.22.

A segunda eleição levanta, antecipadamente, devido à escolha preferencial da comissão em favor de nosso colega Alexandre Koyré, a questão do *cumul* [acúmulo] entre seções. A decisão foi afirmativa por parte dos serviços competentes do Ministério da Educação Nacional, a pedido do nosso presidente [Febvre]. Um vivo debate ocorreu no Conselho sobre os méritos de tal solução: além do presidente e do secretário [Braudel], participaram os senhores Labrousse, Le Bras, Vilar, Gurvitch, Bettelheim e Morazé.

O Conselho, finalmente, por 15 votos a 10 e 3 cédulas em branco, aceitou o princípio do *cumul* [acumulação] entre seções e iniciou imediatamente a votação da candidatura de Alexandre Koyré para a direção, dessa vez remunerada, sobre a história das ideias científicas, que até então só aparecia no cartaz da seção por solicitação.

A candidatura de Alexandre Koyré reuniu 23 votos e 4 cédulas em branco.

* * *

Documento n.13

Trecho da carta de Alexandre Koyré para Edmond Faral, administrador do Collège de France

1º de fevereiro de 1951
Manusc. B II Philosophie f.6 E, Arquivos do Collège de France.
Assinado.

[...] Tenho a honra de lhe pedir que me conceda uma entrevista. Pretendo me candidatar para suceder o senhor Gilson, mas antes eu gostaria de pedir sua opinião. [...]

Alexandre Koyré
Diretor de estudos na École Pratique des Hautes Études

* * *

Documentos n.14 e n.14*a*

Trechos de carta de Jean Pommier para Edmond Faral, administrador do Collège de France

Fevereiro de 1951
Manusc. B II Philosophie f.6 C; D, Arquivos do Collège de France, Paris.

N.14

24 de fevereiro de 1951

Senhor administrador e caro colega,

Envio-lhe esta carta para regularizar minha situação antes de 1º de março, mas você tem todo o poder de retirá-la se a situação mudar. Ela já mudou tantas vezes que achei que valia a pena tomar esse cuidado... Numa reviravolta final, Baruzi pode aceitar a dupla apresentação.

Minha rigidez atual vem de uma visita de Koyré, muito alarmado por algumas palavras de Jean Wahl, por aquilo que eu tinha para lhe dizer quando ele me interrogou, e, enfim, por um telefonema do senhor Guéroult, que não lhe deixou dúvidas sobre o bloqueio da situação no 1º turno de todos os votos que não iriam para ele.

No final das contas, a nova combinação é mais correta, embora eu sofra com ela, o que, especialmente no meu estado de saúde, eu teria dispensado... [...]

Jean Pommier

* * *

N.14a

28 de fevereiro de 1951

Senhor administrador e caro colega,

Eis-me então envolvido neste caso e, Deus sabe, se eu tivesse mantido a compostura apesar de minha doença, teria passado bem com ela! Mas, enfim, com a ajuda do amor-próprio, não estou longe de ver sublimidades naquilo que até agora eu considerava asperezas.

Todavia, há algo que me incomoda e que irei contar imediatamente. Guéroult soube ontem que havia pessoas entre nós que acreditavam "que ele concorreria na segunda linha": uma consequência evidente desse falso começo no espírito dos eleitores que sem dúvida ainda não estão familiarizados com o nosso sistema de votação.

É preciso antecipar[22] uma das confusões. Jamais esquecerei que, na Sorbonne, Poyer[23] (sem nomeá-lo), despertando provavelmente de um sonho interior, colocou na urna o nome de um candidato inscrito nas eleições anteriores e cujo destino estava resolvido. Espero que nenhum de nós seja assim.

Ontem vi Gouhier, que faz sua campanha com muita confiança e evitando possíveis objeções [...]

Se quisermos um historiador que seja mais historiador do que filósofo, devemos aceitá-lo. Se quisermos um historiador que seja mais filósofo do que historiador, se quisermos que o espírito filosófico viva em algum lugar no Collège (ao lado de Lavelle)[24] em termos de autenticidade, de vigor e até de fanatismo, devemos considerar Guéroult.

Além disso, conheço há muito tempo, através de muitos estudantes, quem é o melhor historiador da filosofia na Sorbonne, aquele que tem a reputação de conduzir o trabalho pelos chifres e enfrentar os problemas mais difíceis. Eu não entraria em polêmicas a respeito de privar a casa[25] dessa força.

---

22 Acrescentado entre as linhas: "e se possível prevenir". (N. E.)

23 Georges Poyer, psicólogo e professor na Faculdade de Letras da Sorbonne, autor de, entre outros, *Le Sommeil automatique*. Paris: Leclerc, 1914. (N. E.)

24 Louis Lavelle, titular da cátedra de Filosofia no Collège de France de 1941 até 1951. (N. E.)

25 A Sorbonne, localizada ao lado do Collège de France. (N. E.)

Koyré terá, entre outros apoiadores, vários camaradas da École des Hautes Études. O único eleitor que não quis ouvir Guéroult foi, ao que parece, Dumézil, que votou em Koyré. Parece-me, no entanto, que os seus trabalhos, onde você me mostrou uma lacuna que deixei escapar, valem mais do que a sua pessoa, quero dizer, do ponto de vista do ensino: refiro-me ao seu jeito tão lento, tão pesado e tão surdo. [...]

J. Pommier

* * *

Documento n.15

Relato de Francis Perrin na assembleia dos professores do Collège de France

11 de março de 1951
Manusc. G-IV-M-20, Arquivos do Collège de France, Paris. Assinado.

Paris, 11 de março

Proposta de criação de uma cátedra com o título História do Pensamento Científico.

O senhor Gilson era titular da cátedra de História da Filosofia na Idade Média e, sem dúvida, parece razoável a todos os membros da nossa assembleia utilizar a disponibilidade creditada por sua aposentadoria para criar uma cátedra relativa a uma área vizinha, ou pelo menos incluída no mesmo quadro geral, o da história da filosofia. Portanto, pode ter parecido surpreendente para alguns de vocês ver, nessas circunstâncias, um cientista tomar a iniciativa de apresentar-lhes uma proposta para titularidade de cátedra. Eu mesmo hesitei em fazê-lo, mas tal campo da história da filosofia é tão vasto e está em tão íntima relação com todas as áreas do pensamento que é, no fundo, natural que sugestões válidas possam ser feitas por homens de especialidades muito diversas. E, se pensarem na estreita interação entre a filosofia e a ciência em alguns dos grandes períodos do desenvolvimento do pensamento, vocês reconhecerão que não é surpreendente ver um físico desejando que essas relações históricas entre a filosofia e a ciência sejam objeto de ensino em nosso Collège, e considerando-se suficientemente qualificado para propor isso.

Em diversas circunstâncias, vários membros da nossa assembleia manifestaram o desejo de ver criados no Collège de France um ou dois cursos relativos à história das ciências ou à filosofia científica. Embora diga respeito a essas duas áreas e participe de seu interesse e sua importância, a cátedra cuja criação proponho é, no entanto, claramente distinta delas. O seu título História do Pensamento Científico deve de fato levar ao entendimento e à lembrança de que se trata de uma cátedra ligada à história da filosofia, e que, se eu não temesse um título demasiado longo, teria proposto o título mais explícito "História do Pensamento Científico em suas Relações com o Pensamento Filosófico" ou "como Parte do Pensamento Filosófico". Não é, portanto, um ensino de história das ciências, na sua complexidade técnica, que ofereço a vocês, mas um ensino relativo à história de um ramo da filosofia, embora obviamente essencial para quem se interessa pela história das ciências. E ainda, sem ser um ensino de filosofia científica, que deveria ter como objeto o desenvolvimento atual da interação entre o pensamento filosófico e o pensamento científico, a cátedra faria a preparação histórica para tanto.

Mesmo esclarecido dessa maneira, o título que proponho ainda cobre uma área muito vasta, e penso que deveríamos considerar mais particularmente o período da história em que a ciência moderna foi fundada, antes que uma complexidade demasiado grande a removesse do pensamento filosófico geral, um período que vai – digamos – do século XVI ao século XVIII, quando estudamos, no entanto, não apenas o nascimento de novas ideias, mas também o seu confronto instrutivo com as ideias das épocas anteriores, Antiguidade grega e Idade Média. Estou certo de que um estudo aprofundado desse momento seria particularmente fecundo e favoreceria o desenvolvimento de uma filosofia científica atual, da qual percebemos tanto a necessidade quanto as grandes possibilidades, após as recentes perturbações nos fundamentos da física.

Quero apenas dizer algumas palavras sobre os possíveis candidatos à cátedra cuja criação proponho. No espírito em que eu a concebo, ela deveria ser ocupada por uma pessoa que tenha, antes de tudo, formação filosófica e – digamos – literária, porque, por exemplo, um bom conhecimento de latim é mais importante, para o período que considerei, do que uma cultura matemática profunda.

Portanto, não vou sugerir um cientista nem um especialista em história das ciências, mas um filósofo que tenha orientado as suas pesquisas particularmente para a compreensão da influência recíproca do pensamento científico e do pensamento filosófico. O candidato que, em especial, considero mais qualificado para ocupar uma cadeira de História do Pensamento Científico é o senhor Alexandre Koyré, diretor da École Pratique des Hautes Études (para a história das ideias filosóficas e religiosas na Europa moderna). Após pesquisas em diversas áreas da filosofia, especializou-se no estudo do pensamento científico do período de criação da ciência moderna, e quando pensamos em sua formação filosófica, é um elogio não sem valor, creio eu, dizer o quanto seus estudos sobre Galileu, Descartes ou Copérnico são apreciados pelos físicos, que encontram nesses trabalhos uma fonte fascinante de reflexão sobre os fundamentos da sua ciência. Estou persuadido de que o senhor Koyré será capaz de agrupar sob a sua direção pesquisadores capazes de aplicar, num campo mais vasto, métodos semelhantes aos que ele próprio utilizou de modo tão frutífero em casos particularmente importantes, e que ele contribuirá de maneira muito eficaz para formar jovens filósofos que possam assumir a apaixonante tarefa de investigar as consequências filosóficas da atual renovação dos fundamentos da ciência, tarefa tão tragicamente comprometida em nosso país devido ao desaparecimento prematuro de homens como Cavaillès ou Lautmann, vítimas da tirania estrangeira e de paixões racistas que aumentam a barbárie.

F. Perrin

* * *

Documento n.16

Orientação das pesquisas e projetos de curso, apresentados por Alexandre Koyré à assembleia de professores do Collège de France

11 de março de 1951
Segundo Koyré, 1951a [*Titres et travaux*], p.10-4 (republicado parcialmente com o título "Orientações e projetos de pesquisa", identificado como "trecho de um *curriculum vitae* escrito por A. Koyré em fevereiro de 1951", em Koyré, 1966, op. cit., p.11-5).

Desde o início de minhas pesquisas, fui inspirado pela convicção da unidade do pensamento humano, em particular nas suas formas mais elevadas; parecia-me impossível separar, em compartimentos estanques, a história do pensamento filosófico e a do pensamento religioso, com o qual o primeiro sempre se relaciona, seja para nele inspirar-se, seja para opor-se a ele.

Tal convicção, transformada em princípio de pesquisa, revelou-se fecunda para a intelecção do pensamento medieval e moderno, até mesmo no caso de uma filosofia tão desprovida de preocupações religiosas como a de Espinosa. Contudo, tivemos que ir mais longe. Precisei me convencer rapidamente de que era simplesmente impossível negligenciar o estudo da estrutura do pensamento científico.

A influência do pensamento científico e da visão de mundo que este determina não está presente apenas nos sistemas – como o de Descartes ou o de Leibniz – que se apoiam amplamente na ciência, mas também em doutrinas – como as doutrinas místicas – aparentemente alheias a qualquer preocupação desse tipo.

O pensamento, quando formulado como sistema, implica uma imagem, ou melhor, uma concepção do mundo, e situa-se em relação a ela: a mística de Boehme é, a rigor, incompreensível se não houver referência à nova cosmologia criada por Copérnico. Essas considerações levaram-me, ou antes, trouxeram-me de volta ao estudo do pensamento científico. Ocupei-me inicialmente com a história da astronomia; depois, minhas pesquisas se voltaram para o campo da história da física e das matemáticas.

A ligação estabelecida no início dos tempos modernos entre a *physica coelestis* e a *physica terrestris* é cada vez mais estreita e está na origem da ciência moderna.

A evolução do pensamento científico, pelo menos durante o período que eu então estudava, tampouco formou uma série independente, embora estivesse, ao contrário, muito intimamente ligada à das ideias *transcientíficas*, filosóficas, metafísicas e religiosas.

A astronomia copernicana traz não apenas um novo arranjo de "círculos", este mais econômico, mas também uma nova imagem do mundo e um novo sentimento de ser: o translado do Sol para o centro do mundo expressa o renascimento da metafísica da luz e eleva a Terra ao nível dos astros – *Terra est Stella nobilis*, disse Nicolau de Cusa.

A obra de Kepler decorre de uma nova concepção da ordem cósmica, ela própria baseada na ideia renovada de um Deus geométrico, e é a união da teologia cristã com o pensamento de Proclo que permite ao grande astrônomo libertar-se da obsessão pela circularidade que dominou o pensamento antigo e medieval (e até mesmo o de Copérnico); porém é justamente essa mesma visão cosmológica que o faz rejeitar a intuição genial, embora cientificamente prematura, de Giordano Bruno e o encerra nos limites de um mundo de estrutura finita. A obra, seja no caso do astrônomo ou do matemático, não será verdadeiramente compreendida se não a virmos imbuída do pensamento do filósofo e do teólogo.

A revolução metódica realizada por Descartes também decorre de uma nova concepção do saber; por meio da intuição do infinito divino, Descartes chega à grande descoberta do caráter positivo da noção de infinito que domina sua lógica e sua matemática. Por fim, a ideia filosófica – e teológica – do possível, intermediário entre o ser e o nada, permitirá a Leibniz superar os escrúpulos que paralisaram Pascal.

O fruto dessas pesquisas, realizadas paralelamente à minha docência na École Pratique des Hautes Études, foi a publicação, em 1933, de um estudo sobre Paracelso e outro sobre Copérnico, seguidos, em 1934, de uma edição, com introdução, tradução e notas, do primeiro livro cosmológico do *De Revolutionibus Orbium Coelestium*, e, em 1940, dos *Estudos galileanos*. Procurei analisar, nessa obra, a revolução científica do século XVII, a uma só vez fonte e resultado de uma profunda transformação espiritual que perturbou não só o conteúdo, mas os próprios quadros de nosso pensamento: a substituição do cosmo finito e hierarquicamente ordenado do pensamento antigo e medieval por um universo infinito e homogêneo implica e exige a reformulação dos primeiros princípios da razão filosófica e científica, bem como a reformulação das noções fundamentais, a saber, de movimento, espaço, conhecimento e ser.

É por isso que a descoberta de leis muito simples, como a lei da queda dos corpos, custou a grandes gênios esforços tão longos que nem sempre foram coroados de sucesso. Assim, a noção de inércia, que hoje nos parece plausível e até mesmo óbvia, era tão manifestamente absurda para a Antiguidade e a Idade Média que não pôde ser elucidada em todo o seu rigor nem mesmo pelo pensamento de um Galileu; isso só ocorreu graças a Descartes.

Durante a guerra, absorvido por outras tarefas, não pude dedicar tanto tempo quanto gostaria aos trabalhos teóricos. Porém, de 1945 em diante, passei a empreender uma série de novas pesquisas sobre a formação, a partir de Kepler, da grande síntese newtoniana.

Essas pesquisas irão formar a sequência de meus trabalhos sobre a obra de Galileu.

O estudo do pensamento filosófico e religioso dos grandes protagonistas do matematismo experimental – os precursores e os contemporâneos de Newton, além do próprio Newton – revelou-se indispensável para a interpretação completa desse movimento. As concepções filosóficas de Newton concernentes ao papel das matemáticas e da medida exata na constituição do saber científico foram tão importantes para o sucesso de seus empreendimentos quanto o seu gênio matemático: e isto não por falta de habilidade, mas como resultado da insuficiência de sua filosofia de ciência – emprestada de Bacon – que Boyle e Hooke viram malograr diante dos problemas da óptica, o que levou a profundas divergências filosóficas responsáveis por alimentar a oposição de Huygens e Leibniz contra Newton.

Abordei alguns aspectos dessas investigações em meus cursos na Universidade de Chicago, em conferências nas universidades de Estrasburgo e Bruxelas, Yale e Harvard, bem como em comunicações proferidas no Congresso Internacional de História e Filosofia das Ciências (Paris, 1949) e no Congresso Internacional de História das Ciências (Amsterdã, 1950). Por outro lado, em minhas aulas na 6ª seção da École Pratique des Hautes

Études, estudei problemas da mesma ordem: a transição do "mundo do aproximado" para o "universo da precisão", o desenvolvimento da noção e das técnicas de medição exata, a criação de instrumentos científicos que possibilitaram a passagem da experiência qualitativa para a experiência quantitativa da ciência clássica, e finalmente, as origens do cálculo infinitesimal.

A história do pensamento científico, tal como o entendo e me esforço para praticá-lo, visa apreender o caminho desse pensamento no próprio movimento de sua atividade criativa. Para tanto, é essencial localizar as obras estudadas em seu meio intelectual e espiritual para que elas possam ser interpretadas de acordo com os hábitos mentais, as preferências e as aversões de seus autores. Devemos resistir à tentação, à qual sucumbem demasiados historiadores das ciências, de tornar mais acessível o pensamento muitas vezes obscuro, desajeitado e até mesmo confuso dos antigos, traduzindo-o para uma linguagem moderna que o esclarece e, ao mesmo tempo, o deforma: nada, pelo contrário, é mais instrutivo do que o estudo das demonstrações do mesmo teorema dadas por Arquimedes e Cavalieri, Roberval e Barrow.

É igualmente essencial integrar na história de um pensamento científico a maneira como este se compreendeu e se situou em relação àquilo que o precedeu e o acompanhou. Não podemos subestimar o interesse das polêmicas de um Guldin ou de um Tacquet contra Cavalieri e Torricelli; haveria o perigo de não estudar de perto a forma como um Wallis, um Newton, um Leibniz consideravam a história de suas próprias descobertas, ou de negligenciar as discussões filosóficas que estas provocaram.

Finalmente, devemos estudar os erros e os fracassos de modo tão cuidadoso quanto estudamos os sucessos. Os erros de Descartes ou de Galileu, os fracassos de Boyle e de Hooke não são apenas instrutivos, mas também revelam as dificuldades que precisaram ser vencidas e os obstáculos que precisaram ser superados.

Por termos vivido duas ou três crises profundas na nossa maneira de pensar – a "crise dos fundamentos" e o "eclipse dos absolutos" matemáticos, a revolução relativista, a revolução quântica –, por termos sofrido a destruição das nossas antigas ideias e realizado o esforço para nos adaptarmos às novas, somos mais capazes do que os nossos antecessores de compreender as crises e as polêmicas do passado. Acredito que o nosso tempo seja particularmente favorável às pesquisas desse tipo e ao ensino a elas dedicado sob o título de *História do Pensamento Científico*. Já não vivemos no mundo das ideias newtonianas, nem mesmo maxwellianas, e, como resultado disso, somos capazes de considerá-las tanto de dentro como de fora, de analisar as suas estruturas e de perceber as causas dos suas falhas, pelo fato de estarmos mais bem equipados para compreender o significado das especulações medievais sobre a composição do contínuo e a "latitude das formas", a evolução da estrutura do pensamento matemático e físico ao longo do século passado em seu esforço criativo das novos modos de raciocínio e seu retorno crítico aos fundamentos intuitivos, lógicos e axiomáticos de sua validade.

Também a minha intenção não é limitar-me apenas ao estudo do século XVII: a história dessa grande época deve lançar luz sobre períodos mais recentes, e os assuntos que tratarei seriam caracterizados, mas não esgotados, pelos seguintes temas:

– O sistema newtoniano: o desenvolvimento e a interpretação filosófica do newtonianismo (até Kant e por Kant).

– A síntese maxwelliana e a história da teoria do campo.

– As origens e os fundamentos filosóficos do cálculo de probabilidades.

– A noção de infinito e os problemas dos fundamentos das matemáticas.

– As raízes filosóficas da ciência moderna e as interpretações recentes do conhecimento científico (positivismo, neokantismo, formalismo, neorrealismo, platonismo).

Acredito que, continuadas de acordo com o método que esbocei, essas investigações lançariam uma viva luz sobre a estrutura dos grandes sistemas filosóficos dos séculos XVIII e XIX que, todos eles, são determinados em relação ao saber científico, seja para integrá-lo, seja para transcendê-lo, e que nos permitiriam compreender melhor a revolução filosófico-científica de nosso tempo.

Ilustrado por Tannery, Duhem, Hannequin e Brunschvicg, Meyerson e Pierre Boutroux, o estudo do pensamento científico e da sua história foi durante muito tempo uma das tradições mais preciosas da escola filosófica francesa. É essa tradição que, dentro das minhas possibilidades, eu gostaria de ajudar a reviver. Uma cátedra de História do Pensamento Científico, se fosse criada, ou melhor, recriada, no Collège de France, permitiria reunir os esforços esparsos e dispersos de investigadores hoje isolados. Ao mesmo tempo, ela proporcionaria aos cientistas, filósofos e historiadores os meios para aproximarem os seus respectivos pontos de vista e a oportunidade de colaboração que é necessária não só para o progresso das suas próprias disciplinas, mas também para salvaguardar os valores humanistas.

Fevereiro de 1951

* * *

Documento n.17

Relatório de Lucien Febvre à assembleia de professores do Collège de France sobre a criação de uma cátedra de História do Pensamento Científico

11 de março de 1951

Manusc. G-IV-m 2P, Arquivos do Collège de France, Paris.

Não assinado.

Meus caros colegas,

Serei breve. Mas pareceu-me que eu estaria falhando gravemente no reconhecimento que devo à nossa antiga casa se não quebrasse o meu silêncio hoje – e se não pedisse mais alguns minutos da sua atenção.

Uma cátedra de História das Ciências: tal criação é um anseio do Collège há muito tempo. Várias vezes, tentou-se realizar esse anseio. Não dependia dele que Tannery[26] tivesse ensinado aqui no passado – nem que Pierre Boutroux tivesse vivido mais e realizado aquilo que se esperava dele. Uma espécie de azar parece ter perseguido essas tentativas dos mais velhos. Apresenta-se hoje uma oportunidade para corrigir o erro do destino. Suplico ao Collège que não deixe isso escapar.

Não que a questão seja colocada hoje nos mesmos termos que há trinta anos. O imenso desenvolvimento da ciência e das

26 Riscado no manuscrito: "tivesse ensinado aqui, o que talvez permitiria a esse eminente historiador formar alunos e criar uma escola. Não dependia dele que Pierre Boutroux, que era filósofo como seu irmão, formasse especulações sobre o mais elevado pensamento científico de seu tio Henri Poincaré". (N. E.)

ciências, o discernimento cada vez mais completo do espírito científico para estudo de nossa civilização, todo esse poderoso trabalho elimina em nós[27] a opinião de que um único homem numa única cátedra pode dominar o formidável conjunto de noções e ideias que compõem a história do pensamento científico. No mínimo (e deixando de lado os últimos desenvolvimentos nas especulações contemporâneas que deveriam ser submetidas à crítica atenta de um grande espírito) – pelo menos poderíamos vislumbrar em nossos sonhos a criação de dois cursos. Um deles, atribuído a um helenista que, aliado a um orientalista, seja capaz de estudar a ciência grega não só em si mesma, mas nos seus antecedentes asiáticos e nas suas extensões europeias. O outro, sobre o qual falamos hoje: um curso dedicado ao estudo do poderoso desenvolvimento de ideias físicas, astronômicas e cosmológicas associadas aos nomes de Copérnico, Kepler, Galileu e Newton.

Copérnico, Kepler, Galileu, Newton: é a obra desses grandes espíritos que sustenta, por assim dizer, durante pelo menos quatro séculos, toda a civilização moderna do Ocidente. É dessa obra que decorrem o significado, o valor e a influência dessa civilização. Se essa obra se manifesta no exato momento, considerado o grande processo de dádivas e empréstimos da história comum da Ásia e da Europa ao longo da Idade Média, enfim, se ela se manifesta no exato momento em que a civilização do Ocidente passa a subjugar a civilização do Oriente pelos séculos seguintes, isso não acontece por acaso. Tampouco se trata de um encontro fortuito. E se, por outro lado, limitando-me a

---

27 Riscado no manuscrito: "ao mesmo tempo mais exigentes e mais desconfiados do que os nossos mais velhos. Não temos mais". (N. E.)

alguns fatos relevantes, foi justamente no século XVI, na época de Copérnico, Kepler e do jovem Galileu, que a literatura europeia encontrou seu caminho – essa literatura que abandonou a ficção e passou a se nutrir com ideias, a literatura que, ao deixar de ser *passatempo* apenas, tornava-se alimentação; se essa literatura continua a crescer em força e dignidade durante os séculos XVII e XVIII –, é porque ela está cada vez mais ligada a um pensamento científico que começava a conquistar o mundo europeu.[28] Em suma, é porque, ao lado do humanismo literário, existe um humanismo científico de grande poder, cujas conquistas devemos inscrever em lugar de destaque na história do desenvolvimento de nosso espírito moderno.

Digo literatura? *Mas* e a filosofia de Descartes a Leibniz? *Mas* e as religiões ou, nas antípodas da religião, a irreligião, essa "incredulidade" cujos caracteres e limites tentei definir, aqui mesmo, precisamente no início da era moderna? *Mas* e a própria arte, bem como a *perspectiva*, essa grande revolução que, cada vez mais baseada na matemática, nos impôs durante quatro séculos uma forma de ver o mundo, forma atualmente em processo de evolução e mudança rapidíssimas? Em suma, eis a grande passagem, do *aproximado* à *precisão*, que é talvez o fato capital da história moderna de nossa civilização. E que ilumina decisivamente algumas das suas maiores obscuridades. Tomemos apenas um exemplo que, no entanto, não é sem magnitude: a história da técnica. Todo esse problema que Marc Bloch formulou com

---

28 Riscado no manuscrito: "discernir os significados que talvez seja hora de não mais serem celebrados unicamente como as realizações superiores de um humanismo greco-latino os passos daquilo que convencionamos chamar de Renascimento". (N. E.)

força incomparável ao tratar do *Moinho d'água*: o problema do maquinismo e da longa ausência, da ausência inexplicável dos gregos, dos antigos e, depois deles, dos homens da Idade Média nessa área.[29] Problema de execução? Se assim desejarmos. E é um fato que as primeiras máquinas inventadas durante o que podemos chamar de pré-revolução das técnicas nunca foram *calculadas*. Implementadas com senso prático, pertencem *ao mundo da aproximação*.[30] Contudo, como poderiam ser "calculadas" – assim seriam as máquinas dessa época – se, aliás, elas eram construídas em madeira e não em aço? O homem da Idade Média, ou melhor, o homem do século XVI, não sabe calcular. Ele não sabe contar, pesar, medir de modo operacional, ou seja, normalmente. O uso dos instrumentos mais simples, os mais usuais hoje, permanece insólito para ele. E tudo isso é verdade. Entretanto, será

---

29 Riscado no manuscrito: "Impotência material? Por um paradoxo singular, esses homens, que não achavam possível uma realidade cotidiana matematizável, ou seja, que não viam a exatidão como algo deste mundo, pois para eles os seres matemáticos, essas abstrações precisas, poderiam informar a matéria sempre em movimento, a matéria sem rigor do nosso mundo sublunar que, ao contrário, era bastante diferente do mundo celeste, e no qual os mesmos homens, os gregos e os herdeiros espirituais, provaram, sem relutância ou embaraço, que os movimentos das estrelas estavam rigorosamente em conformidade com as leis da mais estrita geometria. Foi assim que a Grécia criou pacientemente uma mecânica celeste. Porém, sem nunca tentar matematizar o movimento na Terra. Oposição tão vívida que, no caso do relógio solar, instrumento que transmite à Terra a mensagem do movimento celeste, obrigou os gregos a marcar não o dia sideral, de duração perfeitamente constante, mas as horas + ou – do mundo em que viviam: do mundo da aproximação". (N. E.)

30 Riscado no manuscrito: "Assim, copiamos apenas as operações mais grosseiras da indústria: as artes + sutis e + delicadas não são praticadas por mãos humanas". (N. E.)

que o problema é estritamente técnico? Não. Em última análise, é um problema de *mentalidade*. Veja-se a alquimia. Durante a sua existência milenar – que tanto interessou Berthelot –, a alquimia conseguiu elaborar um vocabulário, uma notação e até um ferramental recebido e conservado como herança por nossa química. Mesmo assim, ela *nunca teve sucesso em um experimento* no sentido moderno dessa palavra. O que faltou foi *a própria ideia de experimentação*. O que faltava, se quisermos, não era o termômetro: ele teria sido facilmente inventado se, alguns séculos antes, existisse a ideia de que o calor era passível de medição exata...

Quem fala assim por minha voz? Quem acrescenta o seu testemunho e a força probatória de uma demonstração, cujo elevado valor científico acabamos de ouvir, aos nossos próprios testemunhos, aos nossos testemunhos como historiadores das civilizações modernas? O homem, precisamente, que está na origem do projeto da cátedra aqui apresentada para apreciação: Alexandre Koyré, que leio com paixão, há anos, como historiador, pois ele serve à história de modo excelente com suas numerosas, variadas e penetrantes obras.

Trabalhos de história da filosofia em primeiro lugar, circunscritos à Idade Média e, em especial, à Idade Média de Santo Anselmo. Trabalhos orientados para os problemas religiosos que o levaram da Idade Média ao século da Reforma, com uma tese notável sobre o difícil, confuso e rico Jacob Boehme, que Koyré conseguiu situar nas origens da metafísica germânica. A partir daí, uma busca ardente pela descoberta de enigmas vivos: Valentin Weigel, Sébastien Franck, Caspar Schwenckfeld: místicos que se revelaram totalmente impensáveis sem uma referência precisa à ciência daquele tempo. Então, Koyré procede à descoberta dessa ciência. Ele inicialmente se prende a Copérnico, que estuda e traduz. De Copérnico ele passa para Galileu e, naturalmente, para Descartes. E temos aí os seus admiráveis *Estudos galileanos*. Aqui está ele agora, com passo seguro, caminhando em direção a Newton. Não podemos acusar esse homem que, num setor abandonado demais pelos franceses, fez mais, durante trinta anos, do que salvar a honra – não o acusaremos de evitar grandes questões. Essa pessoa modesta e tímida que vemos diante de nós, esse homem que parece hesitar e, às vezes, fechar-se em si mesmo – sabe, além disso, que pode lidar com tais assuntos sem ser esmagado por eles. Ele sabe onde está pisando. Triunfará sobre Newton, assim como sobre Galileu e Copérnico.[31]

Não quero prolongar esta apresentação. Direi apenas mais uma palavra. Um pouco antes, quando subíamos até esta sala, pisoteávamos (que Guillaume Budé nos perdoe!) o antigo lema da casa: *Omnia docet*, esse testemunho da bulimia dos humanistas. Se me pedissem para aproximar uma fórmula vã como essa de nossa realidade precisa, eu sugeriria: *Nova docet*. Nosso

---

31 Riscado no manuscrito: "Eu não teria terminado se tivesse que dizer tudo o que a história das civilizações já deve a Alexandre Koyré em termos de ideias novas, fortes, originais e revigorantes. Espero sinceramente que ele entre nesta casa e traga para ela o capital de estima e de crédito científico que acumulou através de um trabalho árduo. Que ele receba da casa essa espécie de consciência elevada da qual podemos dizer que só a França tem o privilégio de conceder.
Meus queridos colegas, perdoem-me por lembrá-los: este é um momento grave para a nossa antiga casa. Devido ao ritmo frenético das aposentadorias e à relativa escassez de espíritos originais, corremos o risco de ser obrigados a remodelar nosso colégio à nossa revelia, por necessidade, nos velhos moldes do ensino tradicional nas faculdades. Protejamo-nos contra isso". (N. E.)

Collège só ensina e só deve ensinar aquilo que não se ensina em outro lugar. A proposta que hoje o senhor Francis Perrin apresenta nos dá a oportunidade de implantar aqui, em seu verdadeiro lugar, um ensino de elevado e eminente valor; não vamos deixar escapar tal oportunidade para nosso enriquecimento. Dotar, na pessoa de um bom estudioso, a história do pensamento científico – esse suporte de toda a história da civilização – de um instrumento único, desejado – e desejável.

* * *

Documento n.18

Carta de Alexandre Koyré para Fernand Braudel

7 de maio de 1957
Arquivos Ehess, Paris. Assinado.

Paris, 7 de maio de 1957

Meu caro presidente e amigo,

Eu gostaria de chamar a atenção para um projeto já muito antigo – na verdade, anterior à fundação da 6ª seção da Ephe: a da criação na seção de um centro de estudos e ensino da história das ciências e das técnicas.

É incontestável o interesse de tais cursos, até mesmo a importância deles. Assim como é incontestável o fato de cursos assim serem incluídos nos *curricula* universitários regulares em todo lugar, exceto na França. Parece-me que cabe a nós corrigir essa deficiência da universidade francesa e que, dada a expansão presente e futura da seção, agora é a hora de se fazer isso. O sucesso das publicações relativas às disciplinas em questão demonstra isso; o público compreendeu claramente o que as autoridades públicas teimam em não compreender.

Por favor, acredite, meu querido presidente e amigo, na expressão dos meus mais sinceros e devotados sentimentos.

Alexandre Koyré

* * *

Documento n.19

Carta de Alexandre Koyré para Fernand Braudel

12 de julho de 1957
Correspondência F. Braudel, Bibliothèque de l'Institut de France, MS 8510/16.[32]

École Pratique des Hautes Études
Seção de Ciências da Religião
Sorbonne

Paris, 12 de julho de 1957

Meu caro presidente e amigo,

---

32 Documento reproduzido com a gentil anuência da Comissão dos Bibliotecários e Arquivos do Institut de France e de sua presidente, sra. Hélène Carrère d'Encausse, secretária permanente da Académie Française.

Tenho o prazer de informar que as conversações preliminares – e rápidas: às vésperas das férias – com os funcionários do Centre de Synthèse, i.e., o senhor Chalus e a senhorita Delorme, chegaram a um acordo de princípio: concordei em ser nomeado, ou, mais precisamente, eles, junto com o presidente da seção de história das ciências, aceitaram a anexação desta seção à 6ª seção da École.

Um contrato formal será elaborado e, espero, concluído em setembro. Enquanto isso, procederemos de acordo com as regras aplicadas à eleição do senhor Koyré.

Espero, portanto, que as ideias esboçadas por nós sejam concretizadas sem muito atraso.

Enquanto isso, envio-lhe em anexo um pedido de licença (fiz um na 5ª seção)[33] e um projeto do Centre d'Études d'Histoire des Sciences et des Techniques.

Com os meus sentimentos mais amigáveis,

A. Koyré

* * *

Documento n.20

Projeto de criação de um Centre d'Études d'Histoire des Sciences et des Techniques na École Pratique des Hautes Études, 6ª seção, Ciências Econômicas e Sociais, por Alexandre Koyré

[12 de julho de 1957]
Arquivos Ehess, Paris. Assinado.

33 Puech concorda. Pastor também. Desculpe-me por este papel timbrado da 5ª seção. Não tenho tempo de ir à rua Varenne.

Parece-me supérfluo insistir no interesse e na importância da história das ciências e das técnicas. Elas são cada vez mais reconhecidas; acima de tudo, deve-se admitir, no estrangeiro, onde – na América, na Inglaterra e até mesmo na Bélgica e na Holanda – fazem parte do ensino universitário. A França, infelizmente, apesar da existência – pelo menos no papel – de um Instituto de História das Ciências e das Técnicas na Universidade de Paris, encontra-se deploravelmente atrasada nessa área, embora tenha uma série de historiadores de valor universalmente reconhecido. Parece-me urgente remediar tal situação; parece-me também que a 6ª seção da École Pratique des Hautes Études, ao criar um Centre d'Études d'Histoire des Sciences et des Techniques, poderia servir de catalisador de forças dispersas.

Para poder funcionar, esse Centre necessitaria de um local, uma biblioteca e uma equipe de trabalho.

a) O local deverá poder abrigar a biblioteca (livros, fotos e microfilmes), além de possuir uma sala de trabalho comum e salas menores (mesas, microfilmes e aparelhos de leitura). Os cursos e as conferências seriam ministrados nas dependências da École.

b) Biblioteca. Trata-se de criar não uma biblioteca de pesquisa – nada pode substituir as grandes bibliotecas parisienses –, mas uma biblioteca de trabalho. Ela deveria contar com: 1) edições modernas dos grandes clássicos da ciência; 2) obras de referência e de documentação; 3) periódicos; 4) acervo de microfilmes e fotos; 5) um arquivo.

1) Os grandes clássicos – como Copérnico, Tycho Brahe, Galileu, Huygens – e as coleções de obras matemáticas dos gregos (no texto original e em traduções) podem ser adquiridos imediatamente. Outros, por exemplo Herão, Vitrúvio, Pascal,

Newton ou, entre os modernos, Faraday e Laplace, só podem ser de segunda mão (não faço aqui uma lista de obras a adquirir, estou apenas dando alguns exemplos).

2) Obras como as de Duhem, Thorndike, Sarton, Tannery, Anneliese Maier etc. enquadram-se na primeira categoria. Aquelas de Montucla, Caverni, M[oritz] Cantor etc., na segunda.

3) Às obras de referência propriamente ditas é preciso acrescentar as coleções como a *Enciclopédia* (com as pranchas), a *Enciclopédia metódica* e os melhores estudos sobre as diversas épocas e os diversos problemas da história das ciências e das técnicas.

4) Deveríamos ter coleções completas de periódicos, como *Archeion*, *Isis*, *Osiris*, *Annals of Science*, *Zeitschrift für die Geschichte des Mathematik und Naturalwissenschaften*, *Quellen und Studien* [*Quellen und Studien zur Geschichte der Mathematik, Astronomie un Physik*] etc., sem esquecer o *Bulletin Boncompagni*. Algumas dessas coleções só podem ser adquiridas em segunda mão. Seria preciso, é claro, assinar os principais periódicos.

5) Um arquivo bibliográfico e analítico. Tal arquivo foi criado antes da guerra no Centre de Synthèse. Porém, ele só funcionou até 1939. Seria necessário, portanto, completá-lo e mantê-lo atualizado.

Para a história das técnicas, será preciso obter catálogos de museus e coleções, além de constituir um acervo de fotografias. É indispensável uma coleção de microfilmes, ou melhor, microcartões – obras importantes são, muitas vezes, extremamente raras.

c) Equipe de trabalho. O Centre deveria contar com uma equipe técnica que cuidasse da biblioteca, do acervo e do arquivo – acho que seria necessário ter pelo menos um secretário-bibliotecário e um assistente científico (como o padre Lenoble ou Costabel). Seria necessário, evidentemente, prever a nomeação de dois ou três diretores de estudos, chefes de trabalhos ou diretores assistentes. Na verdade, não podemos realizar pesquisas na história das ciências matemáticas e, ao mesmo tempo, na história das ciências biológicas, ou mesmo na história da ciência grega e na história da ciência moderna.

Quanto à história das técnicas, ela talvez seja ainda mais especializada do que a das ciências.

Existem pessoas competentes – em arquivos, bibliotecas etc. Deveríamos atraí-las para o Centre oferecendo-lhes (um ou dois) cargos *cumulants*, e, para os demais, conferências temporárias (uma ou duas por semestre). Porém, também seria necessário prever a criação de – pelo menos – um cargo não *cumulant* de diretor de estudos.

O acordo com o Centre de Synthèse facilitaria a criação do Centre ao permitir a) ter um local provisório; b) utilizar a biblioteca do Centre e da Académie d'Histoire des Sciences, que inclui cerca de 2 mil volumes e, em particular, algumas coleções de periódicos (*Isis*, *Osiris*, *Annals* [*of Science*], *Journal of the History of Ideas* etc.); c) torná-lo ponto de encontro do grupo francês de história das ciências e das técnicas, e até mesmo do seminário de história das matemáticas (Taton).

Alexandre Koyré

* * *

Documento n.21

Certificado administrativo da presidência da 6ª seção, Ciências Econômicas e Sociais, Ephe

17 de julho de 1958[34]
Fundo Centre de Recherches d'Histoire des Sciences et des Techniques, Arquivos Ehess, Paris. Cópia assinada.

O professor Fernand Braudel, presidente da 6ª seção da École Pratique des Hautes Études, abaixo assinado, certifica que o Centre de Recherches d'Histoire des Sciences et des Techniques, rua Colbert, n.12, em Paris, é parte integrante da École Pratique des Hautes Études, estabelecimento público de ensino superior e de pesquisas.

Para o presidente da seção de Ciências Econômicas e Sociais (6ª seção) da Ephe e por delegação, o diretor de estudos encarregado da Administração Geral e Financeira

Em Paris, 17 de julho de 1958.
L. Velay

* * *

34 Um "Acordo em anexo" datado de 10 de junho de 1958, entre o presidente da 6ª seção da École Pratique des Hautes Études e o secretário-geral do Centre International de Synthèse, e aprovado pelo ministro da Educação Nacional, sobre a instalação do Centre de Recherches d'Histoire des Sciences et des Techniques do Hôtel de Nevers, acompanha esse certificado. (N. E.)

Documento n.22

Mensagem de Alexandre Koyré na ocasião do centenário de nascimento de Émile Meyerson

1959

Bulletin de la Société Française de Philosophie, v.53, p.115 ss., 1961.

Lamento profundamente não poder estar presente na sessão comemorativa do centenário do nascimento de Émile Meyerson, que sempre admirei como um dos maiores epistemólogos e historiadores das ciências e da filosofia do nosso tempo.

Ainda mais porque o conheci muito e, pessoalmente, devo muito a ele. Pode até ser devido à sua influência, à influência das longas discussões hebdomadárias – eu ia vê-lo quase todas as semanas, às quintas-feiras –, discussões que se centravam na ciência do passado e do presente, nos filósofos do passado e do presente, em seus próprios trabalhos em andamento, que devo ter finalmente me orientado ou reorientado da história do pensamento filosófico em direção à história do pensamento científico. Na verdade, quando o conheci, algum tempo depois da Primeira Guerra Mundial, eu estava preocupado com algo completamente diferente, com Santo Anselmo, Descartes, Jacob Boehme... mas sempre me interessei pela epistemologia e pela filosofia das ciências. E, da filosofia das ciências para a história das ciências, a passagem é quase inevitável. Pelo menos quando, como Émile Meyerson, vemos nessa história o instrumento essencial para o estudo do pensamento científico que não podemos, ou conseguimos com muita dificuldade, alcançar por meio da introspecção, por meio da análise direta das suas abordagens e do seu percurso.

Na verdade, não sabemos, ou sabemos mal, como pensamos: a descrição fenomenológica é uma coisa difícil e, no pensamento atual, forma e conteúdo estão inextricavelmente misturados. Além disso, é difícil explicar não apenas os seus pressupostos inconscientes, como também a axiomática subjacente que o sustenta e que o informa. Porém, é quase inevitável confundir a sua forma atual, que é passageira e talvez não dure muito, com a sua forma e sua estrutura essenciais. E é muito mais fácil identificar estas últimas ao analisarmos e estudarmos um pensamento que nos é estranho, teorias que já não são nossas, principalmente se continuarmos a análise por longos períodos da história, de tal maneira que a variedade de conteúdos realce a unidade das operações.

Além disso, considerada como fez Meyerson – e é assim que se deve fazer –, a história do pensamento científico torna-se algo extremamente apaixonante, e até mesmo comovente. Ela não se apresenta para nós como uma cronologia de descobertas ou, de modo inverso, como um catálogo de erros, *cemitério de teorias esquecidas*, mas como a história de uma aventura extraordinária, a aventura do espírito humano que persegue obstinadamente, apesar dos constantes fracassos, um alvo impossível de ser atingido, a saber, o da compreensão, ou, melhor ainda, o da racionalização da realidade. História em que, exatamente por isso, os erros e os fracassos são tão instrutivos, tão interessantes e até mesmo tão dignos de respeito quanto os acertos.

Acertos sempre parciais, porque – creio que não preciso insistir nisso –, segundo Meyerson, a racionalização da realidade, ou seja, a descoberta de uma camada de realidade mais profunda, mais estável, mais homogênea, em substituição à trama variada e mutável dos fenômenos, só poderia ter êxito parcial. O real não é racional, nem mesmo enquanto realidade, e, por outro lado, a irracionalidade – qualidade, multiplicidade, mudança – não pode ser eliminada deste mundo. O ideal que o pensamento persegue, o da redução do diverso ao idêntico – é nisso que, para Meyerson, consistia a razão, ou, para falar com os antigos, a redução do Outro ao Mesmo –, é impossível e contraditório, pois ele deveria ter tanto a transparência do Nada quanto a "massividade" do Ser.

É através desse caráter contraditório da própria razão, ela também uma mistura – assim como o mundo – entre o Mesmo e o Outro, que Meyerson explicou o caráter paradoxal da ciência; por um lado, fundamentalmente e resolutamente realista – o legalismo e o positivismo são apenas posições de recuo e de renúncia que, *no longo prazo*, nunca prevaleceram –, e, por outro lado, não menos resolutamente niilista, continuando ainda, ou pelo menos nos tempos modernos, o sonho grandioso e insano *de reductione scientiae ad geometriam*, ou seja, do Ser no Espaço, do *Ens* ao *Non-Ens*.

Mas fico por aqui. Minha carta já é muito longa. Porém, para terminar, eu gostaria de voltar mais uma vez a mim mesmo. Eu disse que devia muito a Meyerson, ao seu ensino, ao seu método. Permaneci fiel a ele? Não inteiramente, sem dúvida, porque em meus trabalhos concentrei-me principalmente em mostrar não o fundo de semelhanças do pensamento humano, mas as diferenças de suas estruturas em épocas diversas da história. No entanto, sinto que me mantive fiel ao grande preceito que ele próprio sempre aplicou: tratar aqueles que nos precederam e que erraram com tanto respeito como tratamos os nossos contemporâneos, e procurar as razões – razoáveis – de seus erros com tanto cuidado quanto o fazemos em relação aos seus acertos.

Relatórios de ensino

Os textos aqui reproduzidos seguem os relatórios anuais dos seminários de História das Ideias Religiosas na Europa Moderna da 5ª seção da Ephe e os de História do Pensamento Científico publicados nos volumes do *Anuário* da 6ª seção, Ciências Econômicas e Sociais, desde a sua publicação em 1956.

No estado em que se encontra a documentação disponível, não resta nenhum relatório dos seminários apresentados por Koyré na 6ª seção da Ephe antes dessa data, embora a partir de 1950 as atas das assembleias da seção atestem a decisão de reunir e publicar resumos de curso: "O princípio de um anuário é discutido e aceito. O secretário [Braudel] está encarregado da implementação disso. Os diretores de estudos comprometem-se a fornecer copiosos relatos sobre suas atividades desde a fundação da seção".[35]

Da mesma forma, até prova em contrário, nenhuma versão manuscrita dos resumos dos cursos reproduzidos neste livro foi preservada nos arquivos.

* * *

História das ideias religiosas na Europa moderna

1945-1946

As origens da tecnologia

Nos estudos sobre a revolução científica do século XVII que realizei antes da guerra (os resultados são apresentados em meus

35 Arquivos Ehess, *Atas das reuniões do Conselho. Reunião de 14 de abril de 1950.*

Estudos galileanos, 3v., Paris, Hermann, 1939), concentrei-me sobretudo em revelar o nascimento da física teórica nas obras de Galileu e de seus contemporâneos. A física teórica, tal como foi a conclusão a que cheguei, é uma explicação da realidade a partir do impossível num mundo arquimediano (o mundo da geometria realizada).

Nos meus estudos deste ano, procurei esclarecer o aspecto complementar da revolução, a saber: o nascimento da técnica científica oposta à técnica empírica do século XVI, bem como o nascimento do instrumento (instrumento de medida, instrumento óptico), encarnação da teoria na realidade, o que, por si só, torna possível a constituição de um saber experimental e a redução do mundo a *numerus, pondus, mensura*. O que, por sua vez, resulta na volatilização do mundo do senso comum, na destruição do cosmo e, por conseguinte, no desaparecimento das bases físicas e metafísicas da teologia tradicional.

O reverendo padre Russo participou ativamente na explicação e no estudo dos textos tecnológicos do século XVI.

A crítica de Espinosa à teologia natural

Durante este ano retomei o estudo-comentário de *Ética* iniciado antes da guerra.

Os resultados a que cheguei podem ser formulados da seguinte maneira: Espinosa submete os conceitos da teologia tradicional a uma operação que pode ser designada como sendo a da infinitização. Qualquer noção marcada pela finitude é, portanto, excluída dos atributos de Deus.

Podemos dizer também que Espinosa leva a sério a afirmação da infinitude divina, iluminando-a com a descoberta cartesiana do caráter positivo do infinito.

Assim, é em Descartes que ele encontra ao mesmo tempo o seu mestre e o seu principal adversário: ele desenvolve a sua própria metafísica levando as ideias cartesianas, ou pelo menos certas ideias cartesianas, até as últimas consequências.

A identificação do infinito com o inteligível implica necessariamente a negação de qualquer elemento irracional na essência divina, bem como de qualquer relação irracional entre Deus e o mundo: negação da vontade criativa e da própria criação; a redução da inteligibilidade ao tipo de inteligibilidade matemática implica a negação de todo finalismo; a negação do voluntarismo cartesiano (irracionalismo) implica a negação da liberdade, ou, o que dá no mesmo, a sua redução à espontaneidade inteligível.

O intelectualismo de Espinosa o aproxima do averroísmo. Poderíamos defini-lo: um averroísta que leu Descartes e deixou-se penetrar pelo espírito da geometria analítica.

Número de inscritos: 5.

Ouvintes assíduos: sr. S. Maupied, sr. F. Simonnet.

Bibliografia sumária:

– *Entretiens sur Descartes*. Nova York: Brentano's, 1944.

– *Introduction à la lecture de Platon*. Nova York: Brentano's, 1945.

– "Galileo and Plato". *Journal of the History of Ideas*, 1943.

– "[Galileo and] the Scientific Revolution of the XVIIth Century". *Philosophical Review*, 1944.

– "Nicolaus Copernicus". *Quarterly Bulletin of the Polish Institute of Arts and Sciences*, Nova York, 1943.

– "Louis de Bonald". *Journal of the History of Ideas*, 1946.

– "The Liar". *Philosophy and Phenomenological Research*, 1946.

– "Aristotélisme et platonisme dans la philosophie du Moyen Âge". *Les Gants du Ciel*, Ottawa, 1944.

– "Si le Grain ne Meurt". *Ethics*, Chicago, 1945.
– "La Philosophie sous la IIIe République". [*L'Œuvre de*] *la Troisième République*, Montréal, 1945.
– "La Cinquième colonne". *Renaissance*, v.II, Nova York, 1945.

* * *

1946-1947

A crítica de Espinosa à teologia natural

Dando continuidade aos estudos do ano passado, avancei no comentário histórico-crítico do livro I da *Ética*. Os resultados podem ser resumidos da seguinte forma: a técnica da infinitização (ver meu relatório do ano passado) permite a Espinosa identificar noções (e, portanto, realidades) essencialmente infinitas, a uma só vez inteligíveis e simples; estas podem (e devem) ser consideradas como formadoras das determinações essenciais do ser, seus "atributos". Trata-se das noções de pensamento e extensão:[36] na verdade, somente elas possuem as características necessárias para poderem ser atribuídas a Deus. Todos os outros, pelo contrário – sobretudo aqueles da teologia natural tradicional – estão marcados pela relatividade e, portanto, pela finitude; falta-lhes "simplicidade"; mesmo quando são inteligíveis (por exemplo: as noções de intelecto ou de vontade), não o

36 A infinitude do espaço confere dignidade ontológica a este, e dignidade suficiente para que seu modo de ser não seja mais essencialmente imperfeito. Malebranche, Geulincx, Barrow, Newton e H. More são exemplos dessa atitude.

são por si e em si, e não possuem, portanto, a dignidade ontológica indispensável ao atributo.

De outro ponto de vista, a simplicidade e a independência das noções essencialmente infinitas garantem a sua perfeita compatibilidade, o que não é o caso dos "atributos" tradicionais (por exemplo, bondade, justiça, onipotência etc.).

Estas, incapazes de serem tornadas infinitas, são, além disso, incompatíveis entre si. A unidade da substância espinosista explica-se, portanto, por este mesmo fato: ela é o sujeito das determinações essencialmente infinitas, e, por isso mesmo, não é *Ens nullo modo determinatum*, mas *Ens omnimodo determinatum*. A substância não é e não pode ser separada dos atributos, pois, sem eles, ela seria o ser abstrato e incognoscível da teologia negativa (Maimônides); é a potência de ser realizando-se e revelando-se nas e através das suas determinações. A unidade dos atributos não é uma identificação (esse é o erro fundamental da teologia tradicional, que, para salvaguardar a unidade divina, é obrigada a esvaziar os atributos de todo conteúdo concreto e a criar contradições), mas uma relação cujo modelo inteligível é fornecido pela geometria analítica, ou melhor, pela álgebra: uma fórmula algébrica (uma equação) é tanto um número quanto uma figura espacial, embora um número ou uma curva, considerados em si mesmos, não tenham nada em comum. O modelo real é a unidade do ser humano.

Os erros nos quais a teologia tradicional desemboca provêm de seu antropomorfismo, ou, mais precisamente, de seu mau antropomorfismo: a má antropologia resulta em falsa teologia, e vice-versa. Pelo contrário, uma boa antropologia fundamenta-se numa boa metafísica e, por sua vez, estabelece-a: assim, a incompreensão da estrutura ontológica do homem leva à incompreensão daquela de Deus e (proposição XVII, escólio) termina por negar toda a relação entre eles; a teologia tradicional é forçada a dizer que, entre "a inteligência humana e a inteligência divina, não há mais ligação do que entre o cão, um animal que late, e o cão, signo celeste", ao passo que Espinosa pode postular a identidade da natureza: daí que a função do intelecto seja, em Deus e no homem, revelar o que é, *ostendere rem uti est.*

O mesmo acontece no que diz respeito à relação entre Deus e o mundo: a teologia e a metafísica tradicionais, usando esquemas especiais e imaginativos, afirmam a transcendência divina (exterioridade) e o arbitrário da criação (irracionalidade).

Aqui, mais uma vez, é Descartes que se revela o grande adversário de Espinosa: na verdade, os teólogos escolásticos não podiam fazer melhor (e viam as coisas apenas como num nevoeiro), ao passo que Descartes havia identificado a relação puramente inteligível entre unidade e multiplicidade, e não chegava às consequências da sua descoberta.

Aqui, mais uma vez, é a matemática que nos oferece o modelo: a mesma fórmula abrange uma infinidade de casos concretos; um grupo finito de axiomas abrange e contém todas as suas consequências – teoremas em número infinito; um desenvolvimento em série estabelece a identidade da série infinita com uma expressão finita etc. A ordem gera os termos do desenvolvimento.

Assim, a participação não implica fusão, mas apenas desindividuação. Ora, é precisamente o desejo de salvar a individualidade que implica e requer o uso de formas imaginativas de pensamento, o que está na base de todos os erros da tradição, e é a libertação da individuação que Espinosa oferece ao sábio.

Estudos sobre a doutrina da predestinação

O problema da predestinação que, nas suas diversas formas e aspectos diversos (predestinação e graça, necessidade e liberdade, heteronomia e autonomia, determinismo e contingência), permanece no centro das preocupações do pensamento ocidental, desempenha um papel particularmente importante no século XVII, tanto no pensamento teológico (a crise jansenista, o gomarismo e o arminianismo) como no pensamento filosófico (oposição Descartes, Espinosa e Leibniz) da época. É exatamente pela retransposição desse problema em termos metafísicos e morais (responsabilidade, liberdade de ação distinta da liberdade de vontade etc.) que ele é mais bem caracterizado. O que se compreende facilmente: a renovação da metafísica, bem como o progresso do pensamento científico que proporciona conteúdo novo e mais preciso às noções de legalidade e causalidade, trazem necessariamente novas formulações do problema insolúvel da coexistência de dois absolutos.

No curso deste ano, estudamos a pré-história do problema: a) sua base emocional: impotência, pecado, graça (Santo Agostinho), responsabilidade própria, justiça (Pelágio) e os primeiros esforços de intelectualização; b) intelectualização anselmiana, noção de liberdade positiva fundindo-se com a de justiça (*servare justitiam propter ipsam justitiam*); c) o alargamento metafísico da questão em Bradwardine, concomitância das causas segundas e da causa primeira, primazia desta última mesmo perante a vontade humana: Deus pode forçar a vontade ao ato livre, isto é, à justiça (Santo Anselmo); d) concentração da ação divina no momento da criação: os *praedestinati* e os *praesciti* pertencentes a duas espécies diferentes do gênero humano se opõem como seres livres e seres subalternos pela necessidade (Wycliffe).

Número de inscritos: 21.

Ouvintes assíduos: sr. Auriault, sr. Bonnet, sr. Bollaeck, sr. Blarer, sr. Blurer, sr. Cohen, sr. Cotty, sr. Guy, sr. Ratefy, sr. Lacroix, sr. Lenz, sr. Lorentz, sr. Simonnet, sr. Sigognault, sr. Phillips, sr. Taine, sr. Tontamin, sr. Zakkour, srta. De Rosen, srta. Thomas, srta. Souche.

Bibliografia sumária:

– *Épiménide le Menteur*. Paris: Hermann, 1947.

– "[L'Évolution philosophique de] Heidegger". *Critique*, v.1 e v.2, Paris, 1946.

– "[L'Histoire de la] magie et de la science expérimentale". *Revue Philosophique*, 1947.

– "Louis de Bonald". In: *Les Doctrines politiques* [*modernes*]. Nova York: Brentano's, 1947.

– "L'Armée allemande". *Critique*, v.3-4, 1946. [Republ. Koyré, 1945b.]

– "Leibniz et Spinoza". *Europe*, nov. 1946 [p.118-30].

O senhor Koyré foi convidado pela Graduate Faculty, New School for Social Research, onde ofereceu um curso sobre Ciência e Mundo Moderno durante três meses (out.-dez. 1946). Em novembro, no Chicago Theological Seminar, ele proferiu a palestra "A atualidade do pensamento político de Platão" para o Hiram Thomas Memorial, bem como conferências nas universidades de Columbia, Harvard, Notre-Dame, Saint-John's College e Swarthmore College (Pensilvânia).

* * *

1947-1948

O problema do infinito no século XVII

Se a noção de infinito *positivo* pertence aos dados tradicionais do pensamento ocidental, pelo menos desde Fílon (ela aparece, na verdade, bem antes dele, e a oposição que queríamos estabelecer entre "metafísica do Êxodo" = infinitista, e metafísica grega = finitista, está longe de ser exata), foi no século XVII que o problema do infinito dominou a "problemática" teológica, metafísica e científica. Isto porque, no século XVII, já não é apenas o infinito como objeto de pensamento que é positivo, é a noção que o torna. Paralelamente à conquista da inteligibilidade do infinito (nas obras dos matemáticos, Kepler, Cavalieri etc.) ocorre a sua inserção na realidade, tanto como infinitamente pequena quanto como infinitamente grande. A destruição do cosmo pela nova ciência coloca novos problemas; as relações entre Deus e o mundo se apresentam sob um novo aspecto. Em particular, as provas clássicas da existência de Deus estão comprometidas; o lugar do homem no universo torna-se incerto; a própria noção de criação parece difícil de aplicar a um universo infinito. Tanto mais que, tradicionalmente, o infinito continua a ser concebido como um *proprium* da divindade, implicando necessariamente a eternidade do objeto infinito.

Também na polêmica de Kepler contra Bruno (sobre a finitude), de Henry More contra Descartes (sobre o vazio), os problemas teológicos, ou melhor, as consequências teológicas das atitudes e das doutrinas, por assim dizer, puramente científicas e metafísicas, desempenham um papel de extrema importância. Barrow, mas antes dele H. More e Kepler, declararam com toda a clareza desejável: o vazio infinito é algo que não pode ser criado; além disso, não mais do que um infinito pleno. Porém, o infinito pleno exclui Deus não apenas da criação, mas também da natureza. O vazio infinito, o nada existente, interpretado como quadro da presença e da ação divinas (ideia já avançada por Bradwardine), permite salvaguardar tal ação criadora: a matéria é criada.

São essas controvérsias científico-teológicas (e metafísicas: Malebranche, Geulincx) que formaram o tema das conferências deste ano.

Estudos sobre a doutrina da predestinação

O estudo do pensamento de Wycliffe que abordei no ano anterior mostrou-nos a coincidência das noções de predestinação (para o bem, para a salvação) e liberdade (positiva). Porém, como a liberdade se realiza na ação justa, basta determinar positivamente a "justiça" para dar conteúdo concreto à função dos predestinados neste mundo.

Porém, desde Wycliffe (e já desde Ricardo de Armagh), a justiça é identificada com a *lex Dei*, tal como se encontra expressa nas Sagradas Escrituras. O papel do predestinado, como ser livre, é, portanto, realizar a justa lei de Deus no mundo.

Se acrescentarmos a noção de *sufficientia* da lei expressa nas Escrituras, se considerarmos que qualquer relação social que não possa ser baseada na – ou derivada da – *lex Dei* é *eo ipso* injusta, vemos então que o dever dos predestinados neste mundo consiste precisamente na ação de substituir as relações e as leis injustas estabelecidas pelos *praesciti* por relações e leis justas, e, quando necessário, pela força. Pois os *praedestinati* são os verdadeiros filhos e herdeiros de Deus, e é justamente a eles que o mundo criado por Deus pertence. Ora, como a relação entre Deus e o mundo é caracterizada sobretudo pelo termo *dominium*, e como qualquer *dominium* só pode – justamente – fundar-se sobre esse *dominium* divino, segue-se:

a) que o *dominium* só pode ser justo se for exercido por um predestinado, e b) que qualquer *dominium* de um "presumido"[37] sobre um predestinado é *eo ipso* injusto.

Essas ideias, que encontramos em Wycliffe baseadas numa metafísica platonizante, constituem a base da teologia política dos lolardos, dos hussitas e dos taboritas; despojados de sua subestrutura metafísica e, portanto, tornados ininteligíveis pelo calvinismo, eles são encontrados na teologia puritana.

A história dessa preparação da teologia puritana (graça libertadora, predestinação à liberdade, liberdade positiva de ação justa, justiça identificada com a lei divina) revela a sua subestrutura e axiomática, e é essa história que abordei em minha conferência.

Número de inscritos: 16.

Ouvintes assíduos: [Michel] Leclercq, Marie Louche, Cécile Laporte, sr. Henri Addor, sr. A. Sindgren, srta. Miriam Linder, srta. Paule Jansen, sr. Laussen, sr. Lacoste, sr. Gourier, sr. Desuchi, sr. Py, sr. Huisman, sr. Flori, sr. Auriault, sr. Bollaeck, sr. Lenz-Medoc, sr. Mansen, sr. De Rosen, sr. Taine, sr. Benkand.

Bibliografia sumária:

– "Condorcet". *Revue de Métaphysique et de Morale*, 1948.

– "Les Philosophes et la machine". *Critique*, v.23 e v.26, 1948.

37 No original, *présu*, literalmente *conhecido de antemão*. (N. T.)

– "Du Monde de l'à peu près à l'univers de la précision". *Critique*, v.27, 1948.

O senhor Koyré foi convidado como professor visitante pela Universidade de Chicago, onde ministrou durante três meses (setembro-dezembro de 1947) um curso sobre Ciência e Teologia no Século XVII.

* * *

1948-1949

O problema do infinito no século XVII

Continuando a investigação iniciada no ano passado, neste ano concentrei-me num estudo mais aprofundado das concepções teológico-científicas de John Wallis e Isaac Barrow, estudo que nos permitiu finalmente abordar o problema de Newton. John Wallis é conhecido hoje apenas como matemático. Na verdade, e embora ele nunca tenha sido um teólogo profissional, vimos que nele já se encontra (cf. *Arithmetica infinitorum*, Oxford, 1657) a concepção do espaço como quadro da presença e da ação divina: a infinitude do espaço é apenas um corolário da infinitude de Deus (observei, em meu relatório do ano passado, que a origem dessa concepção se encontra em Bradwardine. Ora, é curioso constatar que John Wallis foi o titular da cátedra de matemática fundada em Oxford pelo famoso teólogo Henry Savile, o mesmo que, em 1618, editou *De Causa Dei*). Além disso, foi John Wallis o primeiro a tentar racionalizar a relação entre o um e o múltiplo substituindo as imagens neoplatônicas, recolocadas em circulação pelos platônicos de Cambridge, pela noção de desenvolvimento serial (série infinita), cuja importância é conhecida no caso de Leibniz.

Em Isaac Barrow, um dos espíritos mais sedutores da época, helenista, orientalista, geômetra genial e um dos maiores teólogos da Igreja anglicana, o tempo vem juntar-se ao espaço: retomando a crítica plotiniana à concepção aristotélica de tempo, Barrow afirma a independência do tempo em relação ao movimento e, portanto, em relação à criação. Isso lhe permite afirmar a criação do *mundo* no tempo e no espaço, sendo o próprio tempo e espaço infinitos e sempiternos, ligados diretamente a Deus, e não mais incluídos na criação.

Assim, a infinitude do espaço e do tempo parece agora estar implicada na concepção cristã da divindade. Além disso, a não criação do espaço e do tempo por parte de Deus parece ser a única forma de salvaguardar a possibilidade da sua ação criadora.

Parece que essa é exatamente a concepção que encontramos em Newton. Digo parece porque o estudo do pensamento de Newton é extremamente difícil pelo cuidado ciumento com que os herdeiros do grande pensador retiraram do conhecimento público todos – ou quase todos – os seus escritos teológicos. Uma análise aprofundada dos textos acessíveis, iluminada pelos textos de seus contemporâneos (Wallis, Barrow, More, Bentley), permitiu-nos estabelecer as grandes linhas da teologia de Isaac Newton: em reação contra o neoplatonismo de Cambridge, Newton concebeu Deus como o *Dominus* absoluto; a relação entre Deus e o mundo é a de *dominium*. Porém, para exercer esse *dominium*, Deus precisa estar presente no mundo (ação implica presença); o mundo, por sua vez, só pode ser concebido como algo que literalmente se encontra em Deus. O espaço absoluto, infinito e eterno é precisamente o lugar do mundo e o quadro da ação divina, um quadro que, coeterno com Deus, poderia ser denominado atributo de Deus. É nesse quadro que a ação criativa e dinâmica de Deus se exerce em meio a – e por intermédio de – um *spiritus* imaterial.

A física newtoniana envolve essa subestrutura teológica e não é compreensível sem ela. O mesmo acontece com a sua matemática: as noções de fluxão e de fluente simbolizam e expressam a ação dinâmica de Deus. Além disso, embora a notação newtoniana pareça implicar o oposto, é a noção de fluxão que é a noção fundamental e primária, e não a de fluente. O cálculo infinitesimal de Newton baseia-se na noção de integração (ação contínua de Deus ao longo do tempo) e não na de derivação.

As convicções teológico-metafísicas de Newton levaram-no, infelizmente, a concepções profundamente heréticas, quais sejam: um unitarismo rigoroso com a negação da Trindade e até mesmo da divindade de Cristo; e é a necessidade de dissimular as ideias e crenças mais profundas ao longo da vida que explica, parece-me, tanto o caráter obscuro e suspeito de Newton quanto o caráter "no ar" de sua física.

Estudos sobre o pensamento religioso do século XVII: teologia puritana e cristianismo razoável

A teologia puritana, que estudamos entre seus representantes mais significativos (Thomas Hooker, John Cotton, Cotton Mather, Increase Mather), parecia-nos inteiramente dominada pela noção de graça libertadora, da qual nossa pesquisa sobre a história e a pré-história da predestinação calvinista nos permitiu fixar seu conteúdo. A predestinação puritana é *uma predestinação à liberdade positiva, que se identifica com a faculdade – e, portanto, com o dever – de realizar a justiça, isto é, a lei eterna de Deus promulgada nas Sagradas Escrituras.*

É essa noção que explica a atitude do puritano perante a vida e o mundo, que subjaz à sua polêmica e se expressa em sua pregação: a ação da graça é sempre individual, e é por isso que os grupos puritanos mantêm sempre o caráter sociológico da seita (comunidade dos eleitos), de modo que nunca aceitarão transformarem-se em igreja (como os anglicanos); a ação da graça é libertadora, e é por isso que o seu primeiro efeito é preencher o eleito com o sentimento agudo de sua responsabilidade pelo seu próprio ser pecador: o sinal do "segundo nascimento" é, antes de tudo, o sentimento de indignidade, a consciência do pecado; a alma regenerada é, antes de tudo, a alma humilhada. Contudo, por mais humilhada que esteja, agora ela é livre: deve, portanto, ser senhora de si, dominar-se, reformar-se, "implantar" nela mesma a graça que recebeu: ela não tem mais direito à fraqueza, às circunstâncias atenuantes, a desprezar os motivos e os móbeis de sua ação. Daí a exigência de lucidez, de análise interior (a introspecção é uma especialidade puritana: o número de diários produzidos constitui uma legião).

A liberdade do predestinado é uma liberdade positiva e só lhe foi dada para a ação: o puritano é um instrumento livre da vontade divina. Ele também deve ouvir em seu íntimo, e saber interpretar corretamente a partir de certos exemplos (e é por isso que a pregação puritana é tantas vezes autobiográfica: é necessário que o pregador justifique o seu direito de pregar pela história da sua própria conversão-eleição e, ao mesmo tempo, apresente aos seus ouvintes um modelo e um padrão de autointerpretação), o chamado divino que lhe atribui a sua tarefa no mundo, sua "vocação". E é pelo cumprimento de sua "vocação" que o puritano cumpre o dever de sua liberdade, sua "justificação" (a justificação da eleição divina), que o anima à "santificação" sem, contudo, conferir-lhe mérito algum.

A fé puritana – porque ela é a fé em um Deus-ação, o *Dominus* absoluto do mundo – é uma fé atuante; a eleição puritana é uma eleição *para a ação*, e é justamente por isso que a teologia do puritanismo pode demonstrar desprezo pelas "obras".

A teologia puritana é uma teologia otimista; a ação desejada por Deus será necessariamente coroada de sucesso; o Senhor não abandonará os seus. Daí a confiança inabalável dos puritanos no sucesso dos seus empreendimentos.

Daí também o deslocamento progressivo em direção à religião do sucesso, à crença na possibilidade de ganhar a salvação no outro mundo pela prosperidade neste, crença que caracteriza a mentalidade do puritanismo tardio e degenerado do final do século XVII. Entretanto, a perversão final não deve nos fazer esquecer da grandeza inicial.

Predestinação à liberdade realizada no cumprimento do dever de obediência à lei: a unidade dialética dessa concepção pode parecer efetivar uma contradição pura e simples, e é provavelmente por isso (tanto quanto por um certo despreparo teológico) que ela foi totalmente desprezada pelos historiadores americanos, cujos trabalhos recentes renovaram nosso conhecimento da história anterior e estrangeiro do puritanismo inglês (cf., por exemplo, as belas obras de M. M. Knappen, *Tudor Puritanism*, Chicago, 1939; e W. Haller, *The Rise of Puritanism*, Nova York, 1938) e do puritanismo americano (cf. Perry Miller, *Orthodoxy in Massachusetts*, Cambridge, 1933; e *The Puritans*, Nova York, 1938; R. B. Perry, *Puritanism and Democracy*, Cambridge,

1944 etc.). No entanto, havendo contradições ou não, é certamente essa a concepção que anima o governador John Winthrop e os fundadores da *Plymouth Plantation*, que se consideram um grupo de eleitos, predestinados (e, portanto, auxiliados e protegidos pela Providência divina) a fundar na terra virgem e hostil do Novo Mundo uma nova Jerusalém, a cidade justa dos homens justos (e não apenas, como na Europa, uma comunidade de pessoas justas no interior da cidade injusta) na qual a lei de Deus, para a edificação do mundo, será considerada realizada e cumprida.

O sonho-esperança da cidade justa, que desempenhou um papel tão importante na revolução puritana, cuja expressão mais deslumbrante encontra-se em Milton, só se tornou realidade na América. Além disso, o estudo da *Magnalia Dei Americana*[38] é particularmente instrutivo porque os líderes espirituais da Nova Inglaterra puderam – e foram obrigados a – desenvolver as implicações internas da sua doutrina até os seus limites extremos.

Este estudo foi conduzido até o final do ano letivo. Então, tivemos que adiar o estudo sobre cristianismo razoável para o ano seguinte.

Número de inscritos: 24.

Ouvintes assíduos: sr. Clerc, sr. Flori, sr. Graaf, sr. Durville, sr. Gargiulo, sr. Addor, sr. Mathieu, sr. Vial, sr. Boulier-Fraissinet, sr. Tonelli, sr. Stejskal, sr. Chalumeau, sr. Dodin, sr. Fauve,

38 Na verdade, o título é *Magnalia Christi Americana* [A grandeza de Cristo na América], livro publicado em 1702 pelo ministro puritano Cotton Mather (1663-1728). (N. T.)

sr. Joux, sr. Dargenton, sr. Jounane, sr. Ames, sr. Lenz-Medoc, sr. Bastable, srta. Fernandez, srta. Lewis, srta. Ferretti, srta. Jansen, srta. Ferté.

Bibliografia sumária:

– "Le Vide et l'infini au XIVe siècle". *Archives d'Histoire Doctrinale et Littéraire du Moyen Âge*, t.XVIII.

– "Le Chien, constellation céleste, et le chien animal aboyant". *Revue de Métaphysique et de Morale*, 1949.

O senhor Koyré foi convidado como professor visitante pela Universidade de Chicago e ministrou durante três meses um curso sobre Ciência, Teologia e Filosofia no Século XVII. Ele também proferiu conferências nas universidades de Iowa e Notre-Dame (Indiana).

* * *

1949-1950

O problema do infinito no século XVII: o infinito cosmológico e o infinito teológico

Dando sequência à investigação iniciada há dois anos, neste ano concentrei-me no estudo da "destruição do cosmo" e da "geometrização do espaço" no pensamento do século XVII, bem como nas repercussões teológicas que daí decorrem sobre a infinitização do universo.

A crítica à concepção aristotélica (e medieval) do cosmo é antiga: Nicolau de Cusa já havia rejeitado a sua estrutura hierárquica (*Terra est Stella nobilis*) e a limitação precisa; e foi Copérnico quem elaborou o sistema astronômico que privava a Terra de seu lugar único (o melhor e o pior) no centro do mundo, identificando-a com os planetas. No entanto, nem Nicolau de Cusa nem Copérnico alguma vez ensinaram a infinitude do universo: o primeiro apenas afirmou a sua indeterminação indefinida (o infinitismo de Nicolau de Cusa é uma interpretação tradicional equivocada); o segundo limitou-se a ampliar o mundo, deixando-o limitado e encerrado pela abóbada celeste (a abóbada material dos fixos), deixando o espaço intramundano com o seu caráter estruturado.

É Bruno quem merece o crédito por ter (ele se inspirou ao mesmo tempo em Lucrécio, Nicolau de Cusa e Copérnico) proclamado, pela primeira vez, a infinitude e a unidade do universo.

É bastante curioso ver a geometrização do espaço ocorrendo, pela primeira vez na história, no pensamento de Giordano Bruno, um geômetra medíocre, se é que ele pode ser chamado de geômetra. Permanece o fato de que toda a sua crítica à concepção aristotélica de uma extensão limitada baseia-se na concepção – aceita como evidente – da realidade do espaço vazio fora da abóbada celeste: num espaço infinito homogêneo e isotrópico, a existência de um cosmo finito é, de fato, inconcebível. É provável que a destruição das esferas celestes planetárias (nas quais Copérnico ainda acreditava) por Tycho Brahe tenha desempenhado um papel decisivo no pensamento de Bruno. É certo, em qualquer caso, que ele experimentou essa destruição como uma libertação: não há mais fronteiras, não há mais muros aprisionando o homem.

O *De immenso et innumerabilibus*, bem como o *De l'Infinito universo e mondi* que estudamos de perto, expressam a nova intuição sobre a ligação íntima e indissolúvel da infinitude divina com a infinitude do universo: é somente num universo infinito que um Deus verdadeiramente infinito pode exprimir-se e explicitar tanto a sua riqueza infinita quanto o seu infinito poder criador, e é apenas um universo infinito, com uma infinita multiplicidade de "mundos", que nos faz conceber a infinitude de Deus: temas que encontramos constantemente no pensamento do século XVII, que se baseou na obra de Bruno muito mais do que alguma vez tenha desejado admitir (até mesmo Leibniz, que gosta de citar as suas fontes, reproduz, no entanto, os argumentos de Bruno sem o nomear).

A concepção teocosmológica de Bruno implica a rejeição imediata, tanto do lugar e do papel único, ou apenas privilegiado, da Terra, ou seja, do nosso "mundo" no universo, quanto de qualquer doutrina religiosa de base "histórica", "terrestre", de toda a *fides* que se limite à *credulitas*. Noutras palavras, ela é combatida tanto por católicos quanto por protestantes.

A crítica católica limita-se a condenar a doutrina e afastar o seu autor. A crítica protestante – a de Kepler – tenta combater seus fundamentos argumentando a insuficiência científica da astronomia de Bruno: a infinitude do universo não é uma tese científica, uma vez que ela ultrapassa em muito os dados da observação astronômica, bem como suas dificuldades metafísicas. Não implicará isso a existência de um *vazio* infinito, isto é, um nada existente, um *non ens* ao mesmo tempo indestrutível e incriável? Também Kepler mantém a concepção de um mundo finito, um cosmo estruturado que corresponde a um Deus estruturado (Trindade). Mas a infinitude do universo é defendida por Gilbert, por Descartes (Galileu, cauteloso, não se pronuncia nem afirma a finitude: Deus poderia muito bem fazer um mundo infinito, mas decidiu fazê-lo finito). Porém, a objeção de Kepler, que se soma à objeção tradicional – uma criatura infinita é inconcebível –, afirma: a infinitude do universo implica o vazio (infinito) e este é incriável. Henry More conclui dizendo: o espaço (vazio) não é apenas incriável, mas efetivamente incriado, eterno, necessário, *indivisível* etc. Ele é, portanto, divino; é um atributo de Deus.

Estudos sobre o pensamento religioso do século XVII: o cristianismo razoável; os platônicos de Cambridge e John Locke

Essa é a concepção que encontramos em Newton no ano passado, e é essa concepção que Clarke, em sua famosa polêmica com Leibniz, defende contra este: o espaço é infinito e, portanto, necessário; o espaço é infinito e, portanto, indivisível, é um atributo do qual Deus é a substância... A infinitude do espaço implica a infinitude do universo criado, a infinitude, ou, pelo menos, a multiplicidade dos mundos, a negação da unicidade da história terrena. A infinitude cosmológica leva Clarke (como Newton) a uma concepção estritamente unitária de Deus.

A oposição à teologia puritana – e à teologia em geral –, cuja influência e alcance continuaram a crescer durante o século XVII, situava-se na confluência de uma dupla corrente de pensamento: por um lado, a corrente "erasmiana" de um "cristianismo evangélico" (cf., para o século XVI, Lucien Febvre, *Rabelais et le problème de l'incroyance au XVIe siècle* [Rabelais e o problema da incredulidade no século XVI], Paris, 1944), e, por outro, a corrente sincretista de Ficino. Confrontado com a batalha teológica, que muito rapidamente resulta na divisão da sociedade em grupos mutuamente exclusivos que se odeiam e lutam entre si (primeiro com palavras e depois com armas), o senhor Herbert de Cherbury procura os elementos comuns, os elementos de união e paz. A teologia divide, a religião une... Que religião? A religião natural, aquela que está inscrita no coração dos homens e cujas verdades, bem poucas em número, constituem a *vera religio qui ubique, semper, ab omnibus creditur.*[39] Religião que, além disso, é eminentemente razoável, o que a distingue das elucubrações teológicas, que nunca o são.

O irenismo de Herbert de Cherbury é absolutamente universal. Não são apenas as igrejas e seitas cristãs, mas até mesmo as religiões pagãs que, no fundo, e sob uma roupagem mais ou menos grosseira de contraverdades teológicas e invenções mitológicas, nos apresentam – ou escondem de nós – o mesmo conteúdo: a existência de um Deus supremo, criador do mundo, que deve ser venerado e obedecido, e a existência da alma que não perece com a morte do seu corpo.

O Deus de Herbert de Cherbury é um ser eminentemente razoável e moral. Ele julga os homens de acordo com a conduta destes; e o homem de Herbert é, em essência e de fato, um ser razoável, moral e livre: é precisamente por ser livre que é responsável pelos seus atos. É a sua conduta, e não um decreto eterno, que determina o seu destino na vida após a morte.

Assim como a rejeição da doutrina da predestinação, da mesma forma, a substituição da atitude estritamente religiosa pela atitude moral é um traço característico dos teólogos de Cambridge (coisa curiosa: todos vieram do colégio Emmanuel, estritamente

---

39 Fórmula de Vicente de Lérins para o reconhecimento da verdade da Igreja católica (a religião verdadeira é acreditada em todos os lugares, sempre e por todos) encontrada no tratado *Commonitorium* (século V). (N. T.)

puritano): Whichcote e Smith enfatizam constantemente que "o Evangelho é uma questão de vida e não de doutrina".

Eles também são acusados de latitudinarismo e até mesmo de arminianismo por seus colegas de ortodoxia mais estrita. É claro que, para Whichcote e John Smith, a noção de pecado perdeu a sua acuidade; o declínio do homem está longe de ser tão profundo como é para o calvinismo de observância estrita. Apesar da queda, ele manteve um sentido moral e uma razão capaz de verdade. Portanto, a revelação bíblica não contradiz a razão, e sim, ao contrário, ambas concordam entre si.

Para Henry More e Cudworth, a recuperação é completa. A razão humana, como demonstra a história do pensamento pré-cristão (a sabedoria grega que culmina em Platão), é perfeitamente capaz de encontrar a verdade metafísica que está em perfeito acordo com a verdade da revelação: esta última, sem dúvida, vai além da razão, mas uma nunca contradiz a outra. Contanto, é claro que a razão seja interpretada como *intellectus* e não como *ratio*, e que não caia no erro dos sensualistas que lhe negam o conhecimento das coisas espirituais (o grande inimigo é Hobbes).

O platonismo ou, mais precisamente, o neoplatonismo de Cambridge – pois, tal como Ficino, em quem ele se inspira, Henry More e Cudworth não sabem distinguir entre Platão, Plotino, Jâmblico e os escritos herméticos –, é singularmente acolhedor: ele aceita até mesmo a ciência moderna, Descartes e a infinitude do universo (se More, mais tarde, se volta contra Descartes, é por causa do rígido dualismo deste último, que "expulsa Deus do mundo"). Infelizmente, ele aceita com igual graça toda a herança da credulidade e da superstição do neoplatonismo florentino: a existência dos espíritos (fantasmas) parece-lhe tão certa quanto a do espírito. O próprio Deus torna-se um fantasma supremo e, como todos os fantasmas, é dotado de uma extensão que, por si só, pensam More e Cudworth, permite a ele afirmar sua presença no mundo em oposição ao *nulibismo*[40] cartesiano.

É claro que um Deus extenso precisa de espaço para poder se estender: ele se vê assim divinizado e promovido à categoria de atributo divino.

É essa mesma doutrina que encontramos em Locke, que afirma a perfeita concordância entre revelação e razão. Porém, a razão de Locke não é mais a de Cudworth ou More: é a ratio, e não o *intellectus*. Também o seu tratado sobre a razoabilidade do cristianismo se esforça por trazer o conteúdo da revelação evangélica ao seu significado humano: a boa notícia da vinda do Messias e de sua ressurreição. Isso, Locke nos explica, é o que os apóstolos pregaram ao mundo, e é nisso, e somente nisso, que um cristão deve acreditar para receber o batismo. O Credo dos Apóstolos não diz mais nada. O resto – e particularmente a doutrina da Trindade – é invenção posterior. Em suma, é o arianismo que a exegese de Locke nos apresenta como a verdadeira religião do Evangelho.

Os textos inéditos de Newton (*sir* Isaac Newton, *Theological Manuscripts*, selecionados e editados por H. McLachlan, Liverpool, 1950) confirmam o pleno acordo dos dois mestres do pensamento do século XVIII: a crítica à Trindade é ainda mais violenta em Newton do que em Locke, a afirmação da humanidade de Cristo ainda mais clara, a acusação de falsificação feita

40 Termo criado por Henry More para se referir à impossibilidade da existência do espírito no espaço físico, tal como defendia Descartes. (N. T.)

contra Santo Atanásio, ainda mais brutal: a revelação não pode conter coisas incompreensíveis porque não podemos acreditar naquilo que não compreendemos.

Número de inscritos: 27.
Ouvintes assíduos: srta. Jansen, srta. Goldmann, srta. D'Avancourt, sr. Hendrick, sr. Hutin, sr. Goldmann, sr. Taine, sr. Ninane, sr. Hirschfield.
Bibliografia sumária:
– "The Significance of the Newtonian Synthesis". *Archives Int. d'Histoire des Sciences*, 1950, e *The Journal of General Education*, 1950.

O senhor Koyré foi convidado pelo Institut des Hautes Études da Bélgica e pela Société Philosophique Belge, tendo proferido duas conferências em Bruxelas sobre "Física e metafísica em Newton". Foi convidado para o Congresso Interamericano de Filosofia e para a mesa-redonda da Unesco no México, em janeiro de 1950.

* * *

1950-1951

O pensamento religioso de Leibniz

O estudo do pensamento religioso de Leibniz – cuja sinceridade não me parece passível de ser colocada em dúvida – é dificultado pelo fato de ele quase nunca ser expresso diretamente, mas quase sempre, até mesmo na *Teodiceia* (da qual a importância para a interpretação da obra de Leibniz me parece ter sido singularmente desprezada pelos historiadores do grande filósofo), de forma polêmica e crítica, ao definir-se em relação a doutrinas e obras, tanto as famosas quanto as menos conhecidas em sua época, mas que passam despercebidas no presente.[41]

Portanto, concentramos o trabalho da conferência em um comentário histórico sobre a *Teodiceia*, do qual estudamos o "Prefácio", o "Discurso sobre a conformidade entre a fé e a razão" e a "Parte primeira".

Os senhores Goldmann, Kaan e Bergeron participaram ativamente da explicação. Bergeron concentrou seus esforços no estudo dos textos de Bayle.

O deísmo de David Hume

A religião razoável de Newton e Locke tornava crível que era possível manter a identificação do Deus dos filósofos (o Deus da cosmologia newtoniana) com o Deus de uma revelação bem entendida, ou seja, entendida no sentido do unitarismo (arianismo, socinianismo). Trata-se mais uma vez do ponto de vista de Clarke: com ele, porém, o Deus sempiterno de um mundo igualmente sempiterno já não consegue se fazer coincidir com o Deus das Escrituras e da tradição. King acredita que desarmara os críticos ao acentuar a incompreensibilidade divina: mas, como Leibniz observou claramente, essa escandalosa teologia negativa operava contra o seu objetivo: o Deus de King se identifica com o *Bliktri* de Toland.

41 Ver a tradução, publicada pela editora Estação Liberdade, com introdução e notas de William de Siqueira Piauí e Juliana Cecci Silva: *Ensaios de teodiceia sobre a bondade de Deus, a liberdade do homem e a origem do mal* (2.ed., 2017). (N. T.)

É agora a tradição que passa a ser criticada, é o valor do documento bíblico que passa a ser questionado. A apologética cristã empreende, portanto, uma defesa da sua credibilidade: Whiston invoca as profecias (Newton já o tinha feito antes dele: a profecia, incompreensível no momento em que é feita, e que só se torna inteligível no momento do seu cumprimento, é a marca de autenticidade imposta por Deus em seu texto, e serve para autenticá-lo assim como um anagrama serve para preservar os direitos prioritários do inventor); Woolston invoca milagres; Sherlock chama a razão raciocinante dos filósofos de volta ao senso comum – ou bom senso – do homem ordinário ao instituir, perante um júri imaginário, o julgamento dos apóstolos acusados de falso testemunho e, é claro, absolvidos por unanimidade.

Sherlock marca um ponto muito importante na história do pensamento, qual seja, o nascimento de uma nova concepção de razão, identificada com o senso comum. O homem razoável é aquele que julga não com base em princípios – revelados ou inatos –, mas a partir de sua experiência: como no decurso da vida cotidiana; como quando ele é chamado para fazer parte de um júri. É exatamente essa concepção de razão e de "razoabilidade" que encontramos em Hume. Este, na verdade, não é de forma alguma o cético apresentado nos livros didáticos, mas o representante mais consciente da "razoabilidade".

O seu ceticismo visa apenas o raciocínio "meta-físico", "meta-experiencial", especulativo; sua atitude é muito próxima do empirismo antigo (e não do ceticismo): confiança "razoável" na razão ("razoável") e no bom senso, no juízo moral e na certeza "moral". É a partir desse ponto que Hume inicia a sua famosa crítica à noção de milagre, com a conclusão irônica de que a crença em milagres sobre a qual se baseia a religião cristã é, em si, um milagre. Em conformidade literal com a ortodoxia mais estrita, tal conclusão rejeita a religião (seu conteúdo dogmático), situando-a no domínio do incrível. O ato de fé é inconcebível para o pensamento de Hume.

É claro que, desse ponto de vista, a própria existência da religião se torna um problema: o problema da "ciência religiosa". A religião aparece agora como um problema natural que deve encontrar a sua explicação na psicologia e na história humanas.

É ao estudo dessa questão – já abordada por Fontenelle e Toland – que Hume dedica a sua *História natural da religião*. Bastante superficial, sem dúvida, o estudo de Hume marca com grande perspicácia, no entanto, o papel do culto e da liturgia (a escalada de termos laudatórios na adoração) na carreira humana de personagens divinos; ele marca também o papel dos fatores emocionais impermeáveis à crítica lógica, bem como a função organizadora da teologia filosófica.

Número de inscritos: 25.

Ouvintes assíduos: srta. Grand d'Esnon, srta. Jacque, srta. Jansen, sr. Bradac, sr. Hutin, sr. Rabemanda, sr. Thiébot, sr. Engelbach, sr. Durville, sr. Clavier, sr. Bergeron, sr. Elliott, sr. Lenz-Medoc, sr. Desroche, sr. Kaan, sr. Goldmann, sr. Cottereau, sr. Stephanopoli.

Bibliografia sumária:

– *Études [d'histoire] de la pensée philosophique en Russie*. Paris: Vrin, 1950.

– *Descartes after Three Hundred Years*. Buffalo: Buffalo University Publications, 1951.

– *La Gravitation universelle de Kepler à Newton*. Paris [Conferências do Palais de la Découverte, 7 abr.], 1951.

Durante os meses de setembro e outubro, o senhor Koyré proferiu conferências nas universidades americanas: Columbia, Yale (Woodward Lecture), Cornell, Harvard, Buffalo (Rosswek Park Lecture), Brandeis, Virgínia, Pensilvânia e na New School for Social Research em Nova York.

* * *

1951-1952

O pensamento religioso de Leibniz

Continuamos o estudo detalhado (comentário histórico e crítico) da *Teodiceia* e procuramos determinar o significado da oposição Leibniz-Bayle, estranhamente semelhante à oposição de Plotino ao dualismo gnóstico. A resposta de Leibniz ao neomaniqueísmo de Bayle consiste em mostrar que somente o princípio da perfeição nos permite responder à questão última – ou primeira – da metafísica: "por que existe algo em vez de nada" e que, portanto, a perfeição necessariamente infinita do Deus criador exclui a possibilidade de um princípio independente do mal.

Por outro lado, a perfeição da criatura – dada a identificação entre bem e ser – é reduzida à riqueza ôntica, nada mais. O mundo mais perfeito será simplesmente aquele que inclui a existência de um número máximo de possibilidades na combinação mais rica, ou seja, a mais "plena" e a mais variada em termos dos seus componentes.

Para salvaguardar a responsabilidade do seu Deus, Leibniz tenta manter a possibilidade de uma liberdade humana que se reduz, em última análise, à espontaneidade do desenvolvimento da mônada humana (e de todas as mônadas): crescimento do germe, desenvolvimento em série de uma função. A ameaça do necessitarismo absoluto é evitada, segundo Leibniz, pela noção de uma escolha divina que, num mundo de possibilidades ou, mais precisamente, entre uma infinidade de mundos possíveis (infinidade de combinações possíveis de possibilidades), escolhe o melhor, isto é, o mais rico. Ato determinado e, no entanto, livre, ou determinado porque supremamente racional e, portanto, livre.

A noção de ser possível – cuja fonte distante se encontra sem dúvida em Aristóteles e a fonte próxima em Duns Escoto – distinta tanto do ser quanto do nada, e que não pode ser reduzida ao simples objeto do pensamento, domina o pensamento leibniziano. As possibilidades, cuja estrutura e até mesmo a quase existência são independentes da vontade divina (correspondem unicamente à inteligência divina), opõem-se e impõem-se a ela como matéria-prima da criação. O "otimismo" leibniziano recebe um colorido pouco condizente com a imagem popular que dele formamos na história (e que, aliás, ele mesmo nos sugere): reduz-se, de fato, à afirmação de que, estando a vontade divina em sua ação criadora limitada pelas exigências internas das leis de possibilidade e compossibilidade dos seres a serem criados, era impossível fazer melhor.

A noção de ser possível, a meio caminho entre a realidade e o nada, permite a Leibniz acomodar no conjunto um momento de posicionamento próprio e autoafirmação, tornando-o, de alguma forma, uma pequena *causa sui*. Se é incorreto dizer que cada mônada escolheu a si mesma (nenhuma, nem mesmo Deus, determinou a si mesma, nesse sentido), continua sendo verdade que todas elas escolheram o ser, a existência, a realidade, confirmando assim a tese inicial do valor positivo, por toda a essência de sua realização.

A importância da noção de possível = virtual no pensamento de Leibniz é confirmada pela análise de sua obra matemática: ali também o diferencial não é um limite, mas um germe, uma potencialidade/poder a meio caminho entre o nada (0) e a quantidade.

A crítica de David Hume à religião

O trabalho da segunda conferência foi dedicado ao estudo dos *Diálogos sobre religião natural*.[42] Pareceu-nos, desde o início, que a interpretação dessa obra-prima, talvez a mais importante, e certamente a mais bem escrita e mais cuidadosamente elaborada por David Hume, foi viciada pela moderna incompreensão da estrutura verdadeira do diálogo como forma literária (e não simplesmente um artifício didático): daí a busca pelo "porta-voz" de Hume, o personagem que ele encarna e que expressa os seus pontos de vista, como fazem os Teófilo, os Filoteu e os Filônio nos pseudodiálogos de Bruno, de Malebranche e de Berkeley.

Na verdade, nos *Diálogos sobre a religião natural*, nenhum dos interlocutores, nem mesmo o cético Filo, pode ser identificado com Hume; o sentido do debate emerge da própria discussão, durante a qual alianças são constantemente feitas e desfeitas, alianças de dois contra um, entre Demea e Cleantes, Demea e Filo, Filo e Cleantes; o leitor é assim levado à rejeição de toda teologia natural: a) pela crítica de toda causalidade

---

42 Ver a tradução de Bruna Frascolla publicada pela Editora da UFBA, *Diálogos sobre a religião natural* (2016). (N. T.)

transcendente e pela demonstração do caráter falacioso do argumento ontológico, única base possível para essa teologia; b) pela crítica ao argumento teleológico por não permitir alcançar o absoluto a partir de suas bases empíricas (a ordem efetivamente percebida no mundo permite concluir apenas que existe um Deus finito e muito poderoso) e por não ser realmente explicativo (pois a ordem ideal é tão misteriosa quanto a ordem real).

Porém, da mesma forma como a crítica especulativa da causalidade natural se mostra impotente diante da crença vital na causalidade da ação, também a rejeição da religião dogmática deixa espaço para uma atitude religiosa "natural" para o homem fora de qualquer especulação.

Os senhores Goldmann, Bergeron e Caillois participaram ativamente nas explicações. Este último concentrou seu esforço em aproximar as doutrinas estudadas com as de Kant.

Número de inscritos: 23.
Ouvintes assíduos: srta. Jansen (aluna diplomada), sr. Bergeron, sr. Goldmann (alunos titulares), sra. Taubner, sr. Bochenstein, sr. Léonard, sr. De La Palme.

Durante o primeiro semestre do ano, o senhor Koyré ministrou um curso na Johns Hopkins University (Baltimore) e proferiu conferências na American Academy of Science and Arts (Boston), bem como no St. John College (Annapolis), State College (Pensilvânia) e no Massachusetts Institute of Technology (Cambridge).

O Prêmio Binou (História e Filosofia das Ciências) foi atribuído ao senhor Koyré pela Académie des Sciences por seus trabalhos sobre a história do pensamento no século XVII.

O senhor Koyré foi eleito membro efetivo da Académie Internationale d'Histoire des Sciences.

* * *

1952-1953

O pensamento religioso de Leibniz

Nessa primeira conferência continuamos, e concluímos com sucesso, o comentário histórico e crítico sobre a *Teodiceia*, bem como tentamos determinar o sentido e a estrutura adequada do pensamento leibniziano. Isso nos pareceu um esforço extraordinariamente poderoso, extraordinariamente coerente e buscado ao longo de toda a sua vida, para unir, numa síntese definitiva, *pietas* e *veritas*, isto é, para reconstituir, em perspectiva estritamente racionalista, uma teologia natural, capaz de integrar os dados da teologia revelada, e baseada numa metafísica científica, unida ao progresso das ciências das quais o próprio Leibniz foi um dos grandes artesãos.

É essa exigência racionalista, afirmação de um racionalismo incondicionado e absoluto, que caracteriza o pensamento leibniziano. É, portanto, a falta de racionalismo que ele censura em Descartes, em Espinosa e em Newton. Falta de racionalismo explicável pela ignorância ou desprezo dos meios poderosos que a nova lógica – a análise combinatória e, sobretudo, o cálculo infinitesimal – disponibiliza ao filósofo e ao teólogo.

Na verdade, o cálculo infinitesimal nos oferece, pensa Leibniz (seguindo Pascal, que já havia tentado usar as noções desenvolvidas pela geometria acerca dos indivisíveis no estudo dos problemas teológicos e metafísicos: ordem da natureza, ordem da graça, finito-infinito), a possibilidade, por um lado, de racionalizar a individualidade (possibilidade ignorada por Espinosa e mal compreendida por Malebranche), e, por outro lado, de estabelecer relações entre conjuntos infinitos que, sem dúvida, não formam "todos", mas que são, no entanto, integráveis por meio do pensamento. Como decorrência desse mesmo fato, surge o problema do "melhor dos mundos possíveis", ou seja, o problema da motivação racional da ação divina, rigorosamente insolúvel na lógica do finito (não existe o maior número de todos, nem o menor de todos), que aparentemente – em princípio – encontra uma solução satisfatória. A integração de uma função com uma infinidade de variáveis é, sem dúvida, impossível para nós, mas é razoável pensar, ou acreditar, que é possível para Deus. O que nos permite evitar o irracionalismo brutal e perigoso pela piedade do Deus cartesiano (e do Deus newtoniano), e fundar na razão a fé tradicional no governo do mundo pela sábia providência de um Deus soberanamente perfeito.

A fé leibniziana é uma fé no Absoluto da razão divina e, portanto, diz respeito à determinação rigorosamente unívoca da ação da vontade de Deus. A sabedoria e a piedade consistem no fato de compreendê-lo, ou acreditar nele, e aceitar conscientemente desempenhar o seu papel no mundo, regozijando-se em contribuir assim para a perfeição do todo, bem como colaborando através da sua ação, e até mesmo do seu ser, para a perfeição infinita e única do universo. Verdade e piedade unem-se dessa maneira para fundar o reconhecimento da criatura perante Deus que a escolheu como elemento constitutivo da sua obra.

O Deus leibniziano, cuja ação criadora é estritamente limitada pela determinação de um todo que atinge o máximo da perfeição natural e sobrenatural – a ordem da natureza é coordenada com a ordem da graça e "calculada" de modo a permitir uma junção máxima, tal como a Encarnação –, aparece, pois, como um Deus de pura e absoluta benevolência e bondade. Ele não é responsável pelos males deste mundo, pois não é o criador das essências (erro cartesiano e escotista), pois estas, na sua existência, apenas se realizam, e já que todos, até mesmo os mais miseráveis e mais pecadores, se encontram justificados por participarem da realização do "melhor dos mundos possíveis".

Uma concepção que, levada às últimas consequências – mas será que Leibniz a levou às últimas consequências? –, resulta não apenas na *apokatastasis panton* e na evacuação da noção de pecado, mas até mesmo na glorificação final de Tarquínio e de Judas que, como (possíveis) essências, aceitaram o crime, o pecado e a condenação individual *ad majorem perfectionem mundi*.

O pensamento religioso de Kant

Os trabalhos da conferência foram dedicados ao estudo das obras pré-críticas de Kant, nas quais o vimos libertando-se gradualmente da influência leibniziana a fim de passar ao puro newtonianismo, esboçando, ao longo do caminho, uma metafísica realista do espaço cem anos antes de Riemann, e provocando uma reviravolta total da relação entre o possível e o ser (primado do ser) estabelecida por Leibniz.

A religião de Kant, durante esse primeiro período do seu pensamento, pareceu-nos a princípio muito próxima da religião de Leibniz, embora o desmoronamento das provas da existência de Deus (crítica da prova ontológica, abandono da sua própria demonstração a partir do fato da possibilidade) o levem à separação entre religião e metafísica: "É essencial", diz ele, "estar convencido da existência de Deus; não é necessário ser capaz de demonstrá-lo."

Os senhores Bergeron, Goldmann, Gouhier, Caillois e Fleischmann participaram ativamente nas explicações.

Número de inscritos: 36.
Ouvintes assíduos: sr. Hutin (aluno diplomado), sr. Bergeron, sr. Goldmann, sr. De La Palme (alunos titulares); sra. Goldmann, srta. Delteil, srta. Debrie, srta. Jasses, srta. Edlow, srta. Poli, srta. Schiff-Wertheimer, srta. Fernandez, sr. Berger, sr. Brecher, sr. Caillois, sr. Cartal, sr. Fleischmann, sr. Gouhier, sr. Hassner, sr. Heberlein, sr. Lhotelier, sr. Quillet, sr. Lenz-Medoc, sr. Tsui, sr. Vigier.

Durante o primeiro trimestre, Koyré ministrou um curso na Johns Hopkins University (Baltimore), conferências na American Philosophical Society (Filadélfia), no Istituto Nazionale di Ottica e na Società Leonardo da Vinci (Florença) e na Universidade de Londres.

Publicações do diretor de estudos:
– "An Unpublished Letter of Robert Hooke to Isaac Newton". *Isis*, [v.43,] 1952.
– "An Experiment in Measurement in the XVIIth Century". *Proceedings of the American Philosophical Society*, v.97, n.2, 1953.
– "Léonard de Vinci, attardé et précurseur". *Léonard de Vinci et l'expérience scientifique du XVIe siècle*. Paris: [PUF,] 1953.

* * *

1953-1954

O pensamento religioso de Kant

Na primeira conferência, continuamos o estudo de obras do período pré-crítico. O *Träume der Metaphysik* e a *Dissertação* de 1770 chamaram particularmente a nossa atenção. Pareceu--nos, na verdade, que a primeira dessas obras marcou uma data importante na evolução do pensamento kantiano, e marcou o fracasso – daí a desilusão – de um esforço muito sério para construir uma ontologia do mundo dos espíritos. A *Dissertação* de 1770 extrai as consequências desse fracasso ao transportar para o mundo real (sensível) o tema da subjetividade das relações espaçotemporais desenvolvido pela primeira vez para o mundo dos espíritos.

A segunda conferência foi dedicada ao estudo da reação do pensamento religioso do século XVIII contra a ciência newtoniana tal como apresentada na controvérsia Newton-Berkeley.

Número de inscritos: 33.

Alunos diplomados assíduos: sr. Hutin, sr. Goldmann, sr. Bergeron.

Alunos titulares assíduos: sr. De La Palme.

Ouvintes assíduos: srta. Cranaki, sr. Lhotelier, sr. Caillois, sr. Mesnage, sr. Kaan, sr. Quinio, sr. Löwit, sr. Bloom, sr. Fleischmann, sr. Vigier, sr. Colombié, sr. Gill, sr. Russo, sr. Suter.

Durante as férias de verão, o diretor de estudos participou do Congresso de História da Ciência, em Jerusalém.

Durante o primeiro semestre do ano 1953-1954, o diretor de estudos ministrou um curso (Kemper K. Knap Visiting

Professor) na Universidade de Madison, Wisconsin; ele também proferiu as Noguchi Lectures na Johns Hopkins University, Baltimore ("Do mundo fechado ao universo infinito") e participou do Congresso da American Association for the Advancement of Science em Boston.

* * *

1954-1955

Ciência e religião no século XVIII

Na primeira conferência, continuamos a análise da controvérsia Newton-Berkeley e, tomando como guia o *Alcifrão*[43] deste último, estudamos a polêmica antirreligiosa do início do século (Collins, Mandeville, Shaftesbury), bem como a defesa de religião por Berkeley e Butler.

O pensamento religioso de Kant

Na segunda conferência, procedeu-se a um estudo aprofundado da *Dissertação* de 1770, bem como das cartas de Kant a Marcus Herz e passagens correspondentes da *Crítica da razão pura*.

Esse estudo nos levou a rejeitar a maior parte das interpretações recentes do kantismo. Pareceu-nos, de fato, que o desenvolvimento do "criticismo" havia deixado intactos os quadros metafísicos desenvolvidos por Kant na *Dissertação*, e que a própria problemática do "criticismo" só poderia ser compreendida

43 Ver a tradução de Jaimir Conte publicada pela Editora Unesp: *Alciphron ou O filósofo minucioso* (2022). (N. T.)

a partir da posição de um mundo de "coisas em si", como Kant, aliás, diz expressamente.

A estrutura da nossa razão – *intellectus ectypus* – torna este mundo inacessível ao nosso conhecimento; por outro lado, a existência de dados sensíveis a partir dos quais a nossa compreensão constitui o mundo fenomênico implica, segundo Kant, uma afecção do nosso eu pelas coisas em si.

Ora, dado que não se pode tratar de uma relação casual – Kant não comete de forma alguma o erro, que lhe é habitualmente atribuído, de esquecer a sua própria crítica da causalidade –, a interação entre o eu (o eu como coisa em si, e não o eu empírico) e as coisas implica uma comunidade de origem que só pode ser encontrada em Deus.

Os senhores Hutin e Loewith participaram ativamente dos trabalhos das conferências.

Número de inscritos: 28.
Alunos diplomados: sr. S. Hutin, sr. Bergeron.
Alunos titulares: srta. Cranaki, sr. A. Löwit.
Ouvintes assíduos: srta. Henniker, sr. Anzai, sr. Bloom, sr. Blanchard, sr. Miwa, sr. Ehrard, sr. Kennington, sr. Noland, sr. Shetfold.

O senhor J. Llambías, professor na Universidade de Montevidéu, participou das conferências durante sua permanência em Paris (do início do ano até a Páscoa).

Publicações do diretor de estudos:

– "Influence of Philosophical Trends on the Formulation of Scientific Theories". *The Scientific Monthly*, n.25, 1955.

– "Gassendi savant". In: *Pierre Gassendi*. Paris: Centre International de Synthèse, 1955.
– "Pour Une Édition critique des œuvres de Newton". *Revue d'Histoire des Sciences*, fasc.I, 1955.

* * *

1955-1956

5ª seção
Ciência e religião no século XVIII

Na primeira conferência, estudamos o uso e a interpretação, ou, mais precisamente, as interpretações do newtonianismo nas controvérsias apologéticas do século XVIII.

Para Newton e os newtonianos (Bentley, Clarke, Derham, Whiston etc.), a ciência newtoniana está ligada a uma teologia natural. Na verdade, a estrutura do mundo newtoniano, tão formal quanto atual, não é de forma alguma aquela de um mundo necessário, mas pressupõe, pelo contrário, uma série de escolhas: a) a escolha de leis fundamentais que poderiam ser completamente diferentes: a lei da atração é apenas uma entre outras possíveis; b) a escolha da dimensão e da distribuição inicial dos componentes do mundo (átomos) que poderiam ser completamente diferentes e, portanto, no mesmo quadro de leis fundamentais, dar origem a mundos muito diferentes.

Além disso: c) as leis da dinâmica newtoniana + a estrutura atômica da matéria implicam uma perda constante da quantidade de movimento após a colisão dos átomos; é por isso que a persistência da *machina mundi* implica uma intervenção de Deus, perpétua ou periódica, que, no mundo newtoniano, desempenha um papel análogo ao do primeiro motor no cosmo de Aristóteles.

Por outro lado, o mundo cartesiano e o mundo leibniziano – qualquer escolha excluída pela continuidade – são vistos pelos newtonianos como mundos de pura necessidade; ademais, os princípios de conservação – seja o da quantidade de movimento, seja o da força viva – parecem-lhes conferir ao mundo uma suficiência ontológica que o torna independente de Deus e exclui qualquer intervenção deste último na marcha do universo.

É inútil dizer que, para os leibnizianos (o próprio Leibniz e Christian Wolff), a estrutura do mundo newtoniano – onde a teologia só aparece sobreposta externamente a um mecanismo necessário, mundo que é máquina constantemente perturbada (como resultado da estrutura atômica da matéria imposta por Newton ao seu Deus) – não parece compatível com a onipotência nem digno da sabedoria infinita do Criador.

À luz dessa controvérsia, a tentativa de Maupertuis se mostra em seu verdadeiro significado e grandeza: o princípio da menor ação permite, ao que lhe parece, reconciliar os adversários ou não tomar partido de nenhum deles, ao demonstrar a estrutura teleológica não deste ou daquele objeto no âmbito da natureza, mas a das próprias leis e, dessa maneira, dar um fundamento teleológico ao mecanismo.

O pensamento religioso de Kant

Na segunda conferência, realizou-se o estudo aprofundado da *Crítica da razão pura* ("Antinomia da razão pura" e "O ideal da razão pura", bem como da "Metodologia transcendental"). A interpretação da doutrina kantiana que delineamos no ano passado é corroborada: tanto a destruição da metafísica racional e da teologia especulativa quanto a limitação do conhecimento ao mundo fenomênico pressupõem a existência de um mundo de "coisas em si", que não podem ser conhecidas e conduzem a uma religião, porém não do ponto de vista do dever, como muitas vezes se diz, mas do ponto de vista da esperança, pois somente esta é capaz de dar sentido ao dever.

A senhora Cranaki e os senhores Löwit e Gaete participaram ativamente nas explicações.

Número de inscritos: 10.

Aluno diplomado: sr. S. Hutin.

Alunos titulares: srta. Cranaki, sr. Blanchard e sr. Ehrard.

Ouvintes assíduos: sra. Huguet e sra. Labrousse, sr. Quinio, sr. Gaete, sr. Löwit, sr. Huber.

Publicações do diretor de estudos:

– "Mystique et mathématique, Œuvre astronomique de Kepler". [*Bulletin de la Société d'Étude du*] *XVIIe Siècle*, p.69-109, jan. 1956.

– "De motu gravium naturaliter cadentium in hypothesi terrae motae". *Transactions of the American Philosophical Society*, Filadélfia, v.XLV, parte 4, p.328-99, 1955.

– *Mystiques, spirituels, alchimistes du XVIe siècle allemand*, in 8º, p.117. In: *Cahiers des Annales*, Paris, v.10, 1955.

– "Attitude esthétique et pensée scientifique". *Critique*, n.100-101, p.835-47, set.-out. 1955.

O diretor de estudos passou o primeiro trimestre do ano letivo no Institute for Advanced Study de Princeton, do qual foi eleito membro; foi eleito membro honorário (*honorary member*) da American Academy of Arts and Sciences (Boston). Lecionou na universidade de Oxford e no Warburg Institute (Londres). Foi eleito secretário permanente da Académie Internationale d'Histoire des Sciences.

* * *

6ª seção
História do Pensamento Científico

Estudos sobre a dinâmica do século XVII

Na primeira conferência, continuamos a análise das teorias do choque iniciada no ano anterior.[44]

As pesquisas do ano anterior permitiram-nos constatar a existência de dois métodos empregados no século XVII para abordar o problema da percussão; métodos correspondentes a duas atitudes do pensamento. Um deles, o método de Descartes, coloca como princípio axiomático a conservação da quantidade do movimento, havendo recusa de se entrar na análise detalhada; uma recusa compreensível quando se considera a geometrização excessiva da realidade física, o que faz da rigidez (indeformabilidade absoluta) uma característica primária do corpo duro. O choque é visto então como um fenômeno instantâneo, regido por um conjunto de leis rigorosamente deduzidas das premissas postas, ou pressupostas, mas infelizmente contrárias à experiência.

A outra atitude, a de Marcus Marci, concentra-se, ao contrário, no estudo do mecanismo do choque. Atitude empirista

---

44 A publicação dos *Annuaires* da 6ª seção da Ephe começa em 1956, e não temos o relatório do primeiro seminário de História do Pensamento Científico realizado por Koyré em 1954-1955. Nota da editora francesa

ou, mais precisamente, semiempirista, que interpreta o choque como um fenômeno que acontece ao longo do tempo, e procura estudar suas fases sucessivas (impacto, parada, rebote); ela resulta na negação da rigidez dos corpos empíricos, no estabelecimento de leis corretas de choque, mas esbarra no problema da elasticidade, e é obrigado a adotar uma teoria contraditória: aquela que postula a estrutura atômica da matéria e que reconhece que as leis de choque não se aplicam aos átomos.

As pesquisas deste ano contemplaram as obras de Wren, Wallis, Huygens, Mariotte e Newton. Wren, muito cartesiano apesar do recurso à experimentação, transpõe para a dinâmica o princípio do equilíbrio, que ele combina com o princípio da conservação da quantidade de movimento (tomado no sentido de Descartes): equilíbrio dinâmico ($mv = m'v'$) que existe antes do choque é preservado, e, se ele não existe antes do choque (se $mv \neq m'v'$), então o choque o estabelece ($mv_1 = mv'_1$).

A obra de Wallis, bem menos brilhante que a de Wren, é, por outro lado, muito mais instrutiva, pois nela vemos a penosa elaboração dos conceitos fundamentais da dinâmica em conformidade ao pensamento da época; assim, Wallis substitui a noção cartesiana de movimento (grandeza absoluta) pela de movimento tendo em vista uma determinada direção (+ e –), o que lhe permite tratar algebricamente os problemas de percussão e substituir o princípio de conservação de Descartes pelo de conservação da soma algébrica das quantidades de movimento que animam os corpos que colidem, além de distinguir os corpos elásticos dos inelásticos etc. Porém, ele não chega a esclarecer a noção de *momentum*, que oscila entre as de "impulso" e de "*impetus*", assim como não consegue fazer a distinção entre corpos "moles" e "rígidos", ambos concebidos como não elásticos;

tampouco resolve o paradoxo da conservação da quantidade (algébrica ou vetorial) do movimento no caso da parada total dos corpos que colidem após o impacto.

A obra de Mariotte, que pretende ser experimental – no entanto, três quartos de suas experiências são imaginárias –, mostra com clareza a desordem de um pensamento que, embora baseado nas pesquisas de Wren e Wallis, ainda assim carece de quadros conceituais para a interpretação do dado e para a interpretação da teoria. Esse quadro conceitual será fornecido a ele por Huygens e Newton. O primeiro, ao aplicar de modo consciente a noção de relatividade do movimento (dentro dos limites permitidos pela lei da inércia), descobre uma constante mv^2 que substitui a de Descartes (mv); o segundo, ao aceitar a noção de corpo rígido (átomos), infere a consequência da diminuição progressiva da quantidade de movimento no mundo, bem como a de sua marcha inexorável rumo a um estado de equilíbrio estático – isto é, de imobilidade.

Pesquisa sobre a formação do pensamento de Newton

A segunda conferência foi dedicada ao estudo da óptica do século XVII, estudo que nos permitiu constatar que o grande problema que preocupava os teóricos – e também os experimentalistas – da época dizia respeito à natureza da luz e das cores, e se colocava nos seguintes termos: a luz é uma substância ou um acidente? Tal observação, confirmada pela análise da obra de F. M. Grimaldi, *Physico-mathesis de lumine, coloribus et iride*, Bononiae, 1655, tornou possível situarmos a obra de Newton, que, nas suas primeiras comunicações à Royal Society – mas não em sua *Optiks*, quarenta anos mais tarde – acredita ter demonstrado a substancialidade da luz e tornado plausível a sua materialidade.

A comparação da obra de Newton com a de Hooke, e o estudo da sua polêmica com este último, permitiram-nos explicitar a epistemologia newtoniana e, em particular, o sentido da sua oposição às "hipóteses".

Um resumo dos resultados dessa investigação foi apresentado pelo diretor de estudos à Société Française de Philosophie (reunião de 15 de maio de 1956).

O reverendo padre Pierre Costabel contribuiu na explicação dos textos de Mariotte, e John Murdoch para os de Huygens.

* * *

1956-1957
5ª seção

O diretor de estudos, estando ausente (em missão), só iniciou suas conferências em 1º de abril de 1957.

O pensamento religioso de Kant

A primeira conferência foi dedicada à análise das relações entre a religião e a moral; reconheceu-se que esta última, embora absoluta, só pode ter sentido na perspectiva da realidade (transcendente) do Reino de Deus (*Reich der Zwecke*), coincidência entre mérito e beatitude (*Würdigkeit* e *Glückseligkeit*) e, para o homem, da esperança de participar dele. A famosa frase de Kant: "Tive de suprimir a razão para dar lugar à fé" na verdade deveria ter sido: "Tive de suprimir a razão a fim de deixar um lugar para a esperança". O que, aliás, indica claramente a sua enumeração das questões tratadas pela filosofia, uma enumeração que as classifica – se a nossa interpretação estiver correta – em ordem crescente e não em ordem decrescente, e que, portanto, culmina em: "O que eu tenho direito de esperar?" (e não: "acreditar").

A segunda conferência foi dedicada à orientação e discussão dos trabalhos dos membros da conferência: o senhor Hutin sobre Henry More, o senhor Tonelli sobre a teleologia de Wolff e Kant, e a senhora Labrousse sobre Bayle.

Número de inscritos: 12.
Aluno diplomado: sr. S. Hutin.
Ouvintes assíduos: sra. Labrousse; sr. Löwik, sr. Tonelli.

O diretor de estudos passou seis meses no Institute for Advanced Study de Princeton (de outubro até o final de março); durante sua estada nos Estados Unidos, proferiu as Taft Lectures na Universidade de Cincinnati e apresentou conferências na Brandeis University e na Columbia University.

Publicações do diretor de estudos:

– "Pascal savant". In: *Blaise Pascal* (Cahiers de Royaumont, n.1), p.259-95, Paris, 1956.

– "L'Hypothèse et l'expérience chez Newton". *Bulletin de la Société Française de Philosophie*, Paris, ano 50, n.2, p.59-79, 1956.

– "Les Origines de la science moderne". *Diogène*, Paris, p.14-43, 1956.

– *From the Closed World to the Infinite Universe*. Baltimore, 1957.

* * *

6ª seção

Os trabalhos das duas conferências foram dedicados às pesquisas sobre a dinâmica do século XVII, bem como ao estudo da história do ensino das ciências na França do século XVII.

Os senhores Costabel, Moscovici e Taton participaram ativamente dos trabalhos. Durante a ausência do diretor de estudos, ele foi substituído pelo senhor René Taton, *maître de recherches* do CNRS.

Ausente durante a maior parte do ano letivo (em missão no Institute for Advanced Study, de Princeton), o diretor de estudos só retomou o ensino no retorno às aulas, na Páscoa.

* * *

1957-1958
5ª seção

O pensamento religioso (e metafísico) de Kant

Na primeira conferência, prosseguimos com o estudo do pensamento religioso (e metafísico) de Kant, tal como é apresentado na *Kritik der Urteilskraft* e na *Religion in den Grenzen der blossen Vernunft*.

A análise da primeira dessas obras revelou-nos um aspecto do pensamento kantiano que, embora tenha desempenhado um papel muito importante na evolução do "idealismo alemão", raramente foi apreciado em seu justo valor pelos historiadores do kantismo, a saber, o seu aspecto metafísico.

Na verdade, a crítica do juízo obriga-nos a reconhecer que, embora permanecendo absolutamente incompreensível para nosso entendimento e, portanto, não podendo ser utilizada como princípio de explicação, a estrutura teleológica, tanto a da natureza quanto a do nosso próprio pensamento, impõe-se a nós como um fato.

Isso confirma que o mundo fenomênico tem o seu fundamento em algo diferente dele mesmo e do nosso entendimento, caracterizado pelo conjunto de categorias que regulam o seu funcionamento legítimo; mais ainda: se o mundo fenomênico fosse apenas o *correlatum* do nosso entendimento, ele seria inteiramente explicável pela ciência (física), e não se apresentaria a nós com características irredutíveis à legalidade e à causalidade da natureza, como a organização (relação entre o todo e suas partes), a teleologia interna e externa, e a beleza. O mesmo se verifica com o funcionamento da nossa própria razão em seu uso teórico: tendência à unificação e ao sucesso (parcial) desta.

O espírito humano é, assim, levado a postular uma realidade transcendente e um espírito organizador (*intellectus archetypus*); sem poder, no entanto, dar conteúdo objetivo a esses conceitos e, por conseguinte, trazê-los para o domínio do saber.

A *Religião dentro dos limites da simples razão* tem como objetivo fundar a "fé razoável" (*Vernunft glauben*); ela luta, portanto, em duas frentes: dirige-se contra a interpretação "dogmática" e sobrenaturalista da religião, por um lado, e contra a negação total da religião, por outro.

O fundamento da religião está, como sabemos, na lei moral; ou, o que dá no mesmo, na liberdade humana, o único fato da razão (prática) que nos é dado. A lei moral é primeira e incondicionada; não é dada nem revelada por Deus; e não implica – racionalmente – uma referência a Deus. Porém, ela é uma lei da ação. Ora, se a decisão moral se esgota no presente (ela é independente do passado pelo próprio fato de ser livre), a ação visa ao futuro; tende a atingir um objetivo. Ela necessariamente estabelece, portanto, a possibilidade dessa realização; e implica, no agente, a crença ou a esperança de sucesso. Entretanto, o objetivo da ação moral nada mais é do que o reino da moralidade: o fim último e o bem supremo do homem; ou, mais exatamente, da humanidade.

É a transcendência desse objetivo em relação à nossa ação – que, por outro lado, perderia todo o seu sentido se não fosse colocada – que implica o apelo à transcendência divina e nos leva à fé prática: identificação da lei moral e do mandamento de Deus, a certeza (prática) da vitória final do bem (moral) sobre o mal; esperança na coincidência final entre *Würdigkeit* e *Glückseligkeit*, bem como na sua própria participação nesse estado.

À pergunta "o que é o homem?" que, para Kant, resume todas as outras, a sua filosofia religiosa oferece, portanto, a resposta: um ser finito e razoável que, por meio de sua liberdade transcendente, de sua finitude e de sua ação moral, espera participar no Reino de Deus.

Número de inscritos: 12.
Aluno diplomado: sr. S. Hutin.
Ouvintes assíduos: sra. Labrousse, srta. Cranaki, sr. Frank, sr. Fleischmann, sr. Bloom.

A segunda conferência foi dedicada ao estudo dos textos de Jean de Ripa relativos à teoria da latitude das formas.

O diretor de estudos passou três meses (setembro-dezembro) no Institute for Advanced Study de Princeton.

Número de inscritos: 12.

Aluno diplomado: sr. Hutin.

Alunos titulares e ouvintes assíduos: sra. E. Labrousse, srta. M. Cranaki, sra. Tavares de Miranda, sr. Bloom, sr. Frank, sr. Papadopulos, sr. Fleischmann.

Publicações do diretor de estudos:

– "Les Sciences exactes de 1450 à 1600". In: *Histoire Générale des Sciences*, t.II, p.8-12.

* * *

6ª seção

Estudos sobre a formação do sistema de Newton

As conferências do período 1957-1958 foram dedicadas ao estudo dos antecedentes históricos da síntese newtoniana, ou seja, da unificação total das leis do mundo astral e do mundo sublunar que nos foi apresentada pelo *Philosophiae Naturalis Principia Mathematica*. No entanto, é na obra de Kepler, em sua *Physica Coelestis*, que se encontra anunciada, se não realizada, a assimilação da mecânica terrestre e da mecânica celeste; é nessa obra que, pela primeira vez na história, o ponto de vista dinâmico foi aplicado à explicação dos movimentos planetários. É, portanto, na análise da obra de Kepler, mais exatamente de sua obra astronômica (deixando de lado a óptica e as matemáticas puras), que nos concentramos em primeiro lugar.

Pareceu-nos que essa obra foi dominada por duas ideias-mestras que orientaram o trabalho e as reflexões de Kepler. Ele perseguia constantemente um duplo objetivo: a) encontrar o plano inteligível (matemático) do cosmo, o conjunto de leis "arquetípicas" que guiaram a obra criadora de Deus; e b) determinar as leis, ou os meios materiais, que ele utilizou para realizar a sua obra.

Ora, se, para responder à primeira questão, Kepler é inspirado nas doutrinas neopitagóricas e neoplatônicas (a influência de Proclo no seu pensamento não pode ser subestimada), no final das contas, é Aristóteles que o inspira para responder à segunda, e é a física de Aristóteles que ele transporta – ou estende – aos céus.

É daí que vem o erro fundamental de Kepler, qual seja, a exigência de uma força motriz proporcional às velocidades dos planetas. Ora, curiosamente, esse erro não impediu – muito pelo contrário – Kepler na formulação das leis descritivas dos movimentos planetários, que constituem a base da mecânica celeste de Newton. Mais curioso ainda é que foi a partir dessa mesma exigência aristotélica que Kepler conseguiu descobrir – antes de Newton, a quem geralmente se atribui tal mérito – ou, dito de outro modo, conseguiu especificar o conceito de massa (no *Epitome Astronomiae Copernicanae*). Na verdade, ele postula que a velocidade de um corpo é proporcional à força motriz e inversamente proporcional à sua inércia (resistência ao movimento), sendo esta última proporcional à massa do corpo em questão, isto é, à quantidade de matéria (volume × densidade) que ele contém. Newton substituiu o conceito de inércia = resistência ao movimento, pelo de inércia = resistência à mudança do seu estado de movimento ou repouso; portanto, não é a velocidade, mas a aceleração (positiva ou negativa) que se torna proporcional à força motriz; o conceito de massa permaneceu inalterado.

Participaram ativamente das pesquisas e discussões: sra. M. Frank, srta. Lacoarret, sr. Taton, sr. Costabel, sr. Russo, sr. Moscovici, sr. Torlais.

* * *

1958-1959
5ª seção

Substituído pelos senhores S. Hutin e H. Duméry.

* * *

6ª seção

Substituído pelos senhores R. Taton, M. Daumas e J. Itard.

* * *

1959-1960
5ª seção

Substituído pelo senhor J. Boisset.

* * *

6ª seção

Substituído pelos senhores R. Taton e J. Itard.

* * *

1960-1961
5ª seção

A influência das ideias religiosas sobre a ciência moderna

Nas suas conferências, o diretor de estudos tratou da influência das ideias religiosas na formação da ciência moderna e, mais particularmente, da influência das concepções de Deus por parte dos grandes fundadores dessa ciência sobre as suas teorias cosmológicas.

Na história do pensamento cosmológico, Johann Kepler ocupa um lugar completamente excepcional, talvez único. Verdadeiro *Janus Bifrons*, Kepler se encontra, a uma só vez, adiantado e atrasado em relação ao seu tempo. Assim, por um lado, ele é o primeiro a colocar a questão *a quo moveantur planetae* e, assim, a transformar a cinemática celeste da Idade Média e da Antiguidade numa física celeste dinâmica e verdadeira que a unifica com a terrestre numa única física; ele é também o primeiro a superar a obsessão da circularidade, da qual nem mesmo Galileu conseguiu libertar-se inteiramente, tornando-se, assim, muito mais do que Copérnico, o verdadeiro criador de uma nova astronomia. Por outro lado, Kepler opõe-se, com todas as suas forças, à mecanização da natureza ao atribuir almas à Terra, ao Sol e aos planetas, além de rejeitar, com suas últimas energias, a infinitização do universo e a assimilação das estrelas ao Sol, afirmada por Giordano Bruno; aliás, contra este (e Gilbert), Kepler sustenta a existência de uma abóbada celeste, cristalina ou glacial, que abraça o mundo e lhe designa os seus limites. Porém, não é nessa dualidade do pensamento kepleriano, mas, pelo contrário, na sua unidade fundamental, que reside para nós o seu principal interesse: é que, ao contrário de todos aqueles que o precederam e, talvez, de todos aqueles que o seguiram,[45] Kepler, em sua cosmologia metafísica, não retorna do mundo em direção a Deus; ele não busca no mundo as *vestigia* nem as *imagines Dei* das "perfeições" que, em termos da estrutura do mundo, teriam permitido a ele concluir que existem perfeições análogas em Deus. Pelo contrário, trata-se de partir da natureza e da estrutura de Deus a fim de determinar a estrutura do universo.

Contudo, o Deus de Kepler é um Deus bastante particular, um Deus criador, ao mesmo tempo platônico e cristão. Platônico, ele geometriza eternamente e cria o mundo em conformidade com os cânones da geometria euclidiana. Cristão, isto é, trinitário, com uma estrutura igualmente trinitária, que traduz e reflete a sua, que confere ao mundo onde ele se revela através da criação.

Assim, desde a sua primeira obra, uma obra de juventude (*Mysterium Cosmographicum*, Tübingen, 1596), Kepler expõe para nós a sua convicção profunda, uma convicção à qual ele permanecerá fiel durante toda a sua vida, a despeito de enriquecê-la num ponto ao qual voltarei. Para Kepler, o mundo não foi criado por Deus *temere*, não importa como, mas, ao contrário, segundo um plano arquitetônico inteligível, um plano que o homem pudesse compreender – afinal, por que o pensamento de um matemático terreno não poderia apreender o pensamento

---

45 Certos predecessores de Kepler, notadamente Bruno e Gilbert, de fato deduziram a infinitude do mundo a partir da infinitude de Deus; ninguém, no entanto, ousou tentar determinar a estrutura concreta do universo a partir da "estrutura" de Deus.

do matemático divino? – e que explicasse tanto a estrutura geral do universo quanto as particularidades dessa estrutura. É à descoberta desse plano que devem ser dedicados os esforços do filósofo-astrônomo, descoberta que lhe permitirá responder a questões como: por que o mundo é esférico? Por que existe apenas um Sol e não dois ou três? Por que existem seis planetas no mundo e não quatro, ou oito, ou qualquer outro número?

Em *Mysterium Cosmographicum*, Kepler nos dá a resposta: o mundo é esférico porque a esfera (e não o círculo, como pensava Nicolau de Cusa, acrescentará 25 anos mais tarde em seu *Epitome Astronomiae Copernicanae*, L.IV, Linz, 1621) é a forma geométrica mais perfeita, pois é a que melhor representa e simboliza a Trindade divina: centro, superfície e o meio: Pai, Filho e Espírito Santo. Além disso, o mundo real tem um centro, o Sol, que representa Deus Pai; uma superfície, a esfera celeste que o envolve, que o limita e que o reflete: o Filho; e um intermediário, o mundo móvel do éter e dos planetas: o Espírito Santo.

Tendo a teologia trinitária cumprido o seu papel na dedução, é agora a geometria que intervém para nos dar detalhes sobre o mundo móvel dos astros errantes. A geometria, e não aritmética – nesta, o discípulo de Copérnico, G. J. Rheticus, tentara encontrar a chave do sistema planetário, explicando o número de planetas pela virtude e perfeição do número 6, número perfeito, e o primeiro dos números perfeitos: sendo o número uma função de coisas numeradas e, portanto, ontologicamente posterior a elas, nenhum número, enquanto tal, poderia ter predeterminado, ou motivado, a ação criativa de Deus. É a geometria que deve ser abordada, pois ela envolve a dedução de uma estrutura espacial. Aliás, depois de fazer algumas tentativas sem sucesso, Kepler descobriu que:

> Deus todo-poderoso e infinitamente bom, ao criar o nosso mundo móvel e determinar a ordem dos orbes celestes, tomou como base de sua construção os cinco corpos regulares que têm sido extremamente celebrados desde Pitágoras e Platão até os dias atuais; a partir da natureza desses corpos, ele coordenou o número e a proporção dos orbes, bem como as relações dos movimentos celestes.

Na verdade, colocando os cinco poliedros regulares uns dentro dos outros e fazendo com que estes fossem inscritos ou circunscritos por superfícies esféricas, resultam seis "esferas" ou orbes planetários cujas dimensões (distância ao Sol) correspondem, aproximadamente, às da astronomia copernicana.

Kepler percebe, porém, que sua solução está longe de ser perfeita. Pois, embora o *número* de planetas deva ser determinado inequivocamente (há apenas cinco corpos regulares e não pode haver mais) e as distâncias (as dimensões dos orbes) concordem mais ou menos bem com aquelas que são deduzidas do esquema poliédrico, as coisas são diferentes no que diz respeito aos tempos das revoluções; e, o que é ainda mais grave, não há absolutamente nenhuma explicação para a excentricidade dos orbes planetários.

Foi apenas 25 anos mais tarde, depois de ter, nesse intervalo, estabelecido nos seus comentários sobre os movimentos de Marte[46] as duas primeiras leis dos movimentos planetários às quais a história preservou o seu nome – a lei das áreas e a lei das movimento elíptico –, que Kepler não apenas encontrou a explicação para a inadequação do seu esquema cósmico, mas também compreendeu o grave erro que havia cometido ao

46 *Astronomia Nova*, 1609.

tentar determinar a estrutura do mundo a partir de considerações puramente, e apenas, geométricas.

A fonte desse erro foi ainda mais grave: ela consistia numa ideia demasiado simples, demasiado grosseira, da natureza de Deus: ele acreditava que Deus era um geômetra, e apenas geômetra, quando na verdade ele era antes, e sobretudo, um músico. Ora, do esquema poliédrico puro resultaria necessariamente um sistema de orbes concêntricos em relação aos quais os planetas se moviam com velocidades uniformes: um arranjo que poderia satisfazer um Deus matemático, mas que um Deus músico não poderia deixar de achar insuportavelmente monótono: com efeito, os planetas, então, "cantariam" perpetuamente, cada um deles, a mesma nota.

O Deus de Kepler não se contentou, portanto, com o esquema poliédrico, mas, tomando-o como base, sobrepôs a ele um conjunto de relações harmônicas estabelecidas. Entretanto, ele não considerou "sons" propriamente ditos – pois não há sons nos céus –, mas, em vez disso, relações entre as velocidades *angulares* dos movimentos dos planetas *vistos* do Sol. Além disso, ao submeter seus tempos de revolução a uma regra comum ($T^2/R^3 = C$), ele fez com que os movimentos pudessem ocorrer com velocidades não constantes, mas variáveis, isto é, não em círculos, mas em elipses, determinando suas distâncias (e, portanto, suas velocidades) de tal forma que seus "sons", pelo menos aqueles que "cantam" nos afélios e periélios de suas órbitas, formem acordes e não dissonâncias. Cada planeta "canta", assim, a sua própria frase musical (a da Terra é: *fá-mi*, que Kepler interpreta, em tom de brincadeira, como significando *famas* e *miséria*), combinando-se, todas juntas, numa sinfonia maravilhosa... É provável, acrescenta Kepler, ao ressuscitar a antiga ideia do grande ano, que o tempo necessário para o desenvolvimento completo dessa harmonia mede o tempo de duração do nosso mundo entre a criação e o juízo final.[47]

Curiosamente – para nós, não para Kepler –, o cálculo das distâncias planetárias, a partir das harmonias, concorda quase perfeitamente com os dados empíricos (em valores relativos, é claro, ou seja, tomando como unidade o raio da órbita da Terra). A intuição kepleriana é então confirmada e Kepler canta um hino ao Senhor, que deu a este, um indigno, a graça de penetrar no Mistério da Criação.

O Deus de Descartes, ao contrário da maioria dos outros deuses, não se revela nem se expressa no mundo que criou; não há nesse mundo *vestigia* nem *imagina Dei* – exceto o homem, enquanto substância pensante. O mundo material foi criado por Ele através do puro ato de sua vontade suprarracional; ele poderia ter sido completamente diferente; poderia até acontecer que as leis da lógica e da matemática não fossem válidas; ele poderia ter feito a linha reta não ser a distância mais curta entre dois pontos; ou que 2 vezes 2 não fosse igual a 4, mas a 3, ou a 5, ou a qualquer outro número. Igualmente impossível na concepção cartesiana seria "voltar" do mundo para Deus; Descartes quebra deliberadamente qualquer vínculo de analogia entre o Criador e o mundo criado por Ele, donde vem sua recusa em concluir a infinitude do mundo da infinitude divina, como fizeram Bruno e Henry More; ele apenas atribui *indefinição* a isso.

No entanto, ele não pode evitar o recurso a Deus, e é da natureza do Criador, em particular sua *imutabilidade*, que ele deduz as

---

47 Cf. *Harmonices Mundi Libri* [*V*], Linz, 1619; *Epitome Astronomiae Copernicanae*, L.IV, Linz, 1621.

leis fundamentais que governam o seu mundo, a saber, as leis da inércia e da conservação do movimento.

Na verdade, se a ação criadora do Deus imutável é sempre igual e semelhante a si mesma, então é a mesma quantidade de movimento que ele mantém ou, mais precisamente, que ele *cria* no mundo, uma vez que sua ação criadora é uma ação *contínua*; e é por essa mesma razão que mantém os corpos nos seus estados de repouso ou movimento retilíneo. Pode-se argumentar que Descartes deveria ter concluído desde a imutabilidade divina até a eternidade do mundo. Ele, porém, não faz isso. Seria cautela? É possível. Mas também é possível que ele mantenha a criação no tempo por razões religiosas, assim como – apesar da imutabilidade divina – o fizeram todos os teólogos cristãos antes e depois dele.

O diretor de estudos passou o primeiro semestre em Princeton. Ele ministrou a Horblitt Lecture na Universidade de Harvard. Seu substituto foi o senhor Jean Boisset.

Publicações do diretor de estudos:

– "Newton, Galilée et Platon". *Annales* [*ESC*, nov.-dez., n.6, 1960].

– "De l'Expérience imaginaire et de son abus". *Revue d'Histoire des Sciences*, t.XIII, n.3, p.197-246, (1960).

– "Études newtoniennes: I. Les *Regulae Philosophandi*"; "II. Les *Queries* de l'*Optique*". *Archives Int. d'Histoire des Sciences*, [v.13] n.50-51, 1960.

– *La Révolution astronomique: Copernic, Kepler, Borelli*. Paris, 1961.

– No prelo: *Études d'histoire de la pensée philosophique* (Cahiers des Annales, n.19), Hermann, in-8º, 330p.

* * *

6ª seção

Estudos dos inéditos de Newton

O curso deste ano foi dedicado ao estudo dos inéditos de Newton, de que o diretor de estudos, com o senhor Bernard Cohen, professor da Universidade de Harvard, está preparando a publicação – em particular, do manuscrito 4.003 da Biblioteca de Cambridge (Fundo Portsmouth).

Esse manuscrito, datado muito provavelmente dos anos 1669-1670 e dedicado ao estudo do equilíbrio dos fluidos, contém uma longa crítica ao filósofo Descartes (40 páginas). Ela lança uma luz muito viva sobre as razões profundas do anticartesianismo de Newton, bem como sobre as suas próprias ideias "filosóficas". O que Newton critica em Descartes não é apenas a identificação do espaço com a extensão material e, por conseguinte, a negação do vazio, mas, muito antes disso, a sua oposição radical da substância pensante à substância extensa. Quando Descartes identifica a matéria com a extensão, isso o leva a relegar esta última às substâncias espirituais: no entanto, a extensão é uma propriedade do ser e, enquanto ser (*ens qua ens*), de onde resulta que tudo o que é – a matéria, a alma e até mesmo Deus – participa ou é dotado de extensão. O espaço cósmico, portanto, nada mais é do que a extensão divina. Tal doutrina, à qual Newton aludirá no *Scholium generale* da segunda edição dos *Principia* (1713), nunca foi exposta por ele em suas obras impressas de forma suficientemente clara e objetiva. Também o manuscrito 4.003 (e outros) é de capital importância para a compreensão da subestrutura metafísica do sistema newtoniano.

Os senhores Taton, Costabel, Russo, Moscovici e Torlay participaram ativamente das discussões.

* * *

1961-1962
5ª seção

As concepções metafísico-religiosas de Newton e Leibniz

As conferências deste ano foram dedicadas ao estudo das concepções metafísico-religiosas de Newton e Leibniz, cuja oposição, que eclodiu na célebre Correspondência entre Leibniz e Clarke, dominou a primeira metade do século XVIII.

As concepções de Newton, como estabelecidas graças a documentos inéditos, com destaque para um longo manuscrito de 42 páginas *in-folio* intitulado *De gravitate et aequipondio fluidorum*, contendo, porém, na verdade, uma crítica à metafísica cartesiana (manusc. 4.003 da Biblioteca da Universidade de Cambridge), foram formadas muito cedo, por volta de 1670, e não mudaram muito ao longo de sua vida. Elas revelam uma influência muito forte da Escola de Cambridge e, sobretudo, uma oposição violenta a Descartes. Curiosamente, Newton censura este último pela sua fidelidade à ontologia escolástica que divide o ser em substância e acidente, bem como devido à sua separação radical entre substância material e substância espiritual. Ao atribuir extensão apenas à substância material, e ao negá-la à substância espiritual, ao identificar extensão e matéria, e ao rejeitar a existência de um espaço separado da existência dos corpos que ali se encontram, Descartes acaba por excluir Deus do mundo, abrindo a porta ao materialismo e ao ateísmo. Newton, portanto, afirma que a extensão pertence ao ser enquanto ser (*extensio est entis qua entis affectio*) e que, por conseguinte, o espírito, e até mesmo Deus, são "estendidos". A extensão divina, a sua imensidão ou a sua onipresença, é justamente o espaço absoluto e infinito do qual a matéria ocupa apenas uma ínfima parte.

Trata-se das mesmas ideias que encontramos nas questões metafísicas da *Óptica* latina (1706), bem como no *Scholium generale* da segunda edição do *Philosophiae Naturalis Principia Mathematica* (1713), em que, no entanto, elas são apresentadas de uma forma deliberadamente condensada e enigmática: os rascunhos do *Scholium* preservados na Biblioteca de Cambridge revelam o extremo cuidado com que Newton suprimiu qualquer afirmação "perigosa", bem como qualquer referência aberta a Descartes e também a Leibniz, a quem, no entanto, ele respondia.

O *Scholium*, porém, fornece um esclarecimento interessante: Newton acredita que é apenas a sua concepção da presença de Deus no mundo que nos permite atribuir a Deus uma ação no mundo – nada nem ninguém pode agir onde ele não esteja presente – e salvaguarda a sua liberdade: Deus não é o *ens perfectissimum* (de Leibniz) ou, vice-versa, o *ens perfectissimum* não é Deus, mas o Senhor, *Dominus*, do mundo que ele cria livremente onde quer, e como ele quer.

Desde os *Novos ensaios sobre o entendimento humano* (1703), mas especialmente desde a *Teodiceia* (1710) e as *Cartas a Hartsoeker* (1711), que foram os *occasio scribendi* do *Scholium generale*, Leibniz opõe sua concepção à de Newton. Nas cartas ao abade Conti (1715) e à princesa de Gales (1715), o ataque fica mais claro: a concepção newtoniana espacializa Deus, mergulha-o na natureza, torna-o divisível, atribui-lhe um *sensorium* e, de modo geral, torna-o imperfeito: mau relojoeiro, ele deve, de tempos em tempos, consertar e reconstruir sua obra – o mundo – que, sem isso, deixaria de funcionar ou cairia em desordem. O verdadeiro Deus – aquele de Leibniz – não é esse ser imperfeito, mas *ens perfectissimum*, uma inteligência infinita e perfeita, *intelligentia supramundana*, que, conformando-se aos princípios da perfeição e da razão suficiente, escolheu o melhor dentre todos os mundos possíveis, isto é, o mais rico e mais harmonioso; então, ele não necessita consertar sua obra, nem a reconstruir: ela é tão perfeita que funciona por conta própria.

À carta de Leibniz ao abade Conti, o próprio Newton respondeu (nos papéis de Newton foram encontrados muitos rascunhos de sua resposta: publiquei alguns deles nos *Archives Internationales d'Histoire des Sciences*); à sua carta à princesa de Gales, ele responderá através de um intermediário, seu discípulo e amigo Samuel Clarke, capelão da corte da Inglaterra, filósofo e teólogo bastante herético (assim como seu mestre Newton, ele não aceitou o dogma ortodoxo da divina Trindade) e muito famoso no século XVIII (hoje completamente esquecido). Tendo a resposta de Samuel Clarke provocado uma contrarresposta de Leibniz, e esta uma contra-contrarresposta de Clarke, seguiu-se uma longa polêmica que só terminou com a morte de Leibniz. Ela foi imediatamente publicada, em edição bilíngue, por Clarke (*A Collection of Papers which Passed between the Late Learned Mr. Leibniz and Dr. Clarke, in the Years 1715 and 1716 Relating to the Principles of Natural Philosophy and Religion...*, Londres, 1717) e republicada por Des Maizeaux (em francês) no ano de 1720 em Amsterdã (*Recueil de diverses pièces sur la philosophie, la religion naturelle, l'histoire, les mathématiques par MM. Leibniz, Clarke, Newton et d'autres auteurs célèbres*, em 2 volumes).

A participação de Newton nessa polêmica sempre foi, ou pelo menos desde *sir* David Brewster, admitida pelos historiadores de Newton. De fato, numa carta a Leibniz (de 10 de janeiro de 1716), a princesa de Gales confirmou a "suspeita" de Leibniz relativamente a essa participação, mas só hoje é que o seu *grau* pode ser estimado em seu justo valor: na verdade, nos manuscritos de Newton, encontramos vários rascunhos da *Advertência ao leitor* que Des Mazeaux publicou no prefácio de sua *Recueil* como se viesse do próprio Clarke... Daí a nossa afirmação (em *From the Closed World to the Infinite Universe*, Baltimore, 1957) de que os "papéis" de Clarke representam fielmente as opiniões de seu mestre.

Das questões relativas à religião natural, a polêmica entre Leibniz e Clarke-Newton estende-se até aquelas concernentes à filosofia natural. À absolutização do espaço e do tempo de Newton (o Deus de Newton não é supratemporal, mas sempiterno), Leibniz opõe sua relativização: o tempo é apenas uma ordem de sucessão, o espaço é apenas uma ordem de coexistência, de simultaneidade. Não há, nem pode haver, tempo vazio, assim como não há espaço vazio. A existência deste último seria, aliás, incompatível com os princípios da perfeição e da razão suficiente que orientam a ação divina: não podemos admitir que Deus tenha tratado uma parte do espaço isomórfico de forma diferente de outra, nem que, tendo sido capaz de criar a matéria numa determinada parte do espaço, isto é, tendo conseguido aumentar a riqueza do universo, absteve-se de fazê-lo. Admitir a existência do tempo e do espaço absolutos seria ou admitir a existência de entidades eternas e necessárias "fora de Deus" ou torná-las atributos de Deus.

Segundo Leibniz, os newtonianos são materialistas vergonhosos: não admitem eles a substancialidade ou, até mesmo, a imutabilidade de seus átomos materiais? Ora, segundo Leibniz, a matéria não é uma substância, mas apenas um *substantiatum*; a existência dos átomos é contrária à razão: não podemos impor um limite à divisibilidade da matéria. Essa limitação só poderia ser o efeito de um milagre perpétuo, o que é uma contradição manifesta. Além disso, a suposta identidade dos átomos newtonianos é razão suficiente para negar a sua existência; não há, nem pode haver, dois objetos idênticos no mundo. Se existissem de fato, isso colocaria Deus numa situação impossível: ele não poderia deixar de os colocar em lugares diferentes e, entretanto, não teria razão suficiente para colocar um num lugar e não no outro (e vice-versa).

Ao contrário de Leibniz, Clarke-Newton mantêm firmemente a sua posição: o espaço e o tempo são infinitos, eternos (ou sempiternos) e necessários. Porém, eles não estão "fora de Deus"; não são atributos, mas seguimentos ou consequências necessárias da existência de Deus *in quo vivimur, movemur e sumus*.[48] A onipresença (substancial e não apenas pelo poder) de Deus é a própria condição de sua ação; da mesma forma, o espaço vazio não é absolutamente vazio, mas apenas vazio de matéria, porque Deus está presente ali em toda parte.

A imperfeição do mecanismo do mundo não reflete a do seu autor, mas apenas as limitações essenciais do ser material; ao afirmar a sua perfeição que torna inútil qualquer intervenção divina, Leibniz exclui Deus do mundo. Seu Deus é Deus apenas no nome; ele não é de forma alguma seu governante e seu senhor; além disso, ele é privado de liberdade, tanto quanto o

48 Versão latina da frase encontrada em *Atos dos Apóstolos* (XVII, 28): "nele [em Deus] vivemos, e nos movemos, e existimos". (N. T.)

homem de Leibniz: obrigado sempre e em todos os lugares a conformar-se ao princípio da razão suficiente, como Leibniz o interpreta (para Clarke-Newton é certo, sem dúvida, que nada acontece sem razão; para eles, porém, a vontade livre de Deus é uma razão amplamente suficiente), ele é privado da possibilidade de escolher, é submisso à necessidade.

Não é perfeitamente ridículo proibir Deus de criar objetos idênticos e colocá-los como bem desejar? Ou, ainda, proibi-lo de criar átomos e combiná-los da maneira correspondente aos seus projetos? Em suma, enquanto o Deus de Newton é verdadeiramente criador do mundo que ele continua a manter na existência por meio de sua ação contínua, o de Leibniz não tem nenhuma função detectável. O mundo de Newton implica a existência de Deus, ao passo que o de Leibniz não implica nada parecido com isso.

A discussão, sem dúvida, não levou a nada: quase não há exemplos de um filósofo que tenha convencido outro. Entretanto, ela não foi inútil. A discussão obrigou Newton a sair da sua reserva e a formular abertamente as convicções metafísico-religiosas que, *segundo ele*, estavam na base da sua filosofia natural.

Assim como no ano anterior, o diretor de estudos separou parte do ano para estar no Institute for Advanced Study, de Princeton. Durante sua ausência, ele foi substituído pelo senhor Yvon Belaval, professor da Universidade de Lille, cujo relatório segue.

Número de inscritos: 17.

Aluno diplomado: sr. François Rouleau.

Ouvintes assíduos: Michel Hamm, Raoul Douroux, Marguerite Giacometti, Karl Stumpf, Keuchiro Ono, Seddik Zoulim,

Daniel Defert, Pierre Dortiguier, Michel Fichant, Stephan Brecht, sra. Marguerite Frank, sra. Emmeline Coursin.

Publicações do diretor de estudos:
– *La Révolution astronomique*, in-8º, p.525. Paris: Hermann, 1961.
– *Études d'histoire de la pensée philosophique*, in-8º, p.330. Paris: Armand Colin, 1962.
– "The Case of the Missing Tanquam". *Isis*, 1961.
– "Newtonian Studies: Attraction, Newton and Cotes". *Archives Internationales d'Histoire des Sciences*, 1962.

Em 4 de maio de 1962, o diretor de estudos proferiu uma conferência no Palais de la Découverte; também proferiu conferências na Universidade de Turim, em 12 de maio de 1962, e no Museo di Storia della Scienza, em Florença, nos dias 22 e 24 de junho de 1962.

* * *

6ª seção

Substituído pelos senhores R. Taton e J. Itard.

5
Teologia e ciência
Duas conferências inéditas

Nota

Foi após voltar da América que surgiu a ideia de criar em Paris um centro nacional e internacional de filosofia viva, onde estariam representadas as mais diversas tendências: a filosofia clássica, a filosofia bergsoniana, o marxismo, a filosofia da existência, a filosofia de Whitehead e, possivelmente, se não de imediato, pelo menos mais tarde, o positivismo lógico, a psicologia das formas e a psicanálise. [...] Uma revolução nos conceitos se anuncia a partir de meados do século XIX. Estamos na metade do século XX. Quer nos conectemos a Nietzsche ou Marx, a Dewey ou Bergson, a James ou Russell, a Whitehead ou Heidegger, concordaremos neste ponto: uma revolução está acontecendo. [...] As ciências, que durante grande parte do século XIX se viram separadas da filosofia ou apenas pretendiam fornecer-lhe os seus resultados, encontram-se abaladas até o nível de seus fundamentos. Em certo sentido, isso significa que as ciências tornaram-se filosóficas ou voltaram a sê-lo.[1]

---

1 Wahl, *Cahiers du Collège Philosophique*, p.I ss.

O filósofo Jean Wahl, colaborador de Koyré durante os anos da revista *Recherches Philosophiques* e durante a experiência da École Libre des Hautes Études de Nova York, fundou, no ano de 1946 em Paris, um fórum de discussão intelectual nomeado Collège Philosophique.

Disposto à margem das instituições universitárias, sem qualquer infraestrutura administrativa, beneficiando-se muito do ecletismo e do espírito de improvisação característicos do seu fundador, o Collège Philosophique de Jean Wahl foi um local de expressão, não apenas de autores famosos, mas sobretudo de autores que só seriam conhecidos mais tarde, filósofos e estudiosos estrangeiros.

Seu estudo é dificultado pela ausência de fontes. Com efeito, a publicação inicial das conferências nos *Cahiers du Collège Philosophique* (Biblioteca da Sorbonne) e na revista *Deucalion* cessou (em 1948) ao mesmo tempo que a iniciativa se expandia. Durante a década de 1950, o Collège proporcionou aos seus ouvintes (que contribuíam sob a forma de assinaturas) um ensino organizado em ciclos semestrais de conferências: os Colóquios Filosóficos. As conferências eram realizadas na sala do edifício da Société d'Encouragement pour l'Industrie Nationale, em frente a Saint-Germain-des-Prés. Bastou uma coleta parcial dos calendários do Collège para que pudéssemos perceber a amplitude e a vivacidade de tal iniciativa: Jean Wahl fez falarem ali Jean-Paul Sartre, Claude Lévi-Strauss, Roger Caillois, Jean Starobinski, Emmanuel Lévinas, Eugène Minkowski, Georges Bataille, André Chastel, Georges Canguilhem, Yvon Belaval, Georges Friedmann, Marie-Antoinette Tonnelat e André Lichnerowicz, além de Alfred Jules Ayer,

Jean Piaget, Chaïm Perelman, Jean Ullmo, Louis de Broglie, Norbert Wiener, Szolem Mandelbrojt e François Le Lionnais.[2]

Alexandre Koyré esteve entre os primeiros conferencistas e foi um dos participantes mais assíduos. Segundo as únicas fontes parciais que conhecemos, ele proferiu ali seis conferências desde 1947: "Teologia e ciência" (em março de 1947); "Física e metafísica em Newton" (sem data, em duas sessões, e cuja transcrição se conserva no Fundo Koyré); "A gravitação universal de Kepler a Newton" (em duas sessões, fevereiro de 1951).

Abstivemo-nos de publicar as suas conferências sobre Newton, porque elas também foram proferidas noutros locais (especialmente aquela sobre a gravitação universal, no Palais de la Découverte) e o seu conteúdo foi publicado em forma de artigos reunidos pelo autor nos seus *Estudos newtonianos*, publicados postumamente.

Publicamos a conferência de 1947 sobre "Teologia e ciência", relativa à metafísica cognitiva medieval e à questão da teologia como ciência racional.

A conferência de Koyré inspira-se de modo crítico no livro *La Théologie comme science au XIIIe siècle*, do Padre Marie-Dominique Chenu,[3] então *chargé de conférences* da 5ª seção da Ephe e cuja metodologia teológica antimodernista – exposta em *Une École de théologie: le saulchoir*, de 1937 – foi colocada no *Index* em 1942.

O método do professor Chenu significou não apenas a exigência de trégua em qualquer luta pela hegemonia envolvendo ciência e teologia, mas também a reivindicação de validade

---

2 Bibliothèque Nationale de France, Fundo J. Wahl, Paris.

3 2.ed., 1942.

cognitiva para a fé religiosa, nos moldes da própria racionalidade científica. Pois, se a ciência, como mostraram a epistemologia e a história, encontra o seu sentido para além da experiência, numa ontologia e numa razão sintética, a ponto de afirmar a existência de objetos não perceptíveis, colocados por uma axiomática matemática, então a teologia racional de Santo Tomás também era uma ciência. Todo o espaço conceitual de que se beneficiara na Idade Média recupera assim sua validade epistemológica: esse verdadeiro e único "Renascimento que sucedeu à Cristandade".

Koyré referiu-se ao fracasso teológico de Descartes e à pretensão, abandonada por Pascal, de fundar a fé religiosa numa paródia teológica da ciência. O conflito entre ciência e teologia na era moderna da ciência não foi ocasional nem evitável, muito embora ela hoje pareça inerte: os critérios de confirmação são necessariamente opostos. O milagre para uma teologia da fé, a verificação para a ciência. "Na minha opinião, a incompatibilidade continua total", concluiu Koyré em sua conferência.

Uma outra conferência (sem título, data e local, mantida no Fundo Koyré) é dedicada à história do pensamento místico.

O texto datilografado, corrigido à mão e completamente envolto por citações e notas, parece ter sido preparado para publicação. O tema abordado oferece a possibilidade de retomar o estudo do simbolismo da luz no pensamento religioso do século XVII como ponto de encontro entre a teologia agostiniana e a astronomia heliocêntrica.

Koyré conseguiu identificar esse encontro no *Discours de l'estat et des grandeurs de N. S. Jésus Christ*, publicado em 1623 por Pierre de Bérulle:

> Um excelente espírito desse século (na margem: Nicolau Copérnico) – escrevera Bérulle – queria sustentar que o Sol está no centro do mundo, e não a Terra; que ele é imóvel e que a Terra, proporcionalmente à sua figura redonda, se move em relação ao Sol... Essa nova opinião, pouco seguida na Ciência dos Astros, é útil e deve ser seguida na Ciência da Salvação, porque Jesus, o Sol imóvel, em sua grandeza move tudo.[4]

O valor do copernicanismo para uma nova teologia católica, afirmado pelo cardeal de Bérulle, ecoou polemicamente a suspensão de Copérnico, decretada pelo cardeal Belarmino em 1616.

Documentos

Documento n.23

Teologia e ciência

Conferência proferida no Collège Philosophique, Paris, março de 1947.
Centro Alexandre-Koyré, Ehess, Fundo Koyré.

O problema teologia e ciência, o problema das relações entre a ciência e a teologia, é um problema muito sério e, sob diferentes formas e elaborações, tem preocupado o pensamento europeu há muitos e muitos séculos. É também um problema que podemos chamar de existencial, e é provavelmente por isso que meu amigo Jean Wahl me pediu para falar sobre isso aqui. Esse, contudo, não é um problema muito atual.

---

4 Bérulle, *Discours de l'estat et des grandeurs de N. S. Jésus Christ*, p.40.

Se vocês derem uma olhada nas revistas filosóficas e teológicas dos últimos anos, não vão encontrar esse assunto em pauta, ou só o encontrarão muito raramente. E quanto ao problema das relações entre ciência e religião, que é outra forma do mesmo problema, ou entre ciência e fé, vocês só o verão abordado – e, aliás, muito mal abordado – pelos bispos anglicanos.

Teologia e ciência parecem conviver muito bem hoje em dia; pelo menos elas já não brigam mais, e vivem, pode-se dizer, em paz. Estamos longe dos tempos heroicos em que a teologia governava a astronomia, a física e a biologia, quando os teólogos condenavam um sistema de astronomia como o de Copérnico, ou um sistema de física como o de Descartes, ou um sistema de biologia como o de Darwin. Nunca um teólogo se ofendeu com a teoria da relatividade, nem jamais determinou a sua posição em relação à física quântica.

Parece, portanto, que a teologia e a ciência demarcaram muito bem as suas esferas de influência, e podemos dizer que elas vivem agora sob um regime de não intervenção mútua. Parece que o mundo moderno conseguiu alcançar aquilo que a Idade Média tanto criticou nos averroístas, ou seja, viver sob um regime de dupla verdade. Como surgiu esta situação? Seria interessante estudá-la, porém isso nos levaria longe demais. Creio, de minha parte, que devemos essa situação improvável ao desaparecimento do intermediário entre a ciência e a teologia, que outrora era constituído pela metafísica, o que se chamava teologia natural ou teologia filosófica.

Uma vez desaparecida essa [*metaphysica*] que era ao mesmo tempo uma [*theologia*], teologia e ciência veem-se sem intermediários, face a face, o que evidentemente poderia dar origem a um conflito. Na verdade, não era esse o caso.

Teologia e ciência não se encontram e aparentam ignoram-se reciprocamente, ao mesmo tempo que ignoram o problema das suas relações. No entanto, a ignorância de um problema não equivale à sua resolução. Ao contrário, só há uma coisa mais perigosa do que a ignorância de um problema: a ignorância de sua solução. Tal ignorância contribui para a confusão e facilita o surgimento de sistemas bastardos de pensamento, como os vários tipos de filosofia religiosa.

O que eu gostaria de fazer aqui hoje é simplesmente recordar algumas posições já alcançadas; algumas soluções já oferecidas para o problema.

Que a teologia e a ciência não tenham nada para resolver entre si, isso é algo que poderia ser argumentado, pois, se a teologia e a ciência têm muito em comum no que diz respeito aos seus métodos de trabalho (a teologia é uma ciência dedutiva e reivindica para si o título de ciência exata), elas estão separadas por seus objetivos e por suas áreas de aplicação.

A teologia trata de coisas que afetam a nossa salvação e, como disse o cardeal [Baronius],[5] o objetivo da teologia e das Sagradas Escrituras é explicar-nos como podemos chegar ao céu. Este, sem dúvida, não é o objetivo da ciência. Poderíamos acrescentar que a maioria das questões tratadas pelos teólogos, ou pela teologia, são rigorosamente indeterminadas do ponto de vista da ciência, porque as soluções às quais a teologia chega são,

---

5 Alusão à declaração do cardeal Baronius citada por Galileu em sua *Carta à senhora Cristina de Lorena* (1615): "A intenção do Espírito Santo é ensinar-nos como vamos ao céu, não como vai o céu" (Galileu, *Lettre à Christine de Lorraine et autres écrits coperniciens*, trad. franc. e edição Ph. Hamouet; M. Spranzi. Paris: Le Livre de Poche, 2004, p.158 ss.). (Nota da edição francesa)

do ponto de vista da ciência, rigorosamente indeterminadas – e não apenas do ponto de vista da ciência –, rigorosamente inacessíveis e inobserváveis.

Se tomarmos exemplos da história das discussões teológicas, discussões que renderam muitos escritos e provocaram muito barulho, por exemplo se discutirmos o destino das crianças [mortas] não batizadas (elas vão para o inferno ou para o céu?), podemos evidentemente encontrar soluções para esse problema, e até mesmo soluções corretas, mas não podemos verificá-las. O mesmo raciocínio se aplica ao problema da oração pelos mortos, que tanto católicos quanto protestantes discutem: podemos encontrar soluções, e até soluções justas, mas é impossível verificar tais soluções. O mesmo acontece com tudo o que diz respeito aos sacramentos; mesmo para um fato tão fundamental como o Sacramento da Missa, é impossível constatar o fato da transubstanciação.

Assim, se dividíssemos o domínio do saber científico entre aquilo que é observável, verificável e constatável, e a ciência do não observável, do não verificável e do não constatável, teríamos uma divisão rigorosa e, evidentemente, as teorias ou as soluções formuladas para uma e para a outra dessas regiões não poderiam coincidir nem poderiam estar em contradição. Ali teríamos um estado de neutralidade mútua. Esse seria, talvez, um estado ideal, contanto que a teologia aceitasse a separação radical; trata-se, no entanto, de algo que a teologia nunca aceitou e que, ao que parece, não pode aceitar. A outra condição seria que a ciência aceitasse, enquanto tal, a possibilidade de uma ciência do não verificável e do não observável, o que, de seu ponto de vista, ela não pode fazer.

Tudo isso é muito bom, mas, no fundo, ainda não sabemos o que é a teologia. Poderíamos, para simplificar, recorrer a um teólogo moderno; embora isso possa não bastar, o interesse seria mantido e, de todo modo, aprenderíamos que a teologia é a ciência de um livro, do Livro dos Livros, a Bíblia. A teologia se justifica, pois encontra nesse livro a revelação de Deus. E, diante da pergunta "o que faz o teólogo?", encontraríamos uma resposta correspondente: o teólogo, ao contrário de outros sábios, não fixa o seu olhar nas coisas, nas realidades perceptíveis da experiência, seja esta sensível ou espiritual, mas sim nas palavras, nas frases, nos escritos. A teologia seria, assim, a ciência da *Scriptura sacra* e da [palavra].

Entretanto, talvez valha a pena olhar para a história. Não posso fazer aqui a história da teologia, nem mesmo a história do termo e da noção de teologia. Aqui não haveria tempo para tanto. Mas um olhar histórico nos ajudará a entender aquilo sobre o que estamos falando. O termo "teologia" e o verbo grego correspondente significam sermão de Deus, [...] a palavra sobre Deus e o falar de Deus, enquanto tais, aplicam-se a pessoas que falam por parte de Deus ou dos deuses. Na Antiguidade grega, eram chamados de teólogos principalmente os poetas e os mitólogos. Mais tarde ainda, os teólogos são pessoas que falam por parte de Deus, que contam mitos sobre os deuses, os mitólogos. Num sentido análogo e derivado, Filo chama Moisés de teólogo, e o próprio Filo se considera um teólogo, pois fala por parte de Deus ao interpretar o que Moisés diz. É, portanto, o intérprete da palavra dos mitos, ou da palavra de uma narrativa, que se chama teólogo. Da mesma forma e no mesmo sentido, os filósofos estoicos que interpretam os mitos, dando-lhes um significado filosófico e natural, são chamados de teólogos. E, nesse sentido, Santo Agostinho, por exemplo, fala-nos da teologia poética, da teologia mítica dos mitólogos, e da teologia natural, da teologia física dos estoicos.

Além desta, há outra tradução do termo [*theologia*]: teologia é ainda a doutrina de Deus, o *sermo de Deo*, mas em outro sentido, no sentido estritamente filosófico, no sentido metafísico de filosofia primeira. Em Aristóteles, na *Metafísica* VI, 1 e XI, 7, textos que identificam a filosofia primeira com a teologia e que dividem as ciências em física, matemática e teologia. Não há dúvida de que tais passagens foram contestadas, de que há dúvida se elas são de Aristóteles ou não, mas isso não tem qualquer importância, uma vez que sempre foram atribuídas a Aristóteles, e uma vez que essas passagens, autênticas ou não, determinaram uma tradição, especialmente a tradição neoplatônica, que culmina na completa identificação da filosofia primeira com a teologia, ou seja, no uso do termo "teologia" para designar a filosofia primeira e a metafísica. Além disso, como vocês sabem, Proclo intitula seu tratado de metafísica como *Elementos de teologia* e, a partir daí, vocês encontram em Pseudo-Dionísio fórmulas como "teologia metafísica", "teologia afirmativa", "teologia negativa".

Também encontramos esse uso do termo em Santo Agostinho, embora raramente; mas ele conhece a teologia dos filósofos, ou seja, a teologia dos neoplatônicos. Santo Agostinho também conhece outro sentido do termo "teologia", embora muito raramente o utilize, que é o de "teologia cristã". Normalmente, nesses casos, ele fala de sabedoria cristã ou da doutrina cristã, porém, às vezes, especialmente no *De civitate Dei*, ele nos dá uma definição da teologia cuja influência posterior foi a maior de todas. Ele diz, em particular, que a teologia é a ciência das coisas que são necessárias para a salvação.

Eis os principais sentidos desse termo. Se ser teólogo é falar de Deus, para falar de Deus, da verdade, é preciso conhecer Deus. Afasto-me de Santo Agostinho, não quero voltar tanto no tempo, até aquilo que se chamou de teologia da filosofia grega, nem à evolução da teologia bizantina. Para falar de Deus, da verdade, é preciso conhecer Deus e, para conhecer Deus, é evidente que só temos dois meios. Ou podemos conhecê-lo como os filósofos tentam fazê-lo, pela via dialética, pela razão, pela dedução, partindo do mundo e retornando a Deus, pela dedução de propriedades divinas a partir do mundo. Ou – o que é muito melhor – podemos saber sobre Deus aquilo que ele mesmo nos diz sobre si mesmo.

Temos, portanto, dois meios, duas fontes de conhecimento de Deus: a teologia filosófica e a revelação, que é a base da verdadeira teologia segundo Santo Agostinho. É muito característico que, por exemplo, quando nos deparamos com o problema do incrédulo, do *insipiens*, que não acredita em Deus e que diz no seu coração que Deus não existe, Santo Agostinho não lhe apresenta as provas da existência de Deus tais como são elaboradas pelos filósofos, tais como ele mesmo as utilizará em vários de seus tratados, mas, em vez disso, inicia seu argumento com a demonstração da verdade de autoridade das Sagradas Escrituras. Santo Agostinho poderia simplesmente invocar a evidência natural da existência de Deus, que ele mesmo faz quando cita os Salmos e afirma que o céu e a terra são obra de Deus, que todos acreditam na existência de Deus etc. Porém não é desse Deus que duvida o *insipiens*, e não é desse Deus que Santo Agostinho ouve [falar]. Trata-se de um Deus pessoal, um Deus com quem podemos ter relações pessoais, e é claro que só podemos saber desse Deus aquilo que ele próprio nos diz sobre si mesmo. Acho que isso é perfeitamente justo.

Do ponto de vista da filosofia mais estrita, um ser espiritual não pode ser conhecido a menos que se revele, e não podemos saber nada acerca dele que ele não queira nos revelar ou nos mostrar. Até mesmo no caso de um ser como o homem, não podemos conhecê-lo se ele não nos disser o que ele é e o que pensa. Contudo, o homem está equipado com um corpo, e podemos, pela expressão, pela ação, saber muitas coisas que ele não gostaria que soubéssemos. Não é assim no caso de um ser puramente espiritual como Deus. Se quisermos saber algo a seu respeito, é preciso que ele se revele a nós. Assim, o conhecimento de Deus tem necessariamente duas fontes: o conhecimento filosófico, que não nos dá um Deus pessoal, e a revelação; em outras palavras, a inteligência, ou a razão, e a fé.

E é, portanto, muito razoável que Santo Agostinho recorra à demonstração ou à prova da verdade de uma revelação. Estando a revelação de Deus contida num texto, as Sagradas Escrituras, cujos livros contêm tudo o que podemos saber sobre Deus, devemos de início demonstrar para nós mesmos que tal revelação está realmente contida nessas Escrituras. Para o próprio Santo Agostinho, é pela experiência pessoal que a verdade da religião cristã foi provada, mas, diante de outra pessoa, ele não consegue evocar essa experiência pessoal que lhe propiciou o contentamento da alma, a experiência do encontro com Deus. É necessário que outra pessoa demonstre a credibilidade das Escrituras. É por isso que, na obra de Santo Agostinho, temos sempre o acordo e o equilíbrio entre duas fórmulas: é preciso compreender para crer, e é preciso crer para compreender.

É preciso compreender para crer, e é preciso crer para compreender. É preciso crer para compreender, ou seja, é preciso acreditar que a Escritura contém a verdade para se chegar à visão de Deus pela compreensão da Escritura. É preciso compreender as razões pelas quais admitimos que essa Escritura é realmente verdadeira. Afinal, Santo Agostinho nos diz que ninguém acreditaria em algo que não pudesse ser estimado como crível, e é preciso antes de tudo resolver a questão: acreditar em quê? Na prática, para Santo Agostinho, a questão era: acreditar em quem? No ensino da Igreja ou no ensino dos maniqueístas?

Para ele, do ponto de vista prático, a verdade do ensino católico estava dada em grande medida na concordância deste com a verdade filosófica: o monoteísmo cristão concordava com o monoteísmo filosófico, e foi a convicção filosófica que o levou a aceitar a religião católica no lugar do maniqueísmo. Contudo, uma vez mais, para os outros é necessário apresentar provas. Santo Agostinho diz que, a princípio, não há nada de extraordinário quando se acredita em coisas que não podem ser verificadas. Afinal, todos nós acreditamos em eventos passados com base na fé de testemunhas. Acreditamos em nossos pais, no fato de sermos filhos deste ou daquele progenitor, que é um fato impossível de ser verificado; acreditamos na afirmação de pessoas confiáveis. É assim que acreditamos que existe a cidade de Alexandria, onde eu nunca estive; outros nos contam a respeito dela. Há, portanto, certezas que não são certezas intelectuais e que aceitamos pela fé, pela confiança no que dizem as pessoas em quem confiamos.

Há ainda outras coisas em que primeiro acreditamos e depois entendemos, como as matemáticas. Na geometria, primeiro acreditamos no que o professor nos diz e somente depois entendemos as demonstrações. Assim, podemos compreender – e compreenderemos – como ocorre a passagem da crença para a intelecção: da mesma maneira como Santo Agostinho nos convida a tratar a credibilidade das Escrituras. E ele conhece muito bem a necessidade de comprovar a credibilidade das testemunhas, a ponto de dizer que ele não acreditaria nas Escrituras, nos Evangelhos, se ali não houvesse confirmação com base na autoridade da Igreja. Um escrito que existe há vários séculos já não tem mais autoridade, a menos que a sua veracidade seja confirmada e atestada por testemunho confiável. Santo Agostinho explica-nos que, devido à série de altas testemunhas, dos mártires da Igreja, não há razão para não acreditarmos no testemunho apresentado. Além disso, e para além disso, o testemunho é confirmado por uma série de milagres. São, portanto, os milagres que, em última análise, confirmam para nós a autoridade das testemunhas, e a autoridade das testemunhas, isto é, a Igreja, nos garante a verdade, a autenticidade das Escrituras. E os milagres narrados nas Escrituras, a concordância das profecias que nos demonstram a sua verdade, são *post factum*. Assim, a base do conhecimento divino é a revelação de Deus contida nas Escrituras, e as Escrituras são atestadas como verdadeiras pelo testemunho da Igreja, que é confirmado por milagres.

Também ali acredito que Santo Agostinho tem toda a razão. Não existe nada que ateste e confirme milagres, a não ser milagres. Nenhuma razão natural pode nos forçar ou até mesmo nos levar a acreditar num milagre.

Nesses termos, a teologia consistirá antes de tudo na exegese das Escrituras e na interpretação inteligente, intelectual e racional dos dados da fé, entendendo-se aí dados revelados.

Até agora, até aqui, estivemos no seguinte estágio: "Compreendo todas as razões para crer, para ter confiança, e é por isso que acredito". Neste momento, a situação muda: "Creio na verdade das Escrituras e da fé, e é essa fé que eu me inclino a explicar, a compreender pela minha razão, em vez de submeter à crítica ou à análise". Estamos no estágio de "*credo ut*".

É a própria fé que busca a inteligência e que nos ajuda. Como temos que compreender que possuímos os dados aos quais aplicamos a nossa inteligência, passamos a compreender tal verdade. Na prática, isso significa, por um lado, alcançar um acordo entre a filosofia neoplatônica e a fé: a tentativa de identificar o deus dos neoplatônicos e o Deus da religião cristã é [todo] o esforço de Santo Agostinho. Por outro lado, vocês encontram analogias, meios de compreender coisas como a Encarnação e a Trindade, que não se encontram na doutrina teológica de Santo Agostinho, e que vocês veem fundamentadas num otimismo metafísico muito grande. Santo Agostinho pensa que o deus dos filósofos e o Deus da fé são o mesmo, e que se trata do mesmo Deus que criou o mundo e que se revelou nas Escrituras. Dessa maneira, não pode haver contradição entre os dois modos de explicação: o modo de explicação pela ação criadora e o modo de explicação pela revelação. Por outro lado, esse mesmo otimismo metafísico ou epistemológico leva Santo Agostinho a acreditar que, sendo o mundo bom na medida em que é, e sendo o homem bom na medida em que é, é inconcebível que a inteligência humana seja incapaz de abarcar algo dessa essência do Ser divino e de encontrar na criatura um reflexo, e sobretudo na própria [inteligência] um vestígio, um reflexo do criador. O homem, sendo capaz de abarcar a verdade, deve, por uma espécie de ascensão metafísica ou mística, chegar a uma certa intelecção, a uma certa intuição da realidade das próprias coisas de que a fé nos fala.

E é por isso que a verdadeira *sapientia*, a sabedoria cristã, coincide com a verdadeira filosofia. Nessa tentativa teológica de tornar a fé inteligível, estamos lidando com algo que poderia ser chamado de gnose cristã: um esforço de pensamento baseado na fé [para] penetrar, apreender realidades metafísicas e transmetafísicas.

Se saltarmos alguns séculos, já na Idade Média, encontraremos em Santo Anselmo a mesma – ou quase a mesma – doutrina, a mesma concepção da gnose cristã. Noto que Santo Anselmo nunca falou de gnose (Santo Agostinho também não, é claro). Santo Anselmo não falou nem de teologia: esse termo é empregado por mim, e não por eles. Trata-se, porém, da mesma concepção, um conhecimento da realidade revelada pela fé fundamentada nessa mesma revelação.

As conhecidíssimas palavras de Santo Anselmo [*"Fides quaerens intellectum"*]: é a fé que busca tornar-se inteligível para si mesma, que tenta compreender-se e que, nessa busca, procura transcender-se, de tal maneira que, para Santo Anselmo, a inteligência humana situa-se entre, de um lado, a fé pura, a fé que aceita a verdade revelada pura e simplesmente, e, de outro lado, a visão [*illuminatio*], que será a recompensa dos santos no paraíso, a visão direta. A intelecção se coloca aproximadamente no meio; trata-se da mesma teoria de Santo Agostinho, porém muito mais elaborada e coerente. E isso é compreensível. Em primeiro lugar, Santo Agostinho escreveu um grande número de livros, ao passo que Santo Anselmo escreveu pouquíssimos, e todos muito condensados. Então, quando os comparamos, vemos que a situação não é a mesma.

Por um lado, temos Santo Agostinho, que viveu a conversão e teve diante de si o problema da escolha. Deveríamos optar por permanecer na filosofia e no maniqueísmo? Deveríamos escolher entre os maniqueístas e os cristãos? A quem deveríamos escolher? Santo Agostinho dá grande ênfase às razões da escolha, às razões da credibilidade. Por outro lado, para Santo Anselmo esse problema não se coloca. O *insipiens*, que ele pode encontrar, mas que talvez não encontre, o *insipiens* que diz que

Deus não existe, é verdadeiramente um *insipiens*, que, no entanto, podemos demonstrar que está errado. Portanto, o ponto de partida do pensamento de Anselmo é a fé, a fé revelada, a revelação, porém, não tanto as Sagradas Escrituras enquanto palavra de Deus, e sim a fé católica considerada como um todo, criada como tal, ou seja, o sistema dogmático da Igreja. O que a Igreja católica acredita em seu coração e professa pela boca é o ponto de partida, e o esforço de Santo Anselmo consiste em penetrar nessa fé por meio da inteligência.

Compreender aquilo em que se acredita. Compreender aquilo em que se acredita significa demonstrar a necessidade do dogma estabelecido: a necessidade, por exemplo, da Encarnação, não a necessidade para Deus, mas, dados os fatos da criação e do pecado do homem, a necessidade do ponto de vista do homem, para um determinado objetivo, para a salvação. Santo Anselmo explica-nos que a Encarnação foi o único meio possível para alcançar o efeito desejado, mostrando-nos a concordância ou a possibilidade de alguns outros fatos atestados pela fé e pela revelação. Por exemplo, a respeito do tema da revolta de Lúcifer, ele explica detalhadamente para nós o que aconteceu para que o diabo, que era um personagem espiritual, acabasse se afastando de Deus. Também nos é mostrado em outro tratado como a Graça, que é absolutamente necessária para a salvação, pode ser conciliada tanto com o livre-arbítrio quanto com a presciência de Deus, com a predestinação.

A pretensão de Anselmo é, portanto, ser capaz, uma vez conhecido o fato atestado pela fé, de tentar de alguma forma demonstrá-lo metafisicamente, de empurrar o conhecimento metafísico para além de si mesmo, para além daquilo que ele pode alcançar por si mesmo, [<......>].

E é justamente a fé que lhe dá esse poder adicional, a força necessária para penetrar mais fundo, para desenvolver e realizar essa intuição da divindade.

Insisto neste último ponto, porque num livro notável publicado antes da guerra, um grande teólogo suíço, Karl Barth, tentou demonstrar que, para Santo Anselmo, não se tratava de forma alguma de transcendência mística ou metafísica, mas unicamente de compreensão do texto, da revelação enquanto tal; e, ainda, que o famoso argumento ontológico anselmiano, que parte de uma definição de Deus inventada por Santo Anselmo, deve ser interpretado como uma intelecção do nome de Deus revelado por Deus: [Yaveh], definição esta que é revelação.

Para Anselmo, o trabalho intelectual consiste em explicar o conteúdo intelectual da própria definição. Barth visivelmente gosta muito de Santo Anselmo – não podemos deixar de gostar dele – e acredito que ele gostaria de converter Anselmo à sua própria tese de conhecimento religioso baseado única e inteiramente na revelação. Creio que, para Santo Anselmo, ainda mais do que para Santo Agostinho, não se trata de compreensão intelectual do conteúdo da fórmula da fé, mas de realidades transcendentes fundamentadas no mesmo otimismo metafísico e epistemológico: o mesmo Deus que cria o homem também cria o mundo e se revela nas Escrituras. A verdade não contradiz a verdade da autoridade nem a autoridade da verdade. E, uma vez que a tenhamos apreendido bem, e a fé tenha se ligado a essa realidade, seremos capazes, pelo exercício de nossa inteligência, de ver o que os filósofos não podem ver. Portanto, trata-se novamente de uma gnose cristã.

Temos, pois, essa primeira fase da teologia: uma espécie de síntese muito harmoniosa entre uma certa filosofia e uma concepção de revelação, uma síntese previamente condicionada pela ausência total de [pessimismo] no mundo agostiniano e no mundo anselmiano, síntese muito bela e muito instável, que não durará muito.

No próximo encontro, veremos a dissolução dessa síntese sob a influência da descoberta e da redescoberta (no século XIII) da ciência aristotélica, bem como a gênese dessa concepção unitária – bem menos otimista e muito mais idealista – das relações entre ciência e teologia, entre razão natural e revelação.

[Parte II, 10 de março de 1947]

Em minha primeira conferência, apresentei uma brevíssima história da teologia, entendida como noção e como palavra. Lembro vocês que a palavra "teologia" significava *sermo de Deo*, e o *sermo*, aquilo que se diz a respeito de Deus, a despeito de quem seja aquele que fala de Deus: o filósofo metafísico ou o teólogo propriamente dito, de acordo com a revelação divina.

Também apresentei para vocês a formação – o surgimento das relações ou da estrutura – dessa ciência divina, que batizei com o nome de gnose cristã (os representantes da tradição certamente não a chamavam assim), e de seus lemas [*Fides quaerens intellectum... Intellectus fidei...*]. A ideia era que o intelecto humano, ou a inteligência humana apoiada pela fé, mostrava-se realmente capaz de transcender-se e tornar inteligíveis as coisas da fé.

Para os representantes dessa tradição, tudo se passa como se a nossa inteligência, incapaz de descobrir por si só as realidades divinas, ao saber, por revelação ou pela fé, que conhece as coisas, torna-se então capaz de demonstrá-las e compreendê-las. Eu também disse a vocês, e repito, que essa atitude ou concepção se baseia num otimismo metafísico e epistemológico cujos elementos componentes são os fatos da criação do mundo por um Deus bom, que, por isso mesmo, fez boa a criatura e, em particular, criou um homem apto para a verdade, com uma inteligência capaz de apreender a verdade; mais do que isso, ele o criou à sua imagem e semelhança, e disso decorre que nele, muito mais do que no mundo, o homem pode intuir o lugar e a consistência do ser divino. Concepção que se apoia numa noção característica do próprio conhecimento, sendo o conhecimento uma espécie de iluminação divina, a luz iluminadora, luz divina que confere justamente ao homem essa faculdade de intuir, de compreender a verdade.

Assim, como vocês veem, nessa concepção o conhecimento natural e o conhecimento sobrenatural alternam-se continuamente, porém sem chegar a qualquer tipo de solução. Não quero dizer que não haja diferença; de todo modo, passa-se com bastante facilidade de um para o outro, pois qualquer conhecimento, até mesmo o mais natural, é uma iluminação, e, por isso mesmo, não deixa de ser uma pequena revelação. Portanto, qualquer revelação, ainda que pequena, é acessível ao conhecimento.

Isso explica a fácil concordância entre a teologia revelada, ou seja, as verdades da fé, e a teologia dos filósofos, verdades reencontradas ou descobertas pela própria inteligência humana. Isso explica a relativa facilidade da coincidência do Deus da religião e do Deus dos filósofos. Trata-se do mesmo Deus no mundo que nos fala no Livro sagrado. É o mesmo Deus que, segundo Santo Agostinho, nos fala em nosso eu interior, que aproxima o homem de [seu criador].

Nessa concepção, como acabei de dizer, o conhecimento natural e o conhecimento sobrenatural deslizam facilmente um em relação ao outro, e se quiséssemos tomar exemplos extremos dessa tendência, poderíamos encontrá-los na Idade Média, em Abelardo, a quem devemos o uso atual da palavra "teologia". É ele quem o coloca em circulação. Outro representante dessa mesma atitude é Roger Bacon. Embora eles sejam, em certo sentido, opostos entre si, no fundo tudo se resume à mesma coisa. Para Abelardo, a razão humana já é tão iluminada, tão capaz de apreender profundezas metafísicas e transmetafísicas, que nem é preciso dizer que os filósofos antigos descobriram muitas coisas belas sobre a divindade, sobre Deus, e que também viveram vidas exemplares, uma vez que receberam de Deus tal tipo de iluminação, uma revelação natural, por assim dizer. E, então, a transição ocorre com muita facilidade.

Quanto a Roger Bacon, por sua vez, é o contrário. Para ele, qualquer conhecimento, até mesmo o das coisas mais simples, até mesmo o conhecimento matemático, já é revelação. Em todo saber e em todo ato pelo qual a inteligência humana apreende a verdade, a divindade se faz presente e há revelação. E é dessa revelação que vêm os conhecimentos dos filósofos. Eles se alternam entre si. Poderíamos encontrar outros nomes nessa tradição.

Entretanto, vocês também têm adversários. E os adversários têm dois pontos de vista diferentes. Podemos classificá-los como conservadores ou, digamos, inovadores. Ambos, porém, concordam que a mistura entre filosofia e fé, essa transição fácil de uma para outra, bem como a atitude segundo a qual emulamos a capacidade de compreender tudo e demonstrar tudo, são coisas insustentáveis e indefensáveis. Para os conservadores, diríamos que há inteligência demais, a inteligência se faz importante em demasia no caso. Para os inovadores, pelo contrário, diríamos que eles são bem poucos e, sobretudo, que a qualidade dessa inteligência é baixa.

Os conservadores dizem: o principal na teologia é a Sagrada Escritura, o *sermo*; e a teologia deve ser, antes de tudo, exegese e reprodução daquilo que Deus diz de si mesmo. Quanto a fornecer provas e demonstrações, isto é algo que o teólogo não deve fazer. Ele não deve, assim, encerrar o Deus da revelação numa rede de necessidades, de provas necessárias.

Chegamos assim, segundo os publicistas, a um esvaziamento da fé: já não haveria mais mérito pela fé, acreditar já não valeria mais nada. Na verdade, que mérito haveria em acreditar se a razão humana pudesse fornecer provas convincentes? Pessoas como Pier Damiani ou São Bernardo protestam violentamente contra a tendência de colocar a gnose como substituta da simples e pura revelação explicada e reproduzida.

Pouquíssima filosofia, e filosofia ruim, dizem outros. Os outros são aqueles, especialmente nos séculos XII e XIII, que foram afetados pela revolução aristotélica, pela revolução da ciência aristotélica, que aceitaram o ideal aristotélico de ciência, que aprenderam com Aristóteles, e também com outros, o que realmente significa demonstrar e provar.

Portanto, dizem eles, pouquíssima filosofia, e filosofia de má qualidade: especialmente filosofia neoplatônica, nada científica; confusão – e aqui nem todos erram – entre persuasão e prova, não distinção, aliás, entre o que é natureza e o que é sobrenatural, o que é acessível à razão humana como tal e o que vai além dela.

Em certo sentido, eles provavelmente estão certos. Quando se está firmemente convencido de algo, é muito difícil diferenciar exatamente o mero convencimento da verdadeira demonstração, e sobretudo, após a leitura de muitos autores clássicos (Cícero), é muito difícil saber ainda o que é prova e o que é apenas persuasão e retórica.

É evidente que a situação seja bem diferente para quem estudou a fundo Aristóteles, para quem estudou a fundo os comentários árabes, de tal modo que sabiam distinguir a prova e a demonstração de tudo aquilo que não é demonstração. Assim, no século XIII, o debate se repetiu.

A situação se repete, porém fica mais clara. Vemos, de um lado, as pessoas que protestam contra a invasão da teologia, da ciência sagrada, pelos métodos de demonstração aristotélicos, pelos métodos da nova ciência. Vemos os [agostinianos]. Para eles também existe um limite, porém um limite estreitamente traçado. Eles não querem essa introdução da ciência, não querem a transformação da teologia em ciência. A grande questão discutida na época era: a teologia é uma ciência? [<Roger Bacon, Robert Grosseteste, São Boaventura, Eudes de Chateauroux, João de Saint-Gilles, Alexandre de Hales>], entre outros, ainda respondem: não. A teologia não é uma ciência. Ela é algo muito melhor do que a ciência: é sabedoria, e não é ciência de modo algum. Vou citar alguns textos característicos e reveladores.

[<A teologia, portanto, ao aperfeiçoar a alma segundo a afeição e incitar ao bem pelos princípios do temor e do amor, é propriamente e principalmente sabedoria. A filosofia primeira, que é a teologia dos filósofos e trata da causa das causas, aperfeiçoando o conhecimento segundo o método da filosofia e do julgamento (*secundum viam artis et ratiocinationis*), é chamada de sabedoria de modo menos adequado. As outras ciências, que dizem respeito às causas derivadas e causadas, não deveriam ser chamadas de sabedorias, mas de ciências.>][6]

---

6 "Theologia igitur, quae perficit animam secundum affectionem, movendo ad bonum per principia timoris et amoris, proprie et principaliter est sapientia. Prima Philosophia, quae est theologia

Teologia não é ciência, é sabedoria; ela está acima de toda arte e de toda ciência, e é por isso que não procede por razões humanas, mas por suas próprias razões e por seus próprios princípios, diferindo assim de todas as outras ciências. Princípios que têm uma evidência especial, pela graça da fé, dos princípios que se manifestam à alma, à alma iluminada pela fé. Eles não se manifestam a uma alma infiel. A teologia, portanto, não é uma ciência; ela tem os seus próprios métodos, as suas próprias fontes de conhecimento, a sua própria maneira de trabalhar; ela não é ciência, não argumenta, não se estrutura da mesma maneira que as ciências em geral. Porém, apesar dos esforços desses grandes personagens para atrasar o movimento, ainda assim o movimento acontece. A distinção entre exegese e teologia é um acontecimento.

Roger Bacon, num texto curioso e muito divertido, recentemente citado pelo padre Chenu,[7] conta-nos como as coisas ocorrem no ensino universitário, pois, afinal, é no ensino universitário que isso acontece e a teologia é ensinada nas

---

philosophorum, quae est de causa causarum, sed ut perficiens cognitionem secundum viam artis et ratiocinationis, minus proprie dicitur sapientia. Ceterae vero scientiae, quae sunt de causis consequentibus et causatis, non debent dici sapientiae sed ut scientiae. Unde secundum hoc dicendum quod doctrina theologiae est sapientia ut sapientia; philosophia vero prima, quae est cognitio primarum causarum, quae sunt bonitas, sapientia et potentia, est sapientia, sed ut scientia; ceterae vero scientiae, quae considerant passiones de subiecto per suas causas, sunt scientiae ut scientiae" (Alexandre de Hales, *Suma teológica*, Introd., qu.1, cap.1, citado por Marie-Dominique Chenu, *La Théologie comme science au XIIIe siècle*; aqui 3.ed., 1957, p.94). (Nota da edição francesa)

7 Chenu, *La Théologie comme science au XIIIe siècle*, op. cit., p.27 ss. (Nota da edição francesa)

universidades. Bacon explica que isso não funciona, que os inovadores desprezam completamente a verdadeira teologia, o conhecimento da doutrina sagrada, o estudo das Santas Escrituras, dos livros sagrados. Eles substituíram a fonte única da revelação por algo muito diferente, as *Sentenças* de Pedro Lombardo, e é isto que eles comentam. E, então, o professor que pratica a verdadeira teologia, segundo Bacon, que comenta e explica as Sagradas Escrituras, só tem para si as piores horas do dia, de madrugada, ao passo que aquele que pratica a nova teologia, que comenta as *Sentenças*, tem as melhores horas do dia, e é ele quem comanda a situação universitária.

Era obviamente impossível deter o movimento aristotélico. Porém, em alguns casos, havia necessidade de adaptação à linguagem, à forma de pensar predominante na época; em última análise, embora todos falassem a linguagem aristotélica, vemos às vezes – muitas vezes, na verdade – conteúdos agostinianos ou anselmianos apresentados em linguagem e forma aristotélicas. Isso é bem interessante.

Consideremos, então, Guilherme de Auxerre. Ele é obrigado a reconhecer que a teologia é uma ciência. Não há o que fazer: em sua época, as cátedras já estavam divididas, e vocês sabem que a divisão das cátedras implica e fundamenta a divisão dos saberes. Ele assim nos diz: por conseguinte, a teologia é uma ciência e, portanto, como as outras ciências têm os seus princípios e as suas conclusões, assim também a teologia tem os seus princípios. Contudo, os princípios da teologia são os artigos de fé. E acrescenta: se a teologia não tivesse princípios, ela não seria uma arte, nem uma ciência. Ele já aceitou que é uma arte ou uma ciência, e que, por conseguinte, possui princípios e artigos que, no entanto, são princípios apenas para os fiéis. Vocês viram que alguns haviam concluído que a teologia não é uma ciência. Guilherme de Auxerre diz que é uma ciência, mas que, infelizmente, os princípios só são acessíveis aos fiéis, e, para eles, esses princípios são conhecidos imediatamente, ou seja, são evidentes. Portanto, os artigos de fé – e isso é textual – são princípios de fé autoevidentes. E isso, explica-nos Guilherme de Auxerre, porque a fé é uma iluminação do espírito ou a visão de Deus. E, quanto mais a alma é iluminada, mais claramente ela vê, e não apenas vê *que* as coisas são como ela acredita, mas também vê como elas são, e é por isso que acredita nelas, o que corresponde justamente à inteligência.

Vejam vocês que, pelo desvio aristotélico, voltamos à antiga posição, mas acrescentando algo muito sério, a saber, que os artigos de fé são os princípios da ciência teológica, embora sejam princípios evidentes apenas para os fiéis. É visível que Guilherme de Auxerre não sabe muito bem o que significa a evidência, e que, em última análise, evidência equivale à certeza. Então ele faz exatamente o que havia sido feito antes dele.

A situação muda completamente quando o aristotelismo passa a ser verdadeiramente assumido, compreendido e repensado. Passo, então, diretamente para Santo Tomás. Podemos interpretar essa retomada do aristotelismo de várias maneiras: podemos dizer que, para o aristotelismo medieval, o mundo encontrava-se de alguma forma solidificado; já não é apenas um símbolo e um vestígio, ele tem realidade própria; ele existe em si mesmo, ele é natureza e possui uma natureza. Por conseguinte, a separação entre natureza e "sobrenatureza", entre o homem (ou a natureza em geral) e Deus, adquiriu assim um rigor muito maior. O sentido do termo "natureza" tornou-se mais claro, e é por isso que o sentido de "sobrenatural", que começa a ser empregado nesse momento, torna-se preciso, e a passagem de um para o outro se apresenta como algo extremamente difícil.

Poderíamos dizer também que o aristotelismo, de outro ponto de vista, representa um certo pessimismo epistemológico. É claro que podemos apresentá-lo de forma diferente. Na atitude aristotélica ou tomista, é o próprio homem, a própria inteligência humana, que possui uma luz interna do homem, e essa inteligência não é constantemente iluminada pela luz divina. É pela sua própria luz que o homem vê as coisas. Autonomia do conhecimento, portanto, mas apoiada no abandono dessa ideia de iluminação natural. O homem caminha sozinho. Isso também quer dizer, sem dúvida, que ele não vai muito longe. Os limites estritamente impostos à razão natural e, portanto, à teologia filosófica, opõem-na de forma muito mais rígida e estrita à teologia revelada. Essas duas teologias já não se combinam tão facilmente, já não se fundem como no passado. É possível que uma sirva de base para a teologia natural e filosófica; a outra, a teologia sobrenatural, está sobreposta a ela. Mas elas não se confundem mais, não penetram mais uma na outra. Existem agora duas etapas, e a identificação do Deus dos filósofos e do Deus da religião, que era evidentemente fácil na atitude agostiniana, torna-se algo relativamente bem mais difícil. É preciso um esforço muito maior para fazer que ambos coincidam.

O que será a verdadeira teologia nessa atitude? É bastante curioso ver na própria obra de São Tomás o desenvolvimento da referida noção e a transformação de atitude. Em primeiro lugar, é claro que [a verdadeira teologia] é uma ciência, e Santo Tomás, no seu *Comentário às Sentenças*, uma obra de juventude, diz-nos quase a mesma coisa que acabamos de ver em Guilherme de Auxerre. Trata-se de uma ciência que tem princípios próprios, os artigos de fé, e estes, por uma luz infundida, são conhecidos por si mesmos, são evidentes para quem tem fé, assim como os princípios naturais da evidência, daquilo que parece evidente pela luz do intelecto do agente. Assim, uma vez que o homem [possui] tais princípios, ele trabalha exatamente da mesma maneira que em todas as outras ciências e, a partir desses artigos, silogiza-se. Cria-se uma teologia a partir dos artigos de fé que formam os princípios, uma teologia dedutiva. Obviamente, isso é verdade para aqueles que possuem fé, e Santo Tomás, por isso mesmo, afirma que ninguém se surpreende pelo fato de tais artigos não serem evidentes para os infiéis, pois estes não possuem a luz da fé. Então, vejam vocês, esses princípios são [*per se nota*] para aqueles que têm a luz da fé.

Isso seria bom demais e, enfim, Santo Tomás deve retornar à evidência: os princípios da fé não são de forma alguma [*per se nota*], nem mesmo para aqueles que possuem fé.

Ele foi precedido, nessa crítica à posição dos princípios evidentes, por um teólogo muito inteligente, Guilherme de Meliton, que observou, contradizendo Guilherme de Auxerre, que é absolutamente impossível afirmar que tais princípios sejam evidentes, uma vez que ninguém nunca disse algo desse tipo, e que é preciso distinguir. É preciso distinguir em qualquer teoria, em qualquer ciência, três coisas diferentes: os *dignitates*, que são as noções conhecidas, os axiomas realmente óbvios, e em seguida as suposições, ou seja, as hipóteses admitidas, das quais, com a ajuda dos dois primeiros elementos, extraímos as conclusões.

Meliton certamente leu os *Comentários* de [Pedro Lombardo] e estudou geometria, [ele conhece] os axiomas, os postulados e os pressupostos que, assim como as conclusões deles extraídas, não são de forma alguma evidentes. Segundo Meliton, existem axiomas como aquele segundo o qual Deus é superior a tudo, embora os artigos de fé apareçam em sua concepção como suposições. São hipóteses que aceitamos, que nos são dadas pela fé, das quais tiramos conclusões.

É para uma concepção muito semelhante que São Tomás se moverá. Se abrirmos a *Suma teológica*, veremos que, em matéria de teologia, trata-se de saber se a doutrina sagrada é uma ciência e, se for, por que ela deve ser diferente da metafísica. Quando perguntamos se ela é uma ciência, Santo Tomás diz: evidentemente, ela é uma ciência, e poderíamos dizer, com justiça, que é uma ciência como as outras. Poderíamos dizer que ela não é uma ciência, pois toda ciência procede de princípios evidentes, mas a doutrina sagrada procede de artigos de fé que não são evidentes em si mesmos, de tal maneira que concluiríamos que ela não é uma ciência. Santo Tomás conclui que, apesar de tudo, a teologia é uma ciência, pois ela opera como as ciências, e é necessário distingui-la das ciências cuja estrutura é ligeiramente diferente.

Existem ciências como a geometria, ou a aritmética, ou a lógica, ou a metafísica, que têm os seus próprios princípios internos, e estas são ciências fundamentais. Há outras, como a óptica e a mecânica, que aplicam princípios emprestados de outras ciências. A evidência está em algum lugar. O cientista da óptica empresta teoremas da geometria e os aplica, mas não se esforça para demonstrá-los, pois isso é responsabilidade da geometria. É na geometria que reside a evidência das proposições geométricas. O mesmo acontece com a teologia, porque os artigos de fé são evidentes, e, se não são evidentes para nós, eles o são para Deus, para os santos no paraíso, que têm a visão de Deus e que, portanto, percebem a evidência. E dessa evidência, por meio da revelação, decorre a certeza, os princípios derivam para nós. Em suma, os princípios não são de modo algum evidentes; eles são compreensíveis para nós, podemos compreendê-los, enunciá-los, podemos usá-los como base para dedução. Porém, como não temos a evidência disso, aceitamos a [sua] evidência pela revelação, e a verdade desses princípios é confirmada por milagres.

Eis, portanto, a situação, que é bastante clara. É por isso que, no início da minha primeira conferência, eu disse que a teologia é uma ciência dedutiva, que pode até mesmo reivindicar o título de ciência exata. É uma ciência dedutiva que parte de um sistema de princípios, digamos, um sistema de axiomas, e que, a partir desses axiomas, deduz as consequências. Santo Tomás ou os teólogos, talvez seguindo muito de perto a teoria ou a lógica aristotélica, pensam que a dedução é feita de verdade para verdade, ou seja, da verdade desses princípios admitidos para as verdades que eles contêm. Porém, é evidente que, para que a dedução se realize, não é necessário que o processo sofra intervenção da verdade dos princípios, com base nos quais a dedução é feita. Além disso, os teólogos podem até mesmo criticar uma doutrina oposta: um católico pode criticar uma doutrina protestante etc. Segue-se daí que esse católico é capaz de compreender a sua essência dogmática, uma vez que ele não necessita de iluminação especial para compreender, nem de qualquer iluminação para fazer tal dedução.

A teologia se apresenta a nós, portanto, como um sistema axiomático e uma ciência dedutiva que diz respeito às realidades; e agora, à luz dessa concepção, rigorosamente não verificável e não perceptível, tendo a verdade assegurada de alguma forma a partir de dentro, é claro que não é através da análise do próprio sistema axiomático que podemos chegar à sua verdade.

Poderíamos talvez demonstrar a sua natureza contraditória, mas isso é tudo; a verdade não pode ser demonstrada. A única maneira de termos certeza da verdade deste ou daquele sistema dogmático é a revelação confirmada por milagre.

Encontramo-nos, portanto, depois desse desvio, numa situação análoga àquela em que Santo Agostinho se encontrava inicialmente: é necessário um milagre. São necessários milagres para confirmar e assegurar-nos a verdade de uma dogmática.

Quanto ao outro aspecto de que falei, que é a coincidência da teologia dos filósofos e da teologia revelada, a coincidência da concepção de Deus formada e construída pela metafísica e a concepção de Deus apresentada pela religião, eu disse a vocês que a identificação pelo aristotelismo acontece com muito mais dificuldade. E poderíamos dizer que a história posterior da escolástica consiste justamente na demonstração do caráter impossível dessa identificação, da impossibilidade de fazer as concepções de Deus coincidirem; crítica da identificação e crítica das provas.

Uma vez mais repete-se, no século XIII, a objeção feita por lógicos e filósofos aos seus antecessores agostinianos: vocês não sabem o que significa uma demonstração rigorosa, e se conseguirem demonstrar, por exemplo, a existência de Deus, a imortalidade da alma, a criação do mundo etc., é porque vocês confundem persuasão e demonstração. É assim que Duns Escoto disseca todas as provas dadas pelos filósofos, aceitas ou reinventadas por Santo Tomás, e nos explica que as provas, tomadas literalmente como provas, não valem muito ou pelo menos não nos demonstram o que Santo Tomás afirma que eles demonstram.

Isto porque Santo Tomás é cristão e [Averróis] é muçulmano. Também se enganam quanto ao próprio valor das suas demonstrações e, como acreditam de antemão na verdade do que se pretende demonstrar, acreditam estar demonstrando algo que não demonstraram. Não há, portanto, nenhuma demonstração verdadeira da alma, nem da criação do mundo, nem da divindade de Deus, nem da sua infinitude. A oposição entre a teologia da revelação, que nos fala do Deus da religião, e a teologia metafísica, que nos fala de um Deus demonstrado, torna-se cada vez mais aguda, cada vez mais forte. E podemos dizer que o fim da Idade Média destruiu completamente tal identificação.

Vista dessa maneira, a obra de Descartes poderia aparecer como uma espécie de reação, como uma tentativa de estabelecer sobre novas bases, sobre as ruínas da metafísica aristotélica, uma nova teologia filosófica. Refazer uma teologia que se enquadrasse na religião – a necessidade de tal empreendimento parece evidente para Descartes, porque, afinal, ele nos diz, não podemos nos contentar em dizer que devemos acreditar em Deus porque ele escreve assim nas Sagradas Escrituras, e que é preciso acreditar nas Sagradas Escrituras porque elas vêm de Deus. O infiel e o incrédulo poderiam nos dizer que existe um círculo vicioso aí. Trata-se, portanto, de um esforço para refazer o que a Idade Média, com o aristotelismo, não conseguiu realizar.

Vocês sabem bem que o empreendimento termina em fracasso; fracasso constatado por Pascal, que reconhece imediatamente no Deus cartesiano o deus dos filósofos, e não o Deus da religião. É característico que esse mesmo Pascal, ao empreender a demonstração da verdade da religião cristã, abandone completamente as tentativas de teologia filosófica e, com muito bom senso e compreensão profunda da situação, das necessidades da situação, tente demonstrar isso por meio de profecias, pela ação da Providência divina e por milagres. Sendo a ação da

Providência necessariamente única, os milagres, [por sua vez, são] confirmados por um milagre real, o milagre do [Espinho Santo de 8 de junho de 1656] que acontece ali, em seu tempo, diante dele e talvez para ele, e que assim confirma os milagres que, por sua vez, confirmam a verdade da fé.

Chegamos, portanto, a uma conclusão, pelo menos provisória. A ciência e a teologia opõem-se necessariamente, pois toda a teologia se fundamenta no milagre e até mesmo numa série de milagres que se apoiam e se sustentam mutuamente, como o milagre da revelação, que por sua vez é confirmado por outros milagres, que devem ser confirmados por outros milagres, de modo que, segundo os grandes teólogos cuja doutrina conhecemos, o milagre é o único meio de confirmação da fé.

Ora, é evidente que a ciência enquanto tal é incapaz de aceitar o milagre e que, por isso mesmo, temos uma incompatibilidade rigorosa e radical entre ciência e teologia.

No início mencionamos a solução dos dois mundos distintos, o mundo do sobrenatural e o mundo da natureza, os dados da fé e da ciência, a fim de se evitar qualquer relação e qualquer encontro. Infelizmente, essa solução não pode ser mantida. Porque nenhum dos lados poderia admitir uma separação tão radical. A teologia não pode renunciar à intervenção sobre a realidade, até mesmo porque ela não pode renunciar ao milagre central da revelação. E a ciência não pode admitir uma intervenção milagrosa desse tipo. Então, na minha opinião, a incompatibilidade continua total. Entre a teologia fundamentada na fé confirmada pelo milagre e a ciência fundamentada na observação, na evidência e na verificação, não me parece que possa haver acordo. Se tentássemos enfraquecer esse desacordo, se tentássemos atenuá-lo, atenuando o caráter massivo da revelação, atenuando o caráter miraculoso das intervenções divinas, apresentando interpretações – simbólicas ou de outro tipo – dos Livros Sagrados, creio que não conseguiríamos evitar o conflito e que, além disso, sendo as interpretações simbólicas invenções humanas, estaríamos colocando nosso juízo não apenas na situação de escolher em quem acreditar, mas também na de julgar o que deveria ser admitido como crível. O homem colocar-se-ia, portanto, acima da própria revelação.

Isso é tudo que eu tinha a dizer sobre o problema das relações entre as ciências e a revelação, e agradeço-lhes por terem me ouvido com tanta paciência.

* * *

Documento n.24

[O pensamento místico]

Conferência sem título, [s.L., s./d.].
Centro Alexandre-Koyré, Ehess, Fundo Koyré.

Permitam-me dizer, antes de tudo, que me sinto muito honrado e lisonjeado pelo convite gentil que recebi de seu eminente presidente; e também muito feliz por ter conseguido vir até vocês hoje; além disso, permitam-me apresentar meu pedido de desculpas por ter escolhido, para tratar com vocês aqui, um assunto tão vasto, tão complexo e tão difícil. a) Tão vasto: pois, para tratá-lo de maneira adequada, teríamos que passar em revista meio milênio de vida espiritual e estudá-lo em termos do que nele há de mais misterioso e mais secreto. b) Tão complexo: pois devemos conseguir separar todos os fios – quase sempre ocultos – que amarram e unem, por um lado, as obras da mística – refiro-me à grande mística especulativa – aos comentários e análises dos doutores escolásticos, os quais, por outro lado, amarram e unem as especulações – e até mesmo as experiências – de místicos alemães, espanhóis e franceses. c) Tão difícil: pois deveríamos saber o que é a mística e, até mesmo, saber se a mística francesa, a alemã ou a espanhola é mais – dito em outros termos – francesa, espanhola ou alemã do que o nominalismo terminista é parisiense ou do que a *südwest deutsche Schule* [Escola Alemã do Sudoeste] e *südwestdeutsch* [do Sudoeste alemão].

"Mística" é um conceito – ou um termo? – que consumimos de modo copioso hoje. Talvez mais copiosamente do que nunca. Um consumo tão grande que, se fizéssemos um estudo estatístico de seu emprego – incluindo jornais e discursos parlamentares –, chegaríamos à conclusão de que vivemos em uma época mística por excelência.

O que não é verdade! Mística de raça e mística de classe, mística de guerra e mística de paz, mística da nação, do indivíduo, da vida... E a única coisa que falta é, ao que parece, a mística simplesmente. A verdadeira mística, que é a *mística de Deus*.

É isso que falta, penso eu, exatamente por haver tantas "místicas". Ou, se vocês preferirem, há tantas "místicas" exatamente porque a *mística* faz falta. Algo muito comum: adoramos ídolos porque não adoramos mais Deus; colocamos alguma coisa no lugar do Absoluto, um *Ersatz* qualquer, porque perdemos a fé no absoluto, e é por isso que achamos tão difícil dizer o que devemos entender por "mística" e compreender o sentido dos documentos que o passado nos legou.

Para compreendê-los, para encontrar o sentido da atitude e das doutrinas místicas tanto quanto isso é possível, precisamos fazer um esforço; e, para nos esforçarmos, é necessário, na minha opinião, começar por algo bem conhecido, algo que é dado na realidade atual; partir, sinceramente falando, dessas pseudomísticas que acabei de mencionar. Porque, nesses *Ersatz* bastardos e grosseiros, encontram-se, em minha opinião, pelo menos algumas marcas daquilo que *eu* vejo como fundamentais e essenciais para qualquer mística.

Essas marcas são as seguintes: a) *a proposição de um absoluto*: seja esta, enquanto tal, consciente ou não, isso pouco importa; de modo geral, ela não importa; b) *a adesão* – diríamos, até mesmo, a *aderência* – ao absoluto proposto; consciência de identidade; de imediação; de absorção do relativo – do eu individual (em sua essência) – pelo absoluto; c) *consciência de existir no e pelo Absoluto*, substituição da essência do eu pelo Absoluto no interior do eu, que, assim, em sua essência, torna-se ou descobre-se participante do Absoluto. Nós então somos um "algo". Portanto, não somos mais o eu – esse pobre eu individual – porque (*ego vivo, sed no ego*) eu vivo, mas não sou eu que vive em mim.

Poderíamos acrescentar como marca concomitante: o catártico que, a favor do Absoluto, destrói – ou, pelo menos, busca destruir – na alma o relativo, o particular, o pessoal, o individual etc.

Acho que posso dispensar os exemplos. Vocês encontrarão essas marcas, como as encontrei, efetivadas ao nosso redor. Pensem somente nos absolutos: raça, classe, Estado-nação, Igreja. São atitudes mentais, experiências espirituais que podemos compreender e reviver.

Já estamos na mística? Acredito que não, pois falta-nos algo: falta o *transcensus*, a transcensão. De fato, a mística das eras passadas – a verdadeira mística – postulava algo como absoluto – Deus –, que transcendia o mundo, e é por isso que, no ato de aderência ao Absoluto – a Deus – a alma mística transcende o mundo. É perfeitamente constitutiva da mística a ideia de *transcensus*, de superação, a ideia de um além, de um *Jenseits*, a ideia e a experiência da oposição irredutível entre, de um lado, o Absoluto, o Ser verdadeiro, ou seja, o Ser em toda a sua plenitude, eterno e infinito, e, de outro, o relativo, o finito, o temporal, o *hic* [aqui] e o *nunc* [agora]. Alguém poderia objetar que, justamente na mística clássica da Idade Média, Deus mostra-se imanente à alma, da mesma forma como a alma se mostra imanente a Deus: pois, naquilo que se mostra inerente ao Absoluto, o que se identifica – ou se vê idêntico – a Deus é algo na alma – *apex mentis*, *scintilla mentis*, *Geister*, *Seelengrund* – que é, em si mesmo, transcendente a si mesmo.

Para aumentar a precisão e circunscrever ainda mais o campo dos fenômenos que nos ocupam – ou que deveriam nos ocupar –, digamos, enfim, que toda mística verdadeira é religiosa (o inverso não é verdadeiro). E a mística da Idade Média ocidental é mais do que religiosa: ela é cristã. Isso implica que ela traduz a experiência mística em termos de dogmática cristã, o que de fato implica mais do que isso: porque não se trata da tradução da experiência cristã apenas, mas da própria experiência, que ali se encontra de antemão, enredada nos limites do dogma, do mito e do culto cristãos. E é por isso que, quer se trate da mística alemã, ou da francesa ou da espanhola, *grosso modo* são os mesmos temas – e os mesmos textos – sobre os quais medita a mística cristã. São as mesmas aspirações que a inspiram, as mesmas doutrinas que a formam e que a informam. É quase o mesmo ritmo que reina ali, os mesmos estágios que as almas dos grandes místicos percorrem; almas sedentas do Absoluto.

Abandono e negação do eu; a alma se desprende do mundo e retorna para si mesma; retira-se, concentra-se, ela vai *intus*: *intus, in interiore homine habitat veritas*;[8] a alma se supera e se transcende à medida que supera e transcende o mundo; ela literalmente esvazia-se de si mesma para dar lugar ao Absoluto; nega-se, aniquila-se e vê a si mesma translúcida, purificada no âmbito do Absoluto; fende-se e divide-se internamente para expurgar de si tudo aquilo que *nela*, por conseguinte, não é "ela", repudiando o "eu" e o "meu", a fim de se encontrar una, idêntica a si mesma, unida e idêntica ao Absoluto.

Acabo de dizer que esses são os mesmos temas sobre os quais os místicos meditam: Unidade que transcende o múltiplo, Eternidade que transcende o tempo, Infinitude que transcende qualquer limite, Liberdade que transcende qualquer restrição; estes são os termos por eles empregados: *adunatio*, *liberatio*, *deificatio*, *unio*; essas também são as mesmas imagens simbólicas que encarnam e expressam suas tentativas de sugerir a experiência inexprimível e inefável do Absoluto.

Noite, trevas, sol, luz, fogo: imagens e símbolos essenciais. Além disso, é nas mesmas fontes que os místicos em geral os encontram, porque, acabo de dizer, os mesmos textos sobre os quais eles meditam são aqueles dos quais se impregnam.

Temos Santo Agostinho, o arauto da vida e do "mestre interior"; temos São Bernardo, o admirável arsenal das imagens mais ousadas – como a imagem do ferro abrasado ou da gota

8 Literalmente: "do lado de dentro, no interior do homem habita a verdade". A frase "*in interiore homine habitat veritas*" aparece em Santo Agostinho, *De vera religione*. (N. T.)

(gota d'água) no oceano de vinho – que nos impressionam e que fazem o panteísmo gritar a cada vez que as encontramos vertidas para a língua vulgar; mais tarde, temos São Boaventura, agrimensor preciso do *Itinerarium mentis in veritatem*; e temos sempre o mestre dos mestres, o mestre do mistério, Dionísio e, através de Dionísio, Plotino.

Ora, se encontramos, *grosso modo*, as mesmas imagens e os mesmos símbolos na obra dessas almas que perseguem o mesmo objetivo – o objetivo da libertação do mundo e da deificação –, então a escolha efetuada por este ou aquele místico nesse arsenal comum não é sem importância.

Alguns falam conosco em termos de luz: união ou adunamento é iluminação, passagem do estado opaco para o estado de transparência; a alma do místico torna-se luminosa como o ar que, penetrado pelos raios do Sol, torna-se diáfano. Outros preferem o símbolo do fogo: fogo que calcina as escórias, as impurezas de sua alma, fogo que as transmuta, que as purifica através das chamas; a alma do místico é como um pedaço de ferro incandescente penetrado pelo fogo – símbolo calcinante do amor. Outros ainda insistem na imagem da gota que se dilui quando imergida no oceano divino.

Divergência de símbolos a qual expressa uma divergência de experiências, porque não são os mesmos movimentos que são efetuados, nem as mesmas vias que as almas percorrem, começando pela dispersão ou pela vaidade do mundo (do múltiplo) para alcançarem a unidade transcendente de Deus.

Os caminhos diferem, assim como os movimentos diferem. Movimento de fuga e movimento de atração. Subida até Deus e imersão para dentro de si mesmo. União por conhecimento e união por amor; *anima est ubi amat*, mas também *nosse et esse est idem.*[9] Contudo, a depender de qual seja o caminho tomado – ele pode passar pelo mundo ou pela alma –, o próprio objetivo, um objetivo idêntico em sua transcendência inefável, pode parecer perseguir a alma de um ponto de vista ou do outro. O fim da viagem é o mesmo, porém, se toda obra mística é um itinerário da alma em direção a Deus, o caminho percorrido varia e o *viator* [viajante] passa por lugares diferentes. A experiência difere e, com ela, difere a construção metafísica que deve apoiá-la e explicá-la.

No entanto, é verdade que, se comparamos e confrontamos com olhar imparcial as obras mais representativas, as mais clássicas dos grandes místicos franceses, alemães e espanhóis, não seremos impressionados por certas diferenças. *Grosso modo*, poderíamos dizer: mística alemã, mística do infinito. E, quanto à espanhola, diríamos: mística da alma.

Por que tais diferenças? Pergunta complexa e difícil. Acho que elas dizem respeito aos indivíduos, ao meio e, sobretudo, ao tempo. É que, embora as místicas francesa, alemã e espanhola insistam em vários aspectos do absoluto e percorram rotas diversas levando o homem até Deus, elas não o fazem no mesmo momento. Mestre Eckhart viveu no início do século XIV. Bérulle, Condren e o Oratório são do século XVII. Na minha opinião, isso é importante. Pelo menos tão importante quanto o fator "nação". Porque – para dizer francamente – não tenho certeza de que exista um modo especificamente alemão, ou francês, para se orar a Deus e inclinar-se para o Absoluto.

---

9 Literalmente: "a alma está onde há amor" e "conhecer e ser são idênticos". (N. T.)

Às vezes me parece que não é a Alemanha que explica Eckhart, mas, pelo contrário, é Eckhart que, em certa medida, explica a Alemanha. Pelo menos a Alemanha na Idade Média. É Eckhart – não sozinho, é claro – que, ao traduzir com dificuldade em seu alemão ainda informe a elevada doutrina metafísica que ele pensara em latim, carregou de repente com significados profundos os termos forjados por ele, seus impressos – e impressos na língua –, a marca indelével de seu espírito. Para mim, não é o espírito da língua alemã que nos fala através da obra de Eckhart, mas, ao contrário, é o espírito e o pensamento de Eckhart que falam a nós – ainda e sempre – na língua filosófica alemã.

Sobre esse assunto, permitam-me formular uma queixa: eu me queixo e protesto contra a impossibilidade de conhecer o pensamento eckhartiano com exatidão. Protesto contra o fato de que, há cinquenta anos, publicamos livros e artigos sobre o Mestre Eckhart que ninguém – até recentemente – teve a ideia de ler para saber o que ele escreveu. Nem para editar os seus trabalhos. E é por isso que tudo o que vou falar sobre Mestre Eckhart deve ser ouvido com cautela. A culpa, no entanto, não é minha.

As diferenças entre as doutrinas místicas expressam, em certa medida, diferenças pessoais. Na minha opinião, as coisas são assim mesmo; quero dizer: as coisas são assim mesmo na própria doutrina mística. Por que, na verdade, se a alma é imagem e expressão de Deus em seu fundamento e em sua essência, e, como um dos maiores teóricos do misticismo diz (refiro-me a Nicolau de Cusa), se a alma vê a si mesma quando ela vê Deus, e vê Deus em si mesma, por que, com efeito, essas grandes almas – a alma de um Eckhart, de um São João da Cruz ou de um Bérulle – não nos mostrariam nem nos revelariam vários aspectos da riqueza infinita da unidade divina?

Porém, há outra coisa além das diferenças pessoais. De certa forma, existem diferenças nos grupos, modos de parentesco no interior do mesmo domínio. Esses modos de parentesco explicam-se em termos de comunidade de idioma, escola e tradição. Imitação consciente ou inconsciente dos mesmos modelos de perfeição. Aplicação das mesmas técnicas espirituais. Além disso, copia-se muito entre místicos. Se a experiência mística já é coisa muito rara, mais raro ainda é o talento para expressá-la. Obras originais são raras; em contrapartida, vinte volumes sobre o inefável é algo bastante comum na literatura mística. Vale lembrar que acabo de aludir que há o elemento "tempo", momento histórico das doutrinas.

Isso porque, embora os místicos e os metafísicos dos séculos XVI e XVII preservem o uso de fórmulas antigas, símbolos tradicionais antigos, conceitos antigos e teorias antigas, é igualmente verdadeiro que o mundo em que eles vivem não é mais exatamente o mesmo quando comparado àquele de seus antecessores; que ele se transforme, que ele se dissolva, e que, por conseguinte, uma das duas rotas que levam a Deus – a rota do mundo – torne-se cada vez menos utilizável e praticável.

O mundo da mística clássica da Idade Média – o mundo de São Bernardo, de São Boaventura, de Mestre Eckhart (trata-se do mesmo mundo, apesar de algumas diferenças que não posso analisar aqui) – é ordenado pelo homem e pendurado em Deus. Esse mundo é limitado e acabado, é uma hierarquia, uma tripla hierarquia: ontológica, espacial, axiológica. A posição e o valor se correspondem e correspondem ao grau de ser e ao grau do Ser, além de haver correspondência entre os graus do Ser e os níveis da alma. As duas escalas que levam a Deus, a escala da ascensão pelos graus do Ser e a escala da descida pelo interior da alma implicam-se e até coordenam-se. As duas vias – a via do mundo e a via da alma – levam de modo semelhante a Deus.

E é por isso que, na mística clássica, aquela do Mestre Eckhart, a alma se separa do mundo entrando em si mesma; ou ela se separa de si mesma elevando-se das coisas que ela entrega às causas e aos princípios das coisas, das criaturas ao criador, dos seres ao Ser; enfim, à sua fonte eterna. Contudo, seja *intus* ou *foras*, o que ela busca é o Ser, o Ser a que ela aspira, ela segue o caminho do Ser.

E é também com base nessa noção do Ser – *esse*, essência, *Wesen* – que Mestre Eckhart pensa em Deus. *Esse est Deus*, diz Mestre Eckhart. Ser – no sentido forte e pleno do termo – é algo que pertence apenas a Deus. Até mesmo porque ser significa ser Deus. E é por isso que, desde seu primeiro movimento, a alma de Eckhart, uma alma faminta pelo Ser, alma que aspira ao ser – e ao Ser – (eis o sentido da *deificatio*), pergunta às coisas, ao mundo e a si mesma o seguinte: quanto a ti, pertences ao Ser?

O mundo e as coisas respondem: o que sou? não sou nada – ou quase – *penitus nihil* ou *prope nihil*; a própria alma indagadora responde assim. Afastando-se, ela então os abandona, deixa-os cair. Assim, ela sobe, por graus, graus do Ser, a fim de alcançar o Ser absoluto e, por um último esforço, ultrapassá-lo, transcendê-lo.

Ora, a cada uma dessas etapas-graus da ascensão, responde – ou corresponde – um grau paralelo do retorno sobre si mesmo. A alma entra em si mesma, separando-se de tudo o que não é "ela mesma"; de tudo o que é instável e múltiplo – as impressões dos sentidos, as afecções, os sentimentos, os atos, os pensamentos –, apartando para longe de si todas essas escórias do ser fugitivo, ela mergulha em si e dirige-se para a unidade, em seu próprio "fundamento", seu próprio "ser", sua própria "essência". Ela busca e persegue em si mesma o que transcende o tempo e o espaço, e transcende a si mesma, como acabara de transcender o mundo. Mais exatamente, ela se transcende ao transcender o mundo e, em sua unidade, seu argumento, seu fundamento – no ápice espiritual, *scintilla mentis* [centelha da mente], seu *Grund* – encontra, idêntica a si mesma, a essência – Una – do Ser e de Deus.

Dois caminhos de transcensão que levam do múltiplo ao Uno – nas duas vias temos união – e, como em ambos os casos transcendemos o Ser, a cada vez que nos encontramos no Nada, no *Nihil divinum, das göttliche Nichts*, a *Stille Wüste der Gottheit* [deserto silencioso da divindade], sempre vamos mais longe, sempre mais alto e, ao mesmo tempo, sempre para mais baixo. Transcendemos Deus assim como transcendemos o mundo; assim como superamos a nós mesmos. E, como Deus é o Ser e o criador, a divindade será anterior e superior a Deus, como a *scintilla mentis*, a *Seelengrund* [fundo da alma], é superior e anterior à alma. No entanto, a transcensão nos fez superar a criatura – correlativa ao criador –, ela também nos faz superar o criador porque o criador e a criatura se implicam. Superar Deus que *wird und endwird* [devém e consuma]. A divindade, a *Gottheit*, não é correlativa ao mundo, ela não cria, e a alma – em seu fundamento que transcende a si mesmo – não é uma criatura, não é "criada". É tão somente ali que a alma de Eckhart encontra descanso, no seio do incriado, da calma, do absoluto.

No entanto, por uma intuição singular que se enquadra mal com todo o seu sistema, o fundamento do Ser, o Absoluto, para Mestre Eckhart transborda de vida fértil, é energia, é o dinamismo que se impõe e se declara *Sünder Warumbe* [sem um porquê], que diz *ich lebe dass, ich lebe* [eu vivo isso, eu vivo], que é uma *efusão*, um *fulgurar* e uma *ebulição*.

Esse dinamismo não será esquecido; retomado e aprofundado por Nicolau de Cusa, ele culminará, por canais diversos e múltiplos (não sem se transformar ao longo do caminho), na noção teocêntrica e no dinamismo divino do Oratório e de Descartes.

Que vocês me perdoem por não continuar essa história. O tempo, que não podemos transcender, nos pressiona; seria necessário que eu falasse muito mais. Perdoem-me também por abandonar, depois de ter apenas introduzido o tema, a concepção do mundo na mística clássica – essa mística especulativa da qual Mestre Eckhart continua a ser o maior e mais clássico representante.

Tampouco vamos prosseguir com a história, muito complexa, da dissolução progressiva do mundo-símbolo cuja imagem acabo de evocar. Digamos apenas que primeiro esse mundo se solidifica, torna-se menos dependente de Deus e, depois, desagrega-se, impulsionado pela crítica nominalista e pela nova ciência. De qualquer forma, o caminho para Deus não passa mais pelo mundo. Ou, pelo menos, torna-se cada vez menos praticável. Já não é mais o mundo que informa sobre Deus: Nicolau de Cusa, prolongando o pensamento de Escoto, diz que não há proporção entre Deus e o mundo, entre o finito e o infinito. A estrada se alonga e Deus se afasta. A distância cresce até o infinito. Ao mesmo tempo, estes são apenas dois aspectos de um único e mesmo processo – Deus cresce, por assim dizer, em dimensão. Torna-se cada vez mais o Deus infinito.

Já sabíamos disso, e agora compreendemos. Sabíamos disso, mas, apesar de tudo, acreditávamos que era possível alcançá-lo por uma série finita. Vemos agora e cada vez mais que não existe uma abordagem possível ao infinito. Que, se ainda for possível alcançá-lo, isso se dá diretamente, digamos, por um salto. A hierarquia ontológica não existe mais.

Deus infinito, tal é o aspecto de Deus aos olhos da escola francesa. De todos os atributos divinos, a infinitude é o que melhor expressa sua essência eterna. O homem é finito e Deus é infinito. E o finito não é nada comparado ao infinito. O homem não conta. Ele está consciente do nada que é. Ele nem pede nada: adora a Deus e isso é tudo. Ele relaciona tudo a Deus e nada a si mesmo. Ele nada busca – nem mesmo a sua própria salvação, a sua própria beatitude. A majestade e a glória divinas são as únicas coisas que importam. E Bérulle escreve:

> Um espírito excelente deste século [à margem: *Nicolau Copérnico*] quis defender que o Sol, e não a Terra, está no centro do mundo; que o Sol é imóvel e a Terra, proporcionalmente à sua figura redonda, se move em relação ao Sol... Essa nova opinião, pouco levada a sério na ciência das estrelas, é útil e deve ser levada a sério na ciência da salvação.[10]

Porque o homem já não está, por assim dizer, no centro do mundo. O mundo não é para ele. É para Deus, e unicamente para Deus. Eis o porquê: "Devemos primeiro olhar para Deus e não para nós mesmos, além de não operar a busca de nós mesmos por esse olhar, mas pelo olhar puro de Deus",[11] ou, como diz F. Bourgoing:

---

10 Bérulle, *Œuvres*, p.161.

11 Ibid., p.1245.

> Devemos relacionar todas as orações que fazemos não com o benefício e a utilidade espiritual que podemos ter, mas somente com a glória de Deus, sem qualquer consideração do nosso interesse ou nossa satisfação particular; de modo que, como objetivo e finalidade da oração, propomos *reverenciar, reconhecer* e *adorar a majestade soberana de Deus*, porque ele existe para si mesmo, e não para nosso olhar, além de amar a sua bondade *por amor a essa mesma bondade*, em vez de fazê--lo esperando algo em troca, como se essa bondade existisse para nós; (porque a mesma pureza necessária no amor também é necessária na oração). Digo, portanto, que não devemos pedir (tantas vezes) bens temporais apenas, isso é claro, mas nem mesmo (nem tantas vezes, nem em primeiro lugar) os bens espirituais, isto é, a graça de Deus e as virtudes, assim como devemos orar puramente para que Deus seja *adorado* e *glorificado*, ou regozijar-nos porque ele é feliz em si mesmo, embora nunca possamos ser participantes de sua glória.[12]

Adorar, glorificar a majestade do poder divino – esses termos são recorrentes nos escritos dos doutores da escola francesa. Pierre de Bérulle escreve:

> Deus é espírito e quer ser adorado em espírito e em verdade, e não basta adorá-lo pelas ações de nosso espírito para com ele. Ele mesmo quer *se glorificar* em nós, e seu espírito quer operar em nossos espíritos coisas dignas de seu poder e de sua majestade, e devemos estar expostos à sua vontade e à sua (santa) operação. Ora, uma das operações de Deus consiste em fazer nossa alma adorar a majestade divina, não apenas por seus próprios pensamentos e afecções, mas também pela operação de seu espírito divino, que atua sobre nosso espírito e

12 Bourgoing, "Avis", em *Les Vérités et excellences de Jésus-Christ Notre Seigneur*, p.v.

o faz suportar e sentir o *poder* e a *soberania* de seu ser sobre todos os seres criados mediante a experiência de sua *grandeza* aplicada à nossa *pequenez*, incapaz de suportar a sua grandeza: porque ela é *infinita* e *infinitamente distante*, além de *desproporcional* em relação a todos os seres criados.[13] [Nicolau de Cusa passou por ali.]

E Bérulle prossegue, com uma precisão e uma delicadeza que poderiam ser invejadas por muitos psicólogos modernos:

> Esse Ser divino, adorável em todas as suas qualidades, tem qualidades aparentemente contrárias. Ele é *infinitamente presente* e *infinitamente distante*; ele é infinitamente elevado e infinitamente aplicado ao ser criado; ele é infinitamente delicioso e infinitamente rigoroso; ele é infinitamente desejável e infinitamente insuportável. E, embora ele goste de se aplicar à criatura sem se reduzir ao tamanho de sua criatura, o ser criado não é capaz de suportá-lo, sentindo-se engolido, esmagado, arruinado por esse poder infinito e, por assim dizer, infinitamente dominante sobre um ser tão pequeno e tão submisso ao seu poder.

E é por isso que a única coisa que o homem pode fazer é afastar-se de si próprio. Condren diz:

> Saindo de nós mesmos e de tudo o que é nosso... tende a intenção de vos despojardes de tudo o que sois... de vos despojardes da vossa natureza... perdendo para vós mesmos qualquer desejo de viver e de ser... sem olhardes para vós mesmos e sem escutardes as vossas disposições nem o vosso estado, sem o desejo de ser ou de ter... que as almas não queiram sofrer vivas em coisa alguma...

---

13 Bérulle, *Œuvres*, op. cit., p.1417.

Abandono, desapropriação, *Gelassenheit* [serenidade], mais até do que *Gelassenheit*. Bérulle escreve: "Não olhemos para nós mesmos; olharíamos para uma coisa morta? Porque estamos mortos e não temos vida real em nós mesmos. Só temos vida em Deus". Na verdade, o homem não é nada em si mesmo; se é alguma coisa, é justamente pelo fato de não ser. Ele é, como diria Bérulle, "a capacidade de Deus". Melhor ainda, segundo Bérulle, somos pouco mais do que isso, "pois não há mais nada do que ser em nosso ser". Somos uma "sombra de vida", mas:

> Deus fez-nos ainda capazes de viver nos outros. [...] E, por vezes, vivemos mais sensivelmente nos outros do que em nós próprios (através do amor), o que prova ao mesmo tempo a imbecilidade da nossa própria vida e a sua nobreza, pois esse "outro", queremos nós, será o próprio Deus.

Afastar-se de si mesmo, das coisas, e dirigir-se a Deus, isso é tudo. Porque não se trata mais – eu já disse isto e repito aqui – de fazer uma ascensão bem ordenada em direção a Deus. Nenhuma escada vai até o infinito. Será, então, que precisamos delas? Porque, se não há caminho, então não há separação, nada se interpõe entre o finito e o infinito. Ademais, não é através do discurso, do raciocínio ou de longas cadeias de provas que se chega a Deus. É diretamente, através da contemplação. Surin escreve no seu *Catecismo*:

> A contemplação é uma operação pela qual a alma vislumbra a verdade universal. A caraterística dessa operação é que ela é bem simples, bem pouco distinta, mas repousa pacificamente em algo que é muito mais desconhecido e oculto do que descoberto e conhecido. Quanto

> mais elevada ela é, mais confusa, e mesmo quando, por noções sobrenaturais, a alma conhece coisas distintas e claramente manifestadas, resta nela algo desconhecido e oculto, que ela valoriza mais e que é o melhor objeto de tudo o que a afeta. Os homens costumam considerar apenas o que possuem distintamente e, por terem natureza sensível, inclinam-se para as coisas particulares e limitadas; de modo que, quando Deus os atrai para essa operação sublime e para o olhar universal, eles não o consideram como deveriam e o abandonam, buscando em seu lugar algo determinado. No entanto, é certo que a verdadeira ciência do espírito e a luz do alto passam por esse caminho, e dessa maneira a alma é enriquecida com os dons da sabedoria divina. Essa é a ignorância, muito louvada e muito sábia, recomendada pelos místicos; ela é denominada ignorância porque não termina em nada de particular que leve à instrução do entendimento, e parece que o homem nada aprende com ela. É, no entanto, uma grande sabedoria, pois o espírito elevado tem uma alta noção da verdade eterna e retorna após degustar maravilhas e impressões de grande valor, que não são conhecidas tanto em si mesmas quanto em seus efeitos...[14]

Nisso consiste, portanto, a contemplação – gruta obscura devido à indistinção do objeto, a *divina caligo* [névoa divina] de São Dionísio –, e não na multidão de razões e noções com que o entendimento se enche... "Ora, o objetivo dessa contemplação é remover os impedimentos entre os quais está o de se apegar fortemente ao discurso e ter grande confiança na meditação e no trabalho do entendimento." *Douta ignorância*, visão indistinta, Deus desconhecido, teologia negativa. Para além de Nicolau de Cusa, chegamos a Santo Agostinho e ao Pseudo-Dionísio. E Surin insiste:

---

14 Surin, *Catéchisme spirituel de la perfection chrétienne*, v.I, p.107-10.

Por esse procedimento, a alma chega à perfeição evangélica não só como resultado dos bons movimentos que lhe são conferidos, mas também formalmente, no mesmo ato de contemplação. Pois, assim ocupado com Deus, o homem, por uma verdadeira *abnegação* às suas próprias operações, *renuncia* às coisas mais sublimes que estão no seu entendimento. Nesse estado, a sua alma, *afogada*... no *abismo obscuro* da *verdade universal*, não sabe que direção tomar e não se satisfaz com nenhum objeto que naturalmente a possa agradar. Ela se entrega em Deus e, por uma vontade devota, mergulha sabe-se lá onde, pois não vê nada em particular, ou ela se detém e não experimenta o gosto de nenhuma coisa distinta, seja sensível, espiritual, natural ou sobrenatural. Assim, apartada de qualquer isca, conduzida apenas pela fé, ela se precipita na verdade incriada, onde permanece confusa e perdida. Então... a alma aprendeu a separar-se de todas as coisas distintas e particulares (na oração), já não se prende a nenhuma delas, já não distingue as condições dos objetos criados. Para ela, o alto e o baixo são idênticos, ela só tende para a verdade que conhece e da forma como a conhece, isto é, universal, despojada das suas qualidades individuais; isso a mantém em perfeita pureza e confere a ela uma sabedoria eminente para discernir todas as coisas, sem estar imbuída de nenhuma, tanto mais que a sua prática é *despojar-se* e *desapegar-se* constantemente de tudo o que nela há de individual, limitado e particular, a fim de aproximar-se daquilo que é *inominável* e *impenetrável*. Ela sacrifica-se ao *Deus desconhecido*, que é maior do que o Deus conhecido, pois o que sabemos de Deus não é nada comparado àquilo que não conhecemos. Assim, o espírito, através da contemplação e da ação, procura o que está fora do seu alcance e perde-se num caos admirável.[15]

15 Ibid., p.110-2.

Deus absconditus, caos divino – estamos em pleno Pseudo--Dionísio. E Gibieuf, ao seu lado, recordando mais uma vez Nicolau de Cusa e já anunciando Descartes, afirma:

> A ciência verdadeira e certa não é discursiva: ela consiste numa simples intuição da verdade... cuja intuição intelectual descobre as conclusões no âmbito dos próprios princípios... *explica* e *desenvolve* o que eles contêm de *implícito* e de *resguardados*.

Surin e Gibieuf limitam-se a continuar a obra de Bérulle. Para além da escolástica, Bérulle reaviva a tradição mística, regressando àqueles que melhor compreenderam a infinitude de Deus, a saber, Agostinho e Dionísio. "A teologia mística", escreve ele:

> tende a atrair-nos, a unir-nos, a mergulhar-nos em Deus. Ela faz o primeiro pela grandeza de Deus, o segundo pela sua unidade, o terceiro pela sua plenitude; pois a grandeza de Deus separa-nos de nós mesmos e das coisas criadas, atraindo-nos para Deus; a sua unidade nos recebe e nos une em Deus; e a sua plenitude faz com que estejamos perdidos, aniquilados e abismados no imenso oceano das suas perfeições, como quando vemos uma gota de água que se perde em abismo no mar.[16]

É uma imagem audaciosa que se baseia na de São Bernardo e nos remete diretamente à teologia mística. Bérulle retoma todos os símbolos platônicos: luz, sol, obscuridade (caverna),

16 Bérulle, *Œuvres*, op. cit., p.918.

a teologia mística, escreve Bérulle, "tirando-nos da obscuridade das coisas terrenas", leva-nos:

> a contemplar o verdadeiro sol do mundo, o sol que nos esclarece, o sol da justiça que oferece a sua luz a todo homem que vem ao mundo; ficamos surpresos e tomados pelo amor e pela admiração ao primeiro vislumbre e à primeira visão deste esplendor, e somos obrigados a interromper os nossos discursos para, quando entramos nessa obra e no pensamento de um assunto tão digno, nos elevarmos a Deus... Nisso somos semelhantes àquele que, saindo de uma caverna e de uma profunda escuridão, colocado numa alta montanha, visse o sol, sem nunca o ter visto antes.[17]

E a alma de Bérulle, tendo saído da caverna, deslumbrada pelo brilho e esplendor da luz do Sol divino, entoa um hino neoplatônico à Unidade divina para glorificá-la. Ouçamo-lo:

> A unidade resplandece em todas as obras de Deus, como em tantos espelhos que a revelam para nós e que a representam... A Natureza universal falou tão alto e tão em conformidade com a Unidade de seu Deus e de seu obreiro pela voz dos seus primeiros e mais excelentes filósofos, que todos conspiraram em conjunto para reconhecê-la e para publicá-la ao mundo...[18]
>
> A unidade é a primeira propriedade que os filósofos atribuem ao ser criado; ela é a primeira perfeição que os cristãos reconhecem e adoram no ser incriado; é a que a Escritura mais frequentemente representa para os fiéis.[19]

---

17 Bérulle, *Discours de l'estat*, op. cit. (ed. 1639, p.139).
18 Ibid., p.192.
19 Ibid., p.189.

Pois é pela unidade do seu Poder, da sua Essência e da sua Inteligência que o mundo é produzido; e é por isso que o mundo traz a imagem da unidade de Deus como a marca de seu obreiro.[20]

E, no entanto, dizemos que a unidade de Deus e a bondade de Deus são as perfeições mais reconhecidas e famosas da divindade.[21]

Por essa razão, ele (o mundo) deve homenagem a Deus, não apenas devido ao seu Ser, que é o Ser divino, primeiro e soberano, mas também em *razão* de sua unidade suprema, na qual o mundo encontra sua origem; porque Deus, não somente como Deus, mas como unidade, é o princípio deste Universo.[22]

Essa Unidade que Bérulle glorifica é a unidade dinâmica de uma energia infinita, infinitamente livre, infinitamente poderosa, infinitamente fecunda na superabundância da sua essência, e, para dizer o mínimo, infinitamente infinita. Após explicar o sentido dinâmico da unidade transcendente de Deus,[23] ele diz: "Assim, Deus é eternamente vivo na unidade de sua essência, e, assim, Deus é poderosamente operante na unidade do seu amor".[24] E continua:

e parece-me que vejo as unidades que se notam na fecundidade de Deus, nas comunicações divinas pelas quais Deus, comunicando-se a si mesmo, vem comunicar-se ao homem e unir-se ao homem em honra das admiráveis unidades que o espírito humano concebe e adora em seu ser divino. Pois, para tornar este discurso muito mais

---

20 Ibid., p.192.
21 Ibid., p.190.
22 Ibid.
23 Ibid., p.192.
24 Ibid., p.206.

esclarecedor, podemos distinguir entre duas ordens excelentes das unidades que estão no ser de Deus, e a segunda inclui as unidades que estão nas obras de Deus.

E, enfim, Bérulle explica a razão disso: é que o infinito forma a própria essência de Deus, de tal maneira que o ser infinito de Deus nos é representado pelos antigos como uma esfera intelectual que compreende tudo e não pode ser compreendida "por nada", e é por isso que todo o Universo cria "essa obra de que tu és o centro e a circunferência, que não tem outra relação senão contigo", e é por isso também, e cito novamente, que:

> Deus... habita nas coisas contendo-as, e não sendo contido por elas... ele concede ao mundo o ser, a existência e a capacidade... ele é infinito, imensurável e incompreensível... ele é essa esfera intelectual cujo centro está em todo lugar e cuja circunferência não está em lugar nenhum.

Infinito, imenso, imensurável, incompreensível e, portanto, soberanamente poderoso e livre, assim é o Deus de Bérulle.

Concordando com Bérulle, Gibieuf explica que "entre a criatura e o criador, o finito e o infinito – e o termo não lhe é suficiente, ele emprega 'superfinito' – *nulla est proportio*".[25]

E Gibieuf nos diz:

> Deus é livre e soberanamente livre, e se há algo mais livre do que a liberdade soberana, devemos dizer que Deus é isso. Ele o é porque

25 Gilson, "N. de Cusa", em *La Philosophie au Moyen Âge* (2.ed.,1942, p.196).

> não está contido em nenhum limite, nem de lugar nem de natureza, e porque preenche tudo com a sua essência infinita. Deus é tudo o que existe ou pode existir; melhor ainda, ele ultrapassa infinitamente tudo o que é real ou possível. Ele é livre porque nenhum laço pode contê-lo, nenhuma criatura pode opor-se a ele e detê-lo, determiná-lo ou movê-lo, nenhuma imagem ou conceito pode exprimi-lo...[26]

Immensum, infinito superfinito. "A partir daí", continua Gibieuf, "qualquer atributo divino que nos faça ver melhor a natureza da sua liberdade far-nos-á sentir melhor a *imensidão* e a *infinitude* de Deus. Deus é imenso e infinito, superfinito e imutável; dependente é a criatura." E Gibieuf, forçando os limites do infinitismo de Bérulle, forçando os limites do voluntarismo da tradição agostiniana, exclama finalmente: "*liber est Deus, imo liberrimus et si quid liberrimo liberrius esse potest*".[27]

O voluntarismo e o infinitismo são as marcas da mística francesa. O Deus de Bérulle é, antes de tudo, uma majestade infinita, e o homem, perante Deus, só pode inclinar a cabeça e adorá-lo. Pode também amá-lo, porque a via do amor permanece aberta quando todas as outras vias estão fechadas; a alma que não pode chegar a Deus através do conhecimento discursivo, alcança-o através do amor: "Ó amor puro, celeste e divino", clama Bérulle (p.567).

Amor que não precisa de cuidados nem de qualquer sentimento; amor que subsiste por ser e não por manutenção, exercício e operação; amor que, como os fogos celestes, se conserva na alma como no seu elemento sem movimento e sem alimento...

---

26 Ibid., p.184.

27 Gibieuf, *Catéchèse de la manière de vie parfaite*, v.II, Lv.1, p.289.

"É o amor que nos transporta e nos transmuta em Deus, é o *amor puro* que funda a *elevação* da alma, que lhe permite *aderir* a Deus."

O amor de Deus: eis o tema que domina a vida das almas menos enérgicas que a de Bérulle, e menos sábias que a de Gibieuf. Ouçamos Fénelon: 1) O amor de Deus – diz-nos ele – é pura caridade, sem qualquer intromissão do interesse próprio. Nem o medo do castigo, nem o desejo de recompensas têm parte nesse amor. Já não amamos a Deus pelo mérito, nem pela perfeição, nem pela felicidade que deveríamos encontrar ao amá-lo. 2) No estado da vida contemplativa ou unitiva, perdemos todos os motivos interessados de temor ou de esperança.

Quando Madame Guyon[28] relata sua própria experiência espiritual, ela explica:

> A alma é indiferente ao fato de estar de uma forma ou de outra, num lugar ou noutro; tudo lhe é igual e ela deixa-se levar naturalmente... Ela se deixa levar por tudo o que a conduz, sem se preocupar com nada, sem pensar, querer ou escolher nada, porém fica contente, sem cuidados nem preocupações consigo mesma, pois já não pensa nisso, já não distingue o seu interior para falar dele.

Fénelon então comenta:

> No estado de santa indiferença, a alma já não tem desejos voluntários e deliberados para o seu próprio interesse, exceto nas ocasiões em que ela não coopera fielmente com toda a sua graça.
>
> Nesse estado de santa indiferença, já não queremos nada para nós, mas queremos tudo para Deus; não queremos nada para sermos

28 Guyon, *Vie de Madame Guyon* [*Œuvres*, 1791], v.I, p.282.

perfeitos ou bem-aventurados por nós próprios, mas queremos toda a perfeição e toda beatitude, tanto quanto apraz a Deus fazer-nos querer essas coisas pela impressão de sua graça.

Nesse estado, já não queremos mais a salvação como salvação própria, como libertação eterna, como recompensa por nossos méritos, como o maior de todos os nossos interesses: queremos o prazer de Deus como algo que ele quer que queiramos por ele.

A alma indiferente, *gelassene Seele*, está vazia de si mesma; está vazia de tudo, portanto está cheia de Deus. Ouçamos Madame Guyon mais uma vez:

> A indiferença em mim era perfeita e a união com a boa vontade de Deus tão grande que eu não encontrava em mim nenhum prazer ou tendência. O que parecia mais perdido em mim era a vontade, pois não consegui encontrar nenhuma para nada: a minha alma não podia inclinar-se mais para um lado do que para o outro, e tudo o que ela podia fazer era alimentar-se das providências diárias. Ela descobriu *que uma outra vontade havia tomado o lugar da sua*, uma vontade inteiramente divina, que, no entanto, era-lhe tão própria e natural que a fazia perceber-se infinitamente mais livre nessa vontade do que na sua própria.[29]

A alma pura e indiferente não está apenas vazia de vontade, mas também vazia de pensamento, de discursos e de meditação. E Madame Guyon acrescenta: "Minha alma está vazia não apenas de seus próprios movimentos, mas também de pensamentos e reflexões, pois ela não pensa em absolutamente nada".

Porque não basta dizer que a alma "indiferente" nada quer para si mesma; é preciso dizer que ela não quer nada para si e que

---

29 Guyon, *Vie*, op. cit., v.I, p.270.

é Deus que vive, que quer, que age e que pensa *nela* e *por ela*. Vive, pensa e age: o estado de indiferença não é um estado de inação: ao contrário, é antes de tudo um estado ativo, trata-se de uma ação passiva, por assim dizer. A alma já não pensa – porque a intuição ultrapassa o discurso e o pensamento – porque ela própria está agora preenchida pela luz de Deus. Já não quer, porque ela é vontade. Já não ama, porque ela é amor, esse amor puro que, segundo Fénelon, constitui por si só toda a vida interior.

Assim, depois de ter perdido a via hierárquica da ontologia medieval, a alma, na mística francesa, reencontra a via da contemplação e do amor; arrebatada num primeiro momento pela imensidão do Deus infinito, a alma, na adoração dessa mesma infinitude, na consciência profunda do seu nada, reencontra o contato imediato com Deus.

O infinito e o finito, a alma e Deus: aqui não se trata mais de uma *Scala perfectionis*. Mais ainda: entre o infinito e o finito, como (para a alma) Santo Agostinho já tinha visto, *nulla est interposita natura* [não há interposição da natureza]. O contato é imediato, entre o infinito e o finito, entre Deus e a alma; Deus é sensível ao coração que o ama e que se funde nele pelo amor; e Deus também está presente para a alma que ele ilumina com a sua luz, na sua inteligência, na sua vontade e no seu pensamento. Ora, todos os místicos, todos os agostinianos franceses, de Port-Royal e do Oratório, Bérulle e Condren, Pascal e Descartes, estão unidos nessa noção de imediação do contato.

Esses textos e documentos humanos que acabo de citar – aos quais deveriam ter sido juntados tantos outros – precisariam ser comentados com mais vagar, mais atenção e mais cautela. Seria necessário ainda analisar outro grupo de textos e outras doutrinas contemporâneas com o mesmo cuidado, e deveríamos ter comparado o dinamismo teocêntrico do Oratório com o agostinianismo teocêntrico de Port-Royal.

Teria sido necessário analisar com igual cuidado um outro grupo de textos, os textos cristológicos, mostrando como e por que o teocentrismo da escola francesa concorda com – e até mesmo implica – um *cristocentrismo*. Seria preciso explicitar uma vez mais em Nicolau de Cusa o elo e o intermediário do desenvolvimento.

Enfim, teria sido necessário mostrar a refração desse teocentrismo e desse agostinianismo no pensamento filosófico, o infinitismo de Descartes e o iluminismo de Malebranche.

Deveríamos ter feito tudo isso se tivéssemos tido tempo, mas não tivemos. Entretanto, eu gostaria de agradecer a atenção que vocês me dispensaram e dizer que espero encontrar alguém entre vocês, ou, para ser mais exato, alguns e algumas, que se aprofundem no vasto campo que abordei aqui tão rapidamente.

Fontes e bibliografia

Fontes de arquivos

Arquivos da École des Hautes Études en Sciences Sociales (Ehess):
- Fundo [arquivístico] École Libre des Hautes Études
- Fundo Louis Velay
- Fundo Centre de Recherches d'Histoire des Sciences et des Techniques

Arquivos da École Pratique de Hautes Études (Ephe):
- Registros e fichas de inscrição
- Dossiê Alexandre Koyré

Arquivos do Centre Alexandre-Koyré, Ehess:
- Fundo Koyré

Arquivos do Collège de France:
- Dossiê Alexandre Koyré

Arquivos Nacionais:
- Dossiê de naturalização de Alexandre Koyré
- Fundo Fernand Braudel

Bibliothèque Nationale de France:
- Correspondência Jean Gottmann

Bibliothèque de l'Institut de France:
- Correspondência Fernand Braudel

The Rockefeller Foundation Archives (Nova York):
- Fundo New School for Social Research

Manuscritos preservados no Fundo Koyré[1]

1. Insolubilia. Eine logiche Studie über die Grundlagen der Mengelehre (3 cad. manusc., [s./d.]. In: ZAMBELLI, P. Alexandre Koyré alla scuola di Husserl a Gottinga. *Giornale Critico della Filosofia Italiana*, v.79, p.323-54, 1999a).
2. La Philosophie juive médiévale (manusc., trad. oito capítulos de HUSIK, *History of Medieval Jewish Philosophy*. 205f.).
3. Malebranche et Spinoza (manusc., [s./d.]. 6f.).
4. Notes sur Jean Comenius (manusc., [s./d.]. 15f.).
5. Les Tendances de la philosophie française contemporaine (notas lacunares manusc. sem título, [s./d.]. 39f. [duas conferências na Société Royale de Géographie, Cairo, 27 jan. e 3 fev. 1934; ver KOYRÉ, A. Émile Boutroux, *Un Effort*, Cairo, mar. 1934; e o relatório das conferências em *La Semaine Égyptienne*, fev. 1934, p.23 ss.]).
6. Cours sur le temps (datil., 26 mar. 1938. 8f. In: BRISSONI, A. Tempo e ordine in Koyré. *Il Ponte*, v.44, n.3, p.164-8, 1988).
7. Léon Brunschvicg (manusc. incompl. sem título, [s./d.]. 15f.).
8. Jean Huss (conferência no Institut d'Études Slaves da Université de Genève, datil., [s./d.]. 28f.).
9. La Pensée tchèque au Moyen Âge et la révolution hussite (datil., 27 nov. 1943, conferência na École Libre des Hautes Études de Nova York, 3f.).
10. The Problem of Truth in Masaryk's Philosophy (datil., [s./d.]. 17f.).
11. Present Trends of French Philosophical Thought (manusc., [s./d.]. 15f. In: ZAMBELLI, P. Introduction. In: KOYRÉ, A. Presents Trends of Philosophical French Philosophical Thought. *The Journal of the History of Ideas*, v.59, n.3, p.531-48, 1998a).
12. Galilée (curso no Lycée Louis le Grand, datil., 9 abr. 1946, 24f. In: SEIDENGART, J. (org.). *Vérité scientifique et vérité philosophique dans l'œuvre d'Alexandre Koyré*).
13. La Pensée mystique (datil., [s./d.]. 28f.). [Publ. *supra*, Documento n.24.]

---

1 Arquivos do Centro Alexandre-Koyré, Ehess.

14. Théologie et science (duas conferências no Collège Philosophique, Paris, datil., mar. 1947. 14 e 16f.). [Publ. *supra*, Documento n.23.]
15. Physique et métaphysique chez Newton (duas conferências no Collège Philosophique, Paris, datil., [s./d.]. 14 e 15f.).
16-20. Saint Anselme, Lulle, R. Bacon, Kepler, Galilée (transmissões radiofônicas, datil., [s./d.]. 6, 10, 13, 8, 11f.).
21. Remarques sur l'*Optique* de Newton (manusc., desenhos, [s./d.]. 244f.).

Bibliografia de Alexandre Koyré

Publicações de Alexandre Koyré de 1912 a 1950[2]

1912. Sur les Nombres de M. Russell. *Revue de Métaphysique et de Morale*, v.20, n.5, p.722-4.

1922a. Bemerkungen zu den Zenonischen Paradoxen. *Jahrbuch für Philosophie und Phänomenologische Forschung (Halle)*, v.V, p.603-8. [Trad. franc. em: 1961a. *Études d'histoire de la pensée philosophique.*]

1922b. *Essai sur l'idée de Dieu et les preuves de son existence chez Descartes*. Paris: E. Leroux. (Col. Bibliothèque de l'École Pratique des Hautes Études, Vᵉ Section, Sciences Religieuses, v.33.) [Ed. alem.: *Descartes und die Scholastik*. Bonn: F. Cohen, 1923.]

1922c. *Sébastien Franck*. Paris: F. Alcan. (Col. Cahiers de la *Revue d'Histoire et de Philosophie Religieuses*, publ. par la Faculté de Théologie Protestante de l'Université de Strasbourg, v.24.) [Republ. em: 1956a. *L'Œuvre astronomique de Kepler.*]

1923a. *L'Idée de Dieu dans la philosophie de Saint Anselme*. Paris: E. Leroux.

1923b. La Pensée judaïque et la philosophie moderne. *Menorah*, v.2, n.27-28, p.452-3; v.2, n.29, p.466-7, nov.

1926a. La Littérature récente sur Jacob Boehme. *Revue de l'Histoire des Religions*, v.93, n.1, p.116-28.

1926b. Compte rendu de L. Rougier, *La Scolastique et le thomisme*. *Revue Philosophique de la France et de l'Étranger*, v.101, p.462-9.

2 De acordo com Koyré (1951a). *Titres et travaux*, p.5-8.

1927a. Saint Anselme de Cantorbéry. *Fides quaerens intellectum*. Introd., texto e trad. A. Koyré. Paris: Vrin.

1927b. Russia's Place in the World. Peter Chaadayev and the Slavophils. *The Slavonic Review*, p.594-609. [Republ. em: 1950a. *Études d'histoire de la pensée philosophique en Russie.*]

1928a. La Jeunesse d'Ivan Kiréevsky. *Le Monde Slave*, ano 5, v.I, p.213-39. [Republ. em: 1950a. *Études d'histoire de la pensée philosophique en Russie.*]

1928b. Harald Höffding. *Les Conceptions de la vie*. Trad. A. Koyré. Paris: F. Alcan.

1929a. *La Philosophie de Jacob Boehme*: études sur les origines de la métaphysique allemande. Paris: Vrin. [Reed. 1971 e 1979.]

1929b. *La Philosophie et le problème national en Russie au début du XIXe siècle*. Paris: Renouard. (Col. Bibliothèque de l'Institut Français de Léningrad, v.10.) [Tese complementar para o doutorado em Letras apresentado à Faculté des Lettres da Université de Paris; republ. Paris: Gallimard, 1976. (Col. Idées.)]

1930a. *Un Mystique protestant*: Maître Valentin Weigel. Paris: F. Alcan. (Col. Cahiers de la *Revue d'Histoire et de Philosophie Religieuses*, ed. Faculté de Théologie Protestante da Université de Strasbourg, v.21.) [Republ. em: 1955a. *Mystiques, spirituels, alchimistes du XVIe siècle allemand.*]

1930b. La Pensée moderne. *Le Livre*, v.4, p.1-14. [Republ. em: 1966. *Études d'histoire de la pensée scientifique.*]

1930c. *Les Carnets de Schwartzkoppen*: la vérité sur Dreyfus. Org. Bernhard Schwertfeger. Prefácio Lucien Lévy-Bruhl. Trad. A. Koyré. Paris: Rieder.

1931a. Note sur la langue et la terminologie hégéliennes. *Revue Philosophique de la France et de l'Étranger*, v.112, n.11-12, p.409-39. [Republ. em: 1961a. *Études d'histoire de la pensée philosophique.*]

1931b. Rapport sur l'état des études hégéliennes en France. *Verhandlungen des ersten Hegel-Congresses*. La Haye: Haarlem, p.80-106. [Republ. em: 1961a. *Études d'histoire de la pensée philosophique.*]

1931c. Die Philosophie Emile Meyersons. *Deutsch-französische Rundschau*, v.4, n.3, p.197-217.

1931d. Bericht über die in den Jahren 1929-30 erschienenen französischen Arbeiten zur gesamten Geschichte der Philosophie, t.I [1929] e t.II [1930]. *Archiv für Geschichte der Philosophie*, v.40, n.2, p.275-88; v.40, n.3, p.565-96.

1931e. L'École Pratique des Hautes Études. *Deutsch-französische Rundschau*, Paris, v.4, p.569-86. [Publ. *supra*, Documento n.1.]

1931f. Alexander Ivanovitch Herzen: à propos d'un livre récent. *Le Monde Slave*, ano 8, v.I, n.3, p.379-87; v.II, n.1, p.85-135. [Republ. em: 1950a. *Études d'histoire de la pensée philosophique en Russie.*]

1931g. Edmond Husserl. *Méditations cartésiennes*: introduction à la phénoménologie. Trad. Gabrielle Peiffer e Emmanuel Levinas. Rev. A. Koyré. Paris: Armand Colin. [Ed. bras.: *Meditações cartesianas*: uma introdução à fenomenologia. Trad. Fábio Mascarenhas Nolasco. São Paulo: Edipro, 2020.]

1931h. Sébastien Franck. *Revue d'Histoire et de Philosophie Religieuse*, v.11, n.4, p.353-85.

1932a. Caspar Schwenckfeld. In: *École Pratique des Hautes Études, Section des Sciences Religieuses, Annuaire 1932-1933*. Paris: Ephe. p.3-27. [Republ. em: 1955a. *Mystiques, spirituels, alchimistes.*]

1932b. Les Travaux de Paul Alphandéry. *Revue de l'Histoire des Religions*, v.105, n.2-3, p.13-21.

1933a. Bericht über die in den Jahren 1931 und 1932 erschienenen französischen Arbeiten zur gesammten Geschichte der Philosophie. *Archiv für Geschichte der Philosophie*, v.40, p.623-54.

1933b. Paracelse. *Revue d'Histoire et de Philosophie Religieuses*, v.13, p.45-76 e p.145-63. [Republ. em: 1955a. *Mystiques, spirituels, alchimistes.*]

1933c. Du Cheminement de la pensée, par Émile Meyerson. *Journal de Psychologie Normale et Pathologique*, v.27, p.649-55.

1933d. P. Tchaadaev. *Le Monde Slave*, v.I, p.52-76 e p.161-85.

1933e. Copernic. *Revue Philosophique de la France et de l'Étranger*, v.116, n.7-8, p.101-18.

1934a. Nicolas Copernic. *Des Révolutions des orbes celestes*. Lv.I. Introd., trad. e notas A. Koyré. Paris: F. Alcan. (Col. Textes et Traductions pour Servir à l'Histoire de la Pensée Moderne.) [Republ. Paris: Blanchard, 1970; ed. port.: *As revoluções dos orbes celestes*. Lisboa: Fundação Calouste Gulbenkian, 2014.]

1934b. Hegel à Iéna. À propos de publications récentes. *Revue Philosophique de la France et de l'Étranger*, v.118, n.9-10, p.274-83. [Republ. em: 1961a. *Études d'histoire de la pensée philosophique*.]

1935. À l'Aurore de la science moderne. La Jeunesse de Galilée. *Annales de l'Université de Paris*, v.X, n.6, p.540-51; v.XI, n.1, p.32-56 [1936]. [Republ. em: 1939. *Études galiléennes*.]

1936a. Hegel en Russie. *Le Monde Slave*, ano 13, v.II, p.215-48; v.III, p.321-64. [Republ. em: 1950a. *Études d'histoire de la pensée philosophique em Russie*.]

1936b. Espinosa. *Traité de la réforme de l'entendement et de la meilleure voie à suivre pour parvenir à la vraie connaissance des choses*. Introd., trad. e notas A. Koyré. Paris: Vrin. [2.ed., 1951; ed. port.: *Tratado da Reforma do Entendimento*. Lisboa: Escala, 2007.]

1936c. La Sociologie française contemporaine. À propos de C. Bouglé, *Bilan de la sociologie française*. *Zeitschrift für Sozialforschung*, v.V, n.2, p.260-4.

1937a. Galilée et l'expérience de Pise. *Annales de l'Université de Paris*, v.XII, n.5, p.441-53. [Republ. em: 1966. *Études d'histoire de la pensée scientifique*.]

1937b. Galilée et Descartes. In: *Travaux du IXe Congrès International de Philosophie: Congrès Descartes*. v.2. Paris: Hermann. p.41-6.

1937c. La Loi de la chute des corps: Galilée et Descartes. *Revue Philosophique de la France et de l'Étranger*, v.123, n.5-8, p.149-204. [Republ. em: 1939. *Études galiléennes*.]

1938. *Trois Leçons sur Descartes* (em franc. e em árabe). Ed. Universidade do Cairo. Cairo: Impr. Nationale. [Republ. em: 1944b. *Entretiens sur Descartes*; e 1962a. *Introduction à la lecture de Platon, suivi d'Entretiens sur Descartes*.]

1939. *Études galiléennes*. v.1: À l'Aube de la science classique [1935]; v.2: La Loi de la chute des corps: Descartes et Galilée [1937c]; v.3: Galilée et la loi d'inertie. Paris: Hermann. (Col. Actualités Scientifiques et Industrielles. Histoire de la Pensée, v.1-3). [Reed. 1966 e 1980; ed. port.: *Estudos galilaicos*. Lisboa: Dom Quixote, 1992.]

1943a. Réflexions sur le mensonge. *Renaissance: Revue Trimestrielle publiée par l'École Libre des Hautes Études*, Nova York, v.I, n.1-2, p.95-111.

1943b. Galileo and Plato. *Journal of the History of Ideas*, Nova York, v.IV, n.4, p.400-28. [Republ. em: WIENER, P. P.; NOLAND, A. *Roots of Scientific Thought*; trad. franc. em: 1966. *Études d'histoire de la pensée scientifique.*]

1943c. Traduttore-traditore. À propos de Copernic et de Galilée. *Isis*, v.34, n.3, p.209-10. [Trad. franc. em: 1966. *Études d'histoire de la pensée scientifique.*]

1943d. Nicolaus Copernicus. *Quarterly Bulletin of the Polish Institute of Arts and Sciences in America*, Nova York, p.1-26, jul.

1943e. Galileo and the Scientific Revolution of the XVIIth Century. *The Philosophical Review*, v.52, n.4, p.333-48. [Trad. franc. em: 1955g. *Galilée et la révolution scientifique du XVIIe siècle*; e em: 1966. *Études d'histoire de la pensée scientifique.*]

1944a. Aristotélisme et platonisme dans la philosophie du Moyen Âge. *Les Gants du Ciel*, Ottawa, v.VI, n.4, p.75-107. [Republ. em: 1966. *Études d'histoire de la pensée scientifique.*]

1944b. *Entretiens sur Descartes*. Nova York: Brentano's. [Republ. em: 1962a. *Introduction à la lecture de Platon, suivi d'Entretiens sur Descartes.*]

1944c. Notices biographiques et bibliographie. Alexandre Koyré (né en 1892). In: *New School for Social Research, École Libre des Hautes Études, 1942-1943 (Annuaire)*. Nova York: [s.n.]. p.75-7.

1945a. La Cinquième colonne. *Renaissance: Revue Trimestrielle Publiée par l'École Libre des Hautes Études*, Nova York, v.II e v.III, p.136-53.

1945b. L'Armée allemande". *Renaissance: Revue Trimestrielle Publiée par l'École Libre des Hautes Études*, Nova York, v.II e v.III, p.520-8.

1945c. Si le Grain ne meurt. À propos de *Christianisme et Démocratie*, de M. J. Maritain. *Ethics*, Chicago, v.LV, p.148-56.

1945d. *Introduction à la lecture de Platon*. Nova York: Brentano's. [Reed. Paris: Gallimard, 1962; ed. ingl.: *Discovering Plato*. Nova York: Columbia University Press, 1945; ed. esp.: *Introducción a la lectura de Platón*. México: José M. Cajica, 1947; ed. bras.: *Introdução à leitura de Platão*. São Paulo: Martins Fontes, 1979.]

1945e. Le Mouvement philosophique sous la Troisième République. In: BENOIT-LÉVY, Jean et al. *L'Œuvre de la Troisième République*. Montréal: Éditions de l'Arbre. (Col. France Forever.) p.273-318.

1946a. *Pouvoir*, de G. Ferrero. *Revue Philosophique de la France et de l'Étranger*, v.136, n.4-6, p.230-9.

1946b. Les *Essais* d'Émile Meyerson. *Journal de Psychologie Normale et Pathologique*, v.39, n.1, p.124-8.

1946c. L'Évolution philosophique de Heidegger. *Critique*, v.1, p.73-82; v.2, p.161-83. [Republ. em: 1961a. *Études d'histoire de la pensée philosophique.*]

1946d. L'Occultisme et la poésie. *Critique*, v.1, n.2, p.120-6.

1946e. Louis de Bonald. *Journal of the History of Ideas*, v.7, n.1, p.56-74; em franc.: *Valeurs*, Alexandria, v.4, p.32-51. [Trad. franc. em: MIRKINE-GUETZEVITCH, Boris (org.). *Les Doctrines politiques modernes*; e em: 1961a. *Études d'histoire de la pensée philosophique.*]

1946f. The Liar. *Philosophy and Phenomenological Research*, v.6, n.3, p.344-62. [Trad. franc. em: 1947b. *Épiménide le Menteur.*]

1947a. L'Histoire de la magie et de la science expérimentale par Lynn Thorndike. *Revue Philosophique de la France à l'Étranger*, v.137, p.90-100.

1947b. *Épiménide le Menteur*: ensemble et catégorie. Paris: Hermann. (Col. Actualités Scientifiques et Industrielles. Histoire de la Pensée, v.4.)

1947c. La Philosophie au XVIIIᵉ siècle. *Europe*, v.25, n.19, p.114-21.

1948a. Condorcet. *Revue de Métaphysique et de Morale*, v.53, n.2, p.166-90. [Republ. em: 1961a. *Études d'histoire de la pensée philosophique.*]

1948b. Les Philosophes et la machine. *Critique*, v.4, n.23, p.324-33; v.4, n.27, p.610-30. [Republ. em: 1961a. *Études d'histoire de la pensée philosophique.*]

1948c. Du Monde de l'à-peu-près à l'univers de la précision. *Critique*, v.4, n.28, p.806-23. [Republ. em: 1961a. *Études d'histoire de la pensée philosophique.*]

1949. Le Vide et l'espace infini au XIVᵉ siècle. *Archives d'Histoire Littéraire et Doctrinale du Moyen Âge*, v.XVII, p.45-91. [Republ. em: 1961a. *Études d'histoire de la pensée philosophique.*]

1950a. *Études d'histoire de la pensée philosophique en Russie*. Paris: Vrin. [Reed. Paris: Gallimard, 1976. (Col. Idées.); ed. bras.: *Estudos de história do pensamento filosófico*. São Paulo: Forense Universitária, 2011.]

1950b. Le Chien, animal aboyant, et le Chien, constellation céleste. *Revue de Métaphysique et de Morale*, v.55, n.1, p.50-9. [Republ. em: 1961a. *Études d'histoire de la pensée philosophique.*]

1950c. The Significance of the Newtonian Synthesis. *Archives Internationales d'Histoire des Sciences*, v.3, n.2, p.291-311. [Reprod. em: *Journal of General Education*, Chicago, v.IV, p.256-68; republ. em: 1965. *Newtonian Studies*.]

1950d. The Royal Society. *Isis*, v.41, n.1, p.114-6.

1950e. L'Apport scientifique de la Renaissance. *Revue de Synthèse*, v.67, p.30-40. [Public. também em: CENTRE INTERNATIONAL DE SYNTHÈSE (org.). *La Synthèse, idée-force dans l'évolution de la pensée*; republ. em: 1966. *Études d'histoire de la pensée scientifique*.]

1950f. A Note on Robert Hooke. *Isis*, v.41, n.2, p.195-6.

1950g. Le Mythe et l'espace (à propos de P. M. Schuhl, *La Fabulation platonicienne*, 1949). *Revue Philosophique de la France et de l'Étranger*, v.140, n.7-9, p.320-2.

Publicações de Alexandre Koyré posteriores a 1950

1951a. *Titres et travaux*: propositions pour un enseignement au Collège de France. Paris: Foulon.

1951b. La Gravitation universelle de Kepler à Newton. In: CONGRÈS INTERNATIONAL D'HISTOIRE DES SCIENCES, 5. Amsterdã, 14-21 ago. 1950. *Actes du...* v.I. Paris: Hermann. p.196-211. [Republ. em: *Archives Internationales d'Histoire des Sciences*, v.4, n.16, p.638-53.]

1951c. Les Étapes de la cosmologie scientifique. *Revue de Synthèse*, v.70, p.11-22. [Public. também em: CENTRE INTERNATIONAL DE SYNTHÈSE. *Naissance de la Terre et de la vie sur la Terre*; republ. em: 1966. *Études d'histoire de la pensée scientifique*.]

1951d. Compte rendu de A. Maier, *Die Vörlaufer Galileis im 14. Jahrhundert*, 1949. *Archives Internationales d'Histoire des Sciences*, v.4, n.16, p.769-83.

1952a. La Mécanique céleste de Borelli. *Revue d' Histoire des Sciences*, v.5, n.2, p.101-38. [Republ. em: 1961b. *La Révolution astronomique*.]

1952b. An Unpublished Letter of Robert Hooke to Isaac Newton. *Isis*, v.43, n.134, p.312-37. [Republ. em: 1965. *Newtonian Studies*.]

1952c. Un "Experimentum" au XVIIe siècle, la détermination de G. In: CONGRÈS INTERNATIONAL DE PHILOSOPHIE DES SCIENCES, 8. *Actes...* p.83-92.

1953a. An Experiment in Measurement. *Proceedings of the American Philosophical Society*, v.97, n.2, p.222-37. [Trad. franc. em: 1966. *Études d'histoire de la pensée scientifique.*]

1953b. Léonard de Vinci 500 ans après. Conferência em inglês proferida em Madison. [Trad. franc. em: 1966. *Études d'histoire de la pensée scientifique*. p.99-116.]

1953c. Rapport final. In: CENTRE NATIONAL DE LA RECHERCHE SCIENTIFIQUE (org.). *Léonard de Vinci et l'expérience scientifique au XVIe siècle*. Paris: PUF. p.237-46.

1954. Bonaventura Cavalieri et la géométrie des continus. In: *Mélanges Lucien Febvre*. v.1. Paris: Armand Colin. p.319-40. [Republ. em: 1966. *Études d'histoire de la pensée scientifique.*]

1955a. *Mystiques, spirituels, alchimistes du XVIe siècle allemand*. Prefácio Lucien Febvre. Paris: Armand Colin. (Col. Cahiers des Annales, v.10.) [Republ. Paris: Gallimard, 1971. (Col. Idées.)]

1955b. Influence of Philosophical Trends on the Formulation of Scientific Theories. (Confer. American Association for the Advancement of Science, Boston, 1954.) *The Scientific Monthly*, v.80, p.107-11. [Trad. franc. em: 1961a. *Études d'histoire de la pensée philosofique.*]

1955c. Gassendi et la science de son temps. In: CENTRE INTERNATIONAL DE SYNTHÈSE (org.). *Pierre Gassendi, 1592-1655*. [Republ. em: 1957b. Gassendi et la science de son temps; e em: 1966. *Études d'histoire de la pensée scientifique.*]

1955d. Attitude esthétique et pensée scientifique. (À propos de E. Panofsky, *Galileo as a Critic of the Arts*, 1954). *Critique*, v.12, n.100-1, p.835-47. [Republ. em: 1966. *Études d'histoire de la pensée scientifique.*]

1955e. Pour Une Édition critique des œuvres de Newton. *Revue d'Histoire des Sciences*, v.8, n.1, p.19-37.

1955f. A Documentary History of the Problem of Fall from Kepler to Newton. *Transactions of the American Philosophical Society*, v.45, n.4, p.329-95. [Ed. franc.: *Chute des corps et mouvement de la Terre de Kepler à Newton*: histoire et documents d'un problème. Paris: Vrin, 1973.]

1955g. *Galilée et la révolution scientifique du XVIIe siècle*. Conférence faite le 7 maio 1955. Paris: Librairie du Palais de la Découverte. (Col. Les

Conférences du Palais de la Découverte, v.37.) [Republ. em: 1966. *Études d'histoire de la pensée scientifique.*]
1956a. L'Œuvre astronomique de Kepler. *Dix-Septième Siècle*, v.30, p.69-109. [Republ. em: 1961b. *La Révolution astronomique.*]
1956b. L'Hypothèse et l'expérience chez Newton. *Bulletin de la Société Française de Philosophie*, ano 50, v.48, n.2, p.59-79, abr.-jun. [Trad. ingl. em: 1965. *Newtonian Studies.*]
1956c. Les Origines de la science moderne. Une interprétation nouvelle. *Diogène*, v.16, p.14-42. [Republ. em: 1966. *Études d'histoire de la pensée scientifique.*]
1956d. Pascal savant. In: BERA, M.-A. (org.). *Blaise Pascal*: l'homme et l'œuvre, p.259-85. [Republ. em: 1966. *Études d'histoire de la pensée scientifique.*]
1957a. *From the Closed World to the Infinite Universe*. Baltimore: Johns Hopkins Press. (Col. Publications of the Institute of History of Medicine, Third Series, The Hideyo Noguchi Lectures, v.7.) [Republ. Nova York: Harper Torchbooks, 1958; ed. franc.: *Du Monde clos à l'univers infini*. Paris: PUF, 1962; republ. Paris: Gallimard, 1973. (Col. Idées.); ed. bras.: *Do mundo fechado ao universo infinito*. Trad. Donaldson M. Garschagen. Rio de Janeiro: Forense Universitária, 1986.]
1957b. Gassendi et la science de son temps. In: CONGRÈS DU TRICENTENAIRE DE PIERRE GASSENDI. 4-7 ago. 1955. *Actes du...* Paris: PUF. p.175-90. [Republ. em: 1966. *Études d'histoire de la pensée scientifique.*]
1958a. Les Sciences exactes de 1450 à 1600. In: TATON, René (org.). *Histoire générale des sciences*. v.2.
1958b. L'Accademia del Cimento. In: CONGRÈS INTERNATIONAL D'HISTOIRE DES SCIENCES, 8. Florença e Milão, 3-9 set. 1956. *Actes du...* v.I. Paris: Hermann; Florença: Gruppo Italiano di Storia delle Scienzex. p.LIV-LIX.
1959. Jean-Baptiste Benedetti critique d'Aristote. In: *Mélanges Étienne Gilson*. Toronto: Pontifical Institute of Medieval Studies; Paris: Vrin. p.351-72. [Republ. em: 1966. *Études d'histoire de la pensée scientifique.*]
1960a. Le *De motu gravium* de Galilée. De l'Expérience imaginaire et de son abus. *Revue d'Histoire des Sciences*, v.13, n.3, p.197-245. [Republ. em: 1966. *Études d'histoire de la pensée scientifique.*]

1960b. Newton, Galilée et Platon. *Annales ESC*, v.6, p.1041-59, nov.--dez. [Trad. ingl. em: 1965. *Newtonian Studies.*]

1960c. La Dynamique de Nicolò Tartaglia. In: COLLOQUE INTERNATIONAL DE ROYAUMONT, 1º-4 jul. 1960. *La Science au XVIe siècle.* Paris: Hermann. p.91-113. [Republ. em: 1966. *Études d'histoire de la pensée scientifique.*]

1960d. Études newtoniennes. I: Les *Regulae philosophandi*. *Archives Internationales d'Histoire des Sciences*, v.13, n.50, p.3-14. [Trad. ingl. em: 1965. *Newtonian Studies.*]

1960e. Études newtoniennes. II: Les *Queries de l'Optique*. *Archives Internationales d'Histoire des Sciences*, v.13, n.51, p.15-29.

1960f com I. Bernard Cohen. Newton's Electric and Elastic Spirit. *Isis*, v.51, n.3, p.337.

1961a. *Études d'histoire de la pensée philosophique*. Paris: Armand Colin. (Col. Cahiers des Annales, v.19.) [Reed. Paris: Gallimard, 1971 e 1981; ed. bras.: *Estudos de história do pensamento filosófico*. Trad. Maria de Lourdes Menezes. Rio de Janeiro: Forense Universitária, 1991.]

1961b. *La Révolution astronomique*: Copernic, Kepler, Borelli. Paris: Hermann. (Col. Histoire de la Pensée, Ephe, Sorbonne, v.3.)

1961c. Études newtoniennes. III: L'Attraction. Newton et Cotes. *Archives Internationales d'Histoire des Sciences*, v.14, n.56-57, p.225-36. [Trad. ingl. em: 1965. *Newtonian Studies.*]

1961d com I. Bernard Cohen. The Case of the Missing *tanquam*: Leibniz, Newton and Clarke. *Isis*, v.52, n.170, p.555-6.

1961e. Message (Commémoration du centenaire de la naissance d'Émile Meyerson. Paris: 1959). *Bulletin de la Société Française de Philosophie*, ano 55, v.53, n.2, p.115-6. [Publ. *supra*, Documento n.22.]

1962a. *Introduction à la lecture de Platon*, suivi d'*Entretiens sur Descartes*. Paris: Gallimard. (Col. Les Essais.)

1962b com I. Bernard Cohen. Newton and the Leibniz-Clarke Correspondence. *Archives Internationales d'Histoire des Sciences*, v.15, n.5, p.63-126.

1963a. Commentary on Guerlac (1963). In: CROMBIE, A. C. (org.). *Scientific Change*. p.847-57. [Texto franc.: Perspectives sur l'histoire des sciences, em: 1966. *Études d'histoire de la pensée scientifique.*]

1963b. Commémoration du cinquantenaire de la publication des *Étapes de la philosophie mathématique* de L. Brunschvicg (séance du 2 juin 1962). *Bulletin de la Société Française de Philosophie*, v.57, n.2, p.43-7.

Publicações póstumas

1965. *Newtonian Studies*. Org. I. Bernard Cohen. Cambridge: Harvard University Press. [Ed. franc.: *Études newtoniennes*. Advertência Yvon Belaval. Paris: Gallimard, 1968. (Col. Bibliothèque des Idées.)]

1966. *Études d'histoire de la pensée scientifique*. Org. R. Taton. Paris: PUF. [Republ. Paris: Gallimard, 1973 e 1985; ed. bras.: *Estudos de história do pensamento científico*. Trad. Márcio Ramalho. Rio de Janeiro: Forense Universitária, 1982.]

1971-1972 com I. Bernard Cohen. *Isaac Newton's Philosophiae Naturalis Principia Mathematica*: Critical Edition. 2v. Cambridge: Harvard University Press.

Bibliografia secundária

AGASSI, Joseph. Continuity and Discontinuity in the History of Science. *Journal of the History of Ideas*, v.34, p.609-26, 1973.

ANTOGNAZZA, Maria Rosa. Leibniz and the Post-Copernican Universe. Koyré Revisited. *Studies in History and Philosophy of Science*, v.34, n.3, p.309-22, 2003.

BACHELARD, Gaston. *L'Engagement rationaliste*. Paris: PUF, 1972.

______. *L'Actualité de l'histoire des sciences*. Paris: Palais de la Découverte, 1951.

BELAVAL, Yvon. Les Recherches philosophiques d'Alexandre Koyré. *Critique*, v.20, n.207-8, p.675-704, 1964.

BERNAL, John D. *Science in History*. Londres: Watts, 1954.

BENOIT-LÉVY, Jean et al. *L'Œuvre de la Troisième République*. Montreal: Éditions de l'Arbre, 1945. (Col. France Forever.)

BERA, M.-A. (org.). *Blaise Pascal*: l'homme et l'œuvre. Paris: Éditions de Minuit, 1956. (Col. Cahiers de Royaumont. Philosophie, v.1.)

BERR, Henri. Antécédents de la nouvelle *Revue d'Histoire des Sciences*. *Revue d'Histoire des Sciences*, v.1, p.5-8, 1947.

______. Le Présent et l'avenir de l'Hôtel de Nevers: le Centre International de Synthèse. In: FONDATION POUR LA SCIENCE; CENTRE INTERNATIONAL DE SYNTHÈSE (orgs.). *L'Hôtel de Nevers et le Centre International de Synthèse*. Paris: La Renaissance du Livre, 1929.

BERTHIER, Georges. L'Histoire des sciences en France, à propos de la suppression d'une chaire. *Revue de Synthèse Historique*, v.28, p.230-52, 1914.

BÉRULLE, Pierre de. *Œuvres complètes*. Paris: J.-P. Migne, 1856.

______. *Discours de l'estat et des grandeurs de N. S. Jésus Christ*. Paris: A. Estienne, 1623.

BIAGIOLI, Mario. Meyerson and Koyré: Toward a Dialectic of Scientific Change. In: REDONDI, Pietro (org.). *Science*: The Renaissance of a History Proceedings of the International Conference Alexandre Koyré. Paris, Collège de France, 10-14 jun. 1986. Londres: Harwood Academic Publ., 1987. (*History and Technology*, ed. esp., v.4, n.1-4, p.169-82, 1987.)

BIARD, Agnès; BOUREL, Dominique; BRIAN, Éric (orgs.). *Henri Berr et la culture du XXe siècle*: histoire, science, philosophie. Paris: Albin Michel, 1996.

BLOCH, Marc. *Mélanges historiques*. t.1. Paris: Sevpen, 1963. (Col. Bibliothèque Générale de L'Ehess.)

______. Les Transformations des techniques comme problème de psychologie collective. *Journal de Psychologie Normale et Pathologique*, v.41, n.esp.: Le Travail et les techniques, p.104-15, 1948.

______. Un Beau Problème [à propôs de P. M. Schuhl, 1938]. *Annales d'Histoire Économique et Sociale*, v.10, p.354-6, 1938.

BORKENAU, Franz. *Der Ubergang vom feudalen zum bürgerlichen Weltbild*: Studien zur Geschichte der Philosophie der Manufakturperiode. Paris: F. Alcan, 1934. (Col. Schriften des Instituts für Sozialforschung, org. M. Horkheimer, v.IV.) [Republ. Nova York: Arno Press, 1974.]

BOURGOING, François. *Les Vérités et excellences de Jésus-Christ Nostre Seigneur*. 6v. Paris: S. Rigaud, 1636.

BOUTROUX, Pierre. L'Œuvre de Paul Tannery. Prefácio G. Sarton (1920). *Osiris*, v.4, p.690-702, 1938.

______. *L'Idéal scientifique des mathématiciens dans l'Antiquité et dans les temps modernes*. Paris: F. Alcan, 1920.

______. La Théorie physique de M. Duhem et les mathématiques. *Revue de Métaphysique et de Morale*, v.15, p.363-76, 1907.

BRAUDEL, Fernand. Introduction. In: *Mélanges Alexandre Koyré publiés à l'occasion de son soixante-dixième anniversaire*. v.2: L'Aventure de l'esprit. Paris: Hermann, 1964. (Col. Histoire de la Pensée, Ephe, Sorbonne, v.13.)

BRÉHIER, Émile. *Histoire de la philosophie*. Paris: F. Alcan, 1928. [Ed. bras.: *História da filosofia*. 2v. São Paulo: Mestre Jou, 1977-1980.]

BRISSONI, Armando. Tempo e ordine in Koyré. *Il Ponte*, v.44, n.3, p.160-8, 1988.

BRUNSCHVICG, Léon. *L'Expérience humaine et la causalité physique*. Paris: F. Alcan, 1922.

______. *Les Étapes de la philosophie mathématique*. Paris: F. Alcan, 1912.

BUKHARIN, Nikolaj Ivanovič et al. *Science at the Cross Road*. Londres: Kniga, 1931. [2.ed. Prefácio J. Needham e P. G. Werskey. Londres: F. Cass, 1971.]

BURTT, Edwin Arthur. Method and Metaphysics in *Sir* Isaac Newton (Conferência na Columbia University, 27 nov. 1942). *Philosophy of Science*, v.10, p.57-66, 1943.

______. *The Metaphysical Foundations of Modern Physical Science*: An Historical and Critical Essay. Nova York; Londres: Harcourt Brace; Routledge and Kegan Paul, 1925. [2.ed. Nova York: Humanities Press, 1932; republ. Nova York: Doubleday, 1954.]

BUTTERFIELD, Herbert. The History of Historiography and the History of Science. In: *Mélanges Alexandre Koyré publiés à l'occasion de son soixante-dixième anniversaire*. v.2: L'Aventure de l'esprit. Paris: Hermann, 1964. (Col. Histoire de la Pensée, Ephe, Sorbonne, v.13.)

______. The History of Science and the Study of History. *Harvard Library Bulletin*, v.12, p.329-47, 1959.

______. *The Origins of Modern Science 1300-1800*. Londres: Bell and Sons, 1949. [2.ed., 1957.]

CANGUILHEM, Georges. Préface. In: REDONDI, Pietro (org.). *Science*: The Renaissance of a History Proceedings of the International Conference Alexandre Koyré. Paris, Collège de France, 10-14 jun. 1986. Londres: Harwood Academic Publ., 1987. (*History and Technology*, ed. esp., v.4, n.1-4, p.7-10, 1987.)

CASSIRER, Ernst. *Das Erkenntnisproblem in der Philosophie und Wissenschaft der neuren Zeit*. 2v. Berlim: B. Cassirer, 1906-1907. [Reed. 1922-1923; ed. esp.: *El problema del conocimiento en la filosofia y en la ciência moderna*. San Diego: Fondo de Cultura Económica, 2004.]

CASTELLI GATTINARA, Enrico. *Les Inquiétudes de la raison*: épistémologie et histoire des sciences en France dans l'entre-deux-guerres. Paris: Vrin; Éditions de l'Ehess, 1990.

CENTRE INTERNATIONAL DE SYNTHÈSE (org.). *Pierre Gassendi, 1592-1655*: sa vie et son œuvre. Paris: Albin Michel, 1955.

______. *La Synthèse, idée-force dans l'évolution de la pensée*. Quinzième Semaine de Synthèse, 31 maio-9 jun. 1949. Paris: Albin Michel, 1951.

______. *Naissance de la Terre et de la vie sur la Terre*. Quatorzième Semaine de Synthèse, maio-jun. 1948. Paris: Albin Michel, 1951.

CHENU, Marie-Dominique. *La Théologie comme science au XIIIe siècle*. Paris: Vrin, 1927. [2.ed. Paris: Pro Manuscripto, 1942; 3.ed., 1957.]

CHIMISSO, Cristina. *Writing the History of Mind*: Philosophy and Science in France 1900 to 1960s. Burlington, Vermont: Ashgate, 2008.

______. Hélène Metzger: The History of Science between the Study of Mentalities and Total History. *Studies in History and Philosophy of Science*, v.32, n.2, p.203-41, 2001.

CLAGETT, Marshall (org.). *Critical Problems in History of Science*. Madison: University of Wisconsin Press, 1962.

______; COHEN, I. Bernard. Alexandre Koyré (1892-1964): commémoration. *Isis*, v.57, n.2, p.157-66, 1966.

CLAVELIN, Maurice. *La Philosophie naturelle de Galilée*: essai sur les origines et la formation de la mécanique classique. Paris: Armand Colin, 1968.

COHEN, I. Bernard. *Revolution in Science*. Cambridge: Harvard University Press, 1985.

______. L'Œuvre d'Alexandre Koyré. In: *Alexandre Koyré*. Florença: Gruppo Italiano di Storia della Scienza, 1964.

COHEN, I. Bernard; TATON, René. Hommage à Alexandre Koyré. In: *Mélanges Alexandre Koyré publiés à l'occasion de son soixante-dixième anniversaire*. v.1: L'Aventure de la science. Paris: Hermann, 1964.

CONGRÈS INTERNATIONAL DE PHILOSOPHIE DES SCIENCES, 8. Paris, 1º-16 out. 1949. *Actes du...* Paris: Hermann, 1952.

CORSI, Pietro. History of Science, Philosophy and Theology. In: ______; WEINDLING, Paul (orgs.). *Information Sources in the History of Science and Medicine*. Londres: Butterworth, 1983.

COSTABEL, Pierre. Alexandre Koyré critique de la pensée mécanique. *Revue d'Histoire des Sciences*, v.18, n.2, ed. esp.: Hommage à Alexandre Koyré, p.155-9, 1965.

______. Sur l'Origine de la science classique, compte rendu des *Études galiléennes*. *Revue Philosophique de la France et de l'Étranger*, v.137, p.208-21, 1947.

______; GILLISPIE, Charles C. *In Memoriam*: Alexandre Koyré. *Archives Internationales d'Histoire des Sciences*, v.67, p.149-56, 1964.

COUMET, Ernest. Alexandre Koyré: la Révolution scientifique introuvable? In: REDONDI, Pietro (org.). *Science*: The Renaissance of a History Proceedings of the International Conference Alexandre Koyré. Paris, Collège de France, 10-14 jun. 1986. Londres: Harwood Academic Publ., 1987. (*History and Technology*, ed. esp., v.4, n.1-4, p.497-529, 1987.)

______. Paul Tannery: "L'Organisation de l'enseignement de l'histoire des sciences". *Revue de Synthèse*, v.102, p.87-123, 1981.

CRAPANZANO, Francesco. *Koyré, Galileo e il vecchio sogno di Platone*. Florença: Olschki, 2014.

CROMBIE, Alistair Cameron (org.). *Scientific Change*: Historical Studies in the Intellectual, Social and Technical Conditions for Scientific Discovery and Technical Innovation, from Antiquity to the Present, University of Oxford, 9-15 July 1961. Londres: Heinemann, 1963.

______. *Augustine to Galileo*: The History of Science A.D. 400-1650. Londres: Falcon Ed. Books, 1952.

DELORME, Suzanne. Hommage à Alexandre Koyré. *Revue d'Histoire des Sciences*, v.18, n.2, ed. esp.: Hommage à Alexandre Koyré, p.129-39, 1965.

DOSSO, Diane. La France Libre et la politique de la recherche. New York 1941-1944. In: CHATRIOT, Alain; DUCLERC, Vincent (orgs.). *Le Gouvernement de la recherche*. Paris: La Découverte, 2004.

DUHEM, Pierre. Quelques réflexions sur la science allemande. *Revue des Deux Mondes*, v.25, p.657-86, 1º fev. 1915. [Republ. com o título *La Science allemande*. Paris: Hermann, 1915.]

______. *Le Système du monde*: histoire des doctrines cosmologiques de Platon à Copernic. 10v. Paris: Hermann, 1913-1959.

______. *Notice sur les titres et travaux scientifiques de Pierre Duhem*. Bordeaux: Gounouilhou, 1913. [Republ. *Revue des Questions Scientifiques*, v.53, p.30-62 e p.427-48].

______. *Sauver les phénomènes*: essai sur la notion de théorie physique de Platon à Galilée. Paris: Hermann, 1908. [Republ. com Introdução de Paul Brouzeng. Paris: Vrin, 1982.]

______. *Le Mouvement absolu et le mouvement relatif*. Montligeon: Imprimerie de Montligeon, 1907. [Extrato da *Revue de Philosophie*.]

______. *Études sur Léonard de Vinci*: ceux qu'il a lus, ceux qui l'ont lu. 3v. Paris: Hermann, 1906-1913. [Reimpr. Paris: Éditions des Archives Contemporaines, 1984.]

______. *La Théorie physique*: son objet, sa structure. Paris: Chevalier et Rivière, 1906. [2.ed. rev. e aum. Paris: Rivière, 1914; reed. crít. Paul Brouzeng. Paris: Vrin, 1981.]

______. L'Évolution de la mécanique. *Revue Générale des Sciences Pures et Appliquées*, v.14, 1903. [Republ. Paris: Joanin, 1903.]

EINSTEIN, Albert. *Mein Weltbild*. Amsterdã: Querido Verlag, 1934. [Ed. bras.: *Como vejo o mundo*. Trad. H. P. de Almeida. 23.ed. Rio de Janeiro: Nova Fronteira, 2017.]

ENRIQUES, Federigo. *Signification de l'histoire de la pensée scientifique*. Paris: Hermann, 1934.

FEBVRE, Lucien. Avant-propos. In: KOYRÉ, Alexandre. *Mystiques, spirituels, alchimistes du XVIe siècle allemand*. Paris: Armand Colin, 1955. (Col. Cahiers des Annales, v.10.)

______. De l'à-Peu-Près à la précision en passant par le ouï-dire. *Annales ESC*, v.5, p.25-31, 1950.

FEBVRE, Lucien. *Le Problème de l'incroyance au XVIe siècle*: la religion de Rabelais. Paris: Albin Michel, 1942. [Ed. bras.: *O problema da incredulidade no século XVI*: a religião de Rabelais. Trad. Maria Lúcia Machado e José Eduardo dos Santos Lohner. São Paulo: Companhia das Letras, 2009.]

______. Histoire des sciences et philosophie. *Annales d'Histoire Économique et Sociale*, v.10, p.154-5, 1938.

______. Réflexions sur l'histoire des techniques. *Annales d'Histoire Économique et Sociale*, v.7, p.531-5, 1935a. [Republ. em: *History and Technology*, v.1, p.19-24, 1983-1984.]

______. Un Débat de méthode. Techniques, sciences et marxisme. *Annales d'Histoire Économique et Sociale*, v.7, p.615-23, 1935b.

______. À Propos d'un précis d'histoire des sciences. Sciences et techniques. *Annales d'Histoire Économique et Sociale*, v.6, p.606-7, 1934a.

______. Machinisme et civilisation. *Annales d'Histoire Économique et Sociale*, v.6, p.397-9, 1934b.

______. Un Chapitre de l'histoire de l'esprit humain. Les sciences naturelles de Linné à Lamarck et Cuvier. *Revue de Synthèse Historique*, v.43, p.37-60, 1927.

______. Pour l'Histoire des sciences. *Revue de Synthèse Historique*, v.37, p.5-8, 1924.

GALILEI, Galileu. *Diálogo sobre os dois máximos sistemas do mundo ptolomaico e copernicano*. Trad., introd. e notas Pablo Rubén Mariconda. 3.ed. São Paulo: Editora 34, 2011.

______. *Ciência e fé*: cartas de Galileu sobre o acordo do sistema copernicano com a Bíblia. Trad. Carlos Arthur Ribeiro do Nascimento. 2.ed. São Paulo: Editora Unesp, 2009.

______. *Lettre à Christine de Lorraine et autres écrits coperniciens*. Ed. e trad. Ph. Hamouet e M. Spranzi. Paris: Le Livre de Poche, 2004.

GARIN, Eugenio. Compte rendu. A. Koyré, *Études galiléennes*. *Giornale Critico della Filosofia Italiana*, v.36, p.406-8, 1957.

GEMELLI, Giuliana. *Le Élites della competenza*. Bolonha: Il Mulino, 1997.

GEYMONAT, Ludovico. Compte rendu. A. Koyré, *Études d'histoire de la pensée scientifique*. *Archives Internationales d'Histoire des Sciences*, v.25, p.136-40, 1974.

______. *Galileo Galilei*. Turim: Einaudi, 1957.

GIBIEUF, Guillaume. *Catéchèse de la manière de vie parfaite*. Paris: Antoine Vitré, 1653.

GILLISPIE, Charles C. Koyré. In: *Dictionary of Scientific Biography*. v.7. Nova York: Scribner's Sons, 1973.

GILSON, Étienne. *Exposé des titres pour une chaire d'Histoire de la philosophie au Moyen Âge au Collège de France*. Paris: [s.n.], 1931.

______. *La Philosophie au Moyen Âge*. 2v. Paris: Payot, 1927. [2.ed., 1942; reed., 1944; ed. bras.: *A filosofia na Idade Média*. Trad. Eduardo Brandão. São Paulo: Martins Fontes, 1995.]

GOSVIG OLESEN, Søren. L'Héritage husserlien chez Koyré et Bachelard. *Danish Yearbook of Philosophy*, v.29, p.407-15, 1994.

GUERLAC, Henry. *Essays and Papers in the History of Modern Science*. Baltimore; Londres: Johns Hopkins University Press, 1977.

______. Some Historical Assumptions of the History of Science. In: CROMBIE, Alistair Cameron (org.). *Scientific Change*: Historical Studies in the Intellectual, Social and Technical Conditions for Scientific Discovery and Technical Innovation, from Antiquity to the Present, University of Oxford, 9-15 July 1961. Londres: Heinemann, 1963. [Republ. em: *Essays and Papers in the History of Modern Science*.]

GUÉROULT, Martial. *Dianoématique*: philosophie de l' histoire de la philosophie. Paris: Aubier, 1979.

______. *Leçon inaugurale*, 4 dez. 1951. Paris: Collège de France, 1951.

GUSDORF, Georges. *Les Sciences humaines et la pensée occidentale*. t.1: De l'Histoire des sciences à l'histoire de la pensée. Paris: Payot, 1977.

GUYON, Madame. *Vie de Madame Guyon*. 3v. Paris: [s.n.], 1791.

HALL, Alfred Rupert. Merton Revisited, or Science and Society in the Seventeenth Century. *History of Science*, v.2, p.1-16, 1963.

______. *Ballistics in the XVIIth Century*: A Study in the Relation of Science and War. Cambridge: Cambridge University Press, 1952.

HAVET, L. *Le Cinquantenaire de l'École Pratique des Hautes Études*. Paris: É. Champion, 1921.

HERING, Jean. Nécrologie: Alexandre Koyré. *Revue d'Histoire et de Philosophie Religieuses*, v.44, p.262-3, 1964.

______. La Phénoménologie en France. In: MARVIN, Farber (org.). *L'Activité philosophique en France et aux États-Unis*. t.2. Paris: PUF, 1950.

HUSIK, Isaac. *History of Medieval Jewish Philosophy*. Nova York: Meridian Books, 1958.

JAKI, Stanley L. *Uneasy Genius*: The Life and Work of Pierre Duhem. Haia: M. Nijhoff, 1984.

JARDINE, Nicholas. Koyre's Intellectual Revolution. *La Lettre de la Maison Française d'Oxford*, v.13, p.11-25, 2001.

______. Koyré's Kepler/Kepler's Koyré. *History of Science*, v.38, p.363-77, 2000.

JORLAND, Gérard. La Notion de révolution scientifique: le modèle de Kuhn. In: BITBOL, Michel; GAYON, Jean (orgs.). *L'Épistémologie française, 1830-1970*. Paris: PUF, 2006.

______. *La Science dans la philosophie*: les recherches épistémologiques d'Alexandre Koyré. Paris: Gallimard, 1981.

KOESTLER, Arthur. *The Sleepwalkers*. Londres: Hutchinson, 1959.

KROHN, Claus-Dieter. *Intellectuals in Exile*: Refugee Scholars and the New School for Social Research. Amherst, Massachusetts: University of Massachusetts Press, 1993.

KUHN, Thomas S. *The Essential Tension*. Chicago: University of Chicago Press, 1977. [Ed. bras.: *A tensão essencial*. Trad. Marcelo Amaral Penna-Forte. São Paulo: Editora Unesp, 2011.]

______. Alexandre Koyré and the History of Science. *Encounter*, v.34, n.1, p.67-9, 1970.

______. *The Structure of Scientific Revolutions*. Chicago; Londres: University of Chicago Press, 1962. [Reed. 1970; ed. franc.: *La Structure des révolutions scientifiques*. Paris: Flammarion, 1972; ed. bras.: *A estrutura das revoluções científicas*. Trad. Beatriz Vianna Boeira e Nelson Boeira. São Paulo: Perspectiva, 1975.]

______. *The Copernican Revolution*. Cambridge: Harvard University Press, 1957.

LANDUCCI, Sandro. *La rivoluzione pre-assertoria*: Koyré, Fleck, Kuhn. Acireale: Bonanno, 2004.

LENOBLE, Robert. *Mersenne ou La naissance du mécanisme*. Paris: Vrin, 1943. [2.ed., 1972.]

LÉVI-STRAUSS, Claude. Préface. In: JAKOBSON, Roman. *Six Leçons sur le son et le sens*. Paris: Éditions de Minuit, 1976.

LÉVI-STRAUSS, Claude. *La Pensée sauvage*. Paris: Plon, 1962. [Ed. bras.: *O pensamento selvagem*. Trad. Tânia Pellegrini. Campinas: Papirus, 1989.]

LOVEJOY, Arthur. The Historiography of Ideas. *Proceedings of the American Philosophical Society*, v.78, n.4, p.529-43, mar. 1938. [Republ. em: *Essays in the History of Ideas*. Baltimore: The Johns Hopkins Press, 1948.]

______. *The Great Chain of Being*. Cambridge: Harvard University Press, 1936. [Reed. 1957; ed. bras.: *A grande cadeia do ser*. Trad. Aldo Fernando Barbieri. São Paulo: Palíndromo, 2005.]

LOYER, Emmanuelle. *Paris à New York*: intellectuels et artistes français en exil (1940-1947). Paris: Grasset, 2005.

MACH, Ernst. *Die Mechanik in ihrer Entwicklung historisch-kritisch dargestellt*. Leipzig: F. A. Brockhaus, 1883. [Ed. franc.: *La Mécanique*: exposé historique et critique de son développement. Paris: Hermann, 1904.]

MAIER, Anneliese. *Studien zur Naturphilosophie der Spätscholastik*. 5v. Roma: Edizioni di Storia e Letteratura, 1949-1958.

MAZON, Brigitte. *Aux Origines de l'École des Hautes Études en Sciences Sociales*: le rôle du mécénat américain, 1920-1960. Paris: Cerf, 1988.

MERTON, Robert K. Science, Technology and Society in Seventeenth Century England. *Osiris*, v.4, p.360-632, 1938. [Republ. Nova York: H. Ferting, 1970.]

METZGER BRUHL, Hélène. *Attraction universelle et religion naturelle chez quelques commentateurs anglais de Newton*. Paris: Hermann, 1938. (Col. Philosophie et Histoire de la Pensée Scientifique.)

______. L'*a priori* dans la Doctrine scientifique et l'histoire des sciences. *Archeion*, v.18, n.1, p.29-42, 1936.

______. Tribunal de l'histoire et théorie de la connaissance scientifique. *Archeion*, v.17, n.1, p.1-14, 1935.

______. L'Historien des sciences doit-il se faire le contemporain des savants dont il parle? *Archeion*, v.15, n.1, p.34-44, 1933.

______. La Philosophie de Lucien Lévy-Bruhl et l'histoire des sciences. *Archeion*, v.12, n.1, p.15-25, 1930.

______. *Les Doctrines chimiques en France du début du XVIIe siècle à la fin du XVIIIe siècle*. Paris: PUF, 1923.

MEYERSON, Émile. *Du Cheminement de la pensée*. 3v. Paris: F. Alcan, 1931.

______. *De l'Explication dans les sciences*. Paris: Payot, 1927.

MEYERSON, Émile. *La Déduction relativiste*. Paris: Payot, 1925.

______. Y a-t-il un rythme dans le progrès intellectuel? *Bulletin de la Société Française de Philosophie*, v.14, n.2, 1914. [Republ. em: *Essais*. Prefácio Louis De Broglie. Advertência L. Lévy-Bruhl. Liège; Paris: Thone; Vrin, 1936.]

______. Les Coperniciens et le principe d'inertie. In: *Identité et réalité*. Paris: F. Alcan, 1908. [2.ed., 1926.]

MIELI, Aldo. Il Tricentenario dei "Discorsi e dimostrazioni matematiche" di Galileo Galilei. *Archeion*, v.21, n.3, p.193-297, 1938.

______. Souvenirs sur Duhem et une lettre inédite de lui. *Archeion*, v.19: Colloque Pierre Duhem, n.2-3, p.139-42, 1937.

______. Pour l'Organisation des historiens des sciences. Rapport au VIe Congrès International des Sciences Historiques, Oslo (14-18 ago. 1928), section XI (Histoire des Sciences). *Archeion*, v.9, n.4, p.497-501, 1928.

______; BRUNET, Pierre. *Histoire des sciences*: antiquité. Paris: Payot, 1935.

MIRKINE-GUETZEVITCH, Boris (org.). *Les Doctrines politiques modernes*. Nova York: Brentano's, 1947.

MOSCOVICI, Serge. Est-ce qu'il y a des contre-révolutions scientifiques? In: REDONDI, Pietro (org.). *Science*: The Renaissance of a History Proceedings of the International Conference Alexandre Koyré. Paris, Collège de France, 10-14 jun. 1986. Londres: Harwood Academic Publ., 1987. (*History and Technology*, ed. esp., v.4, n.1-4, p.543-60, 1987.)

NICHOLSON, Marjorie Hope. *The Breaking of the Circle*. Evanston: Northwestern University Press, 1950.

OLSCHKI, Leonardo. *Galilei und seine Zeit*. Halle: N. Niemeyer, 1927.

PAUL, Harry W. Scholarship and Ideology: The Chair of the General History of Science at the Collège de France, 1892-1913. *Isis*, v.67, n.3, p.376-97, 1976.

PICAVET, François. *Essais sur l' histoire générale et comparée des théologies et des philosophies médiévales*. Paris: F. Alcan, 1913.

______. *Les Idéologues*: essai sur l' histoire des idées et des théories scientifiques, philosophiques et religieuses en France depuis 1789. Paris: F. Alcan, 1891.

RANDALL, John Herman. *The Making of the Modern Mind*: A Survey of the Intellectual Background of the Present Age. Cambridge: The Riverside Press, 1926. [2.ed. rev., 1940.]

REDONDI, Pietro. Henri Berr, Hélène Metzger et Alexandre Koyré: la religion d'Henri Berr. *Revue de Synthèse*, v.117, n.1, p.139-55, 1996.

______. Storia del pensiero scientifico. Verso una filosofia della scienza oppure una scienza dell'uomo? In: VINTI, Carlo (org.). *Koyré*: L'avventura intellettuale. Nápoles: Edizioni Scientifiche Italiane, 1994.

______ (org.). *Science*: The Renaissance of a History Proceedings of the International Conference Alexandre Koyré. Paris, Collège de France, 10-14 jun. 1986. Londres: Harwood Academic Publ., 1987. (*History and Technology*, ed. esp., v.4, n.1-4, 1987.)

______. Alexandre Koyré. In: BURGUIÈRE, André (org.). *Dictionnaire des sciences historiques*. Paris: PUF, 1986.

______. Science moderne et histoire des mentalités. La rencontre de L. Febvre, R. Lenoble et A. Koyré. *Revue de Synthèse*, v.111-112, p.309-22, 1983.

______. Les *Annales* et l'histoire des techniques. In: ROGER, Jacques (org.). *L'Histoire des sciences et des techniques doit-elle intéresser les historiens?* Colloque de la Société Française d'Histoire des Sciences et des Techniques. Paris, maio 1981. Paris: Centre de Documentation d'Histoire des Techniques; Cnam, 1982.

______. Les Tensions actuelles de l'histoire des sciences. *Annales ESC*, v.4, p.572-90, jul.-ago. 1981.

______. *Epistemologia e storia della scienza*: le svolte teoriche da Duhem a Bachelard. Milão: Feltrinelli, 1978.

REY, Abel. Pierre Duhem, historien des sciences. *Archeion*, v.19: Colloque Pierre Duhem, p.129-35, 1937.

______. Avant propôs. *Thalès*, v.1, p.XV-XIX, 1934.

______. Histoire de la science ou histoire des sciences? *Archeion*, v.12, n.1, p.1-4, 1930.

______. Revue d'histoire des sciences [à propos de P. Duhem, *Le Système du monde*]. *Revue de Synthèse Historique*, v.31, p.122-5, 1920.

ROGER, Jacques. Histoire des mentalités: les questions d'un historien des sciences. *Revue de Synthèse*, v.111-112, p.269-76, 1983.

ROGER, Jacques (org.). *L'Histoire des sciences et des techniques doit-elle intéresser les historiens?* Colloque de la Société Française d'Histoire des Sciences et des Techniques, Paris, maio 1981. Paris: Centre de Documentation d'Histoire des Techniques; Cnam, 1982.

______. Derniers ouvrages d'Alexandre Koyré: la révolution astronomique. *Revue de Synthèse*, v.84, p.488-90, 1963.

ROMANO, Antonella. Fabriquer l'histoire des sciences modernes. *Annales: Histoire, Sciences Sociales*, v.70, n.2, 2015.

ROSSI, Paolo. Sulla storicità della scienza e della filosofia. *Rivista di Filosofia*, v.55, p.131-53, 1964.

ROUDINESCO, Élisabeth. *Jacques Lacan*: esquisse d'une vie, histoire d'un système de pensée. Paris: Fayard, 1993. [Ed. bras.: *Jacques Lacan*: esboço de uma vida, história de um sistema de pensamento. Trad. Paulo Neves. São Paulo: Companhia das Letras, 2008.]

RUSSO, François. Alexandre Koyré et l'histoire de la pensée scientifique. *Archives de Philosophie*, v.28, p.323-36, 1965.

SANTILLANA, George de. Alexandre Koyré nel mondo europeo. In: *Alexandre Koyré*. Florença: Gruppo Italiano di Storia della Scienza, 1964.

SARTON, George. Paul, Jules and Marie Tannery (with a note on Grégoire Wyrouboff). *Isis*, v.38, n.1-2, p.33-51, 1947.

______. *The History of Science and the New Humanism*. Nova York: H. Holt, 1931.

______. L'Histoire de la science. *Isis*, v.1, n.1, p.3-46, 1913.

SCHAFFER, Simon. Les Cérémonies de la mesure. *Annales: Histoire, Sciences Sociales*, v.70, n.2, 2015.

SCHUHL, Pierre-Maxime. *Machinisme et philosophie*. Paris: PUF, 1938. [2.ed. rev., 1947.]

SCHUMANN, Karl. Alexandre Koyré. In: *Encyclopaedia of Phenomenology*. Org. L. Embree. Dordrecht: Kluwer, 1997.

______. Koyré et les phénoménologues allemands. In: REDONDI, Pietro (org.). *Science*: The Renaissance of a History Proceedings of the International Conference Alexandre Koyré. Paris, Collège de France, 10-14 jun. 1986. Londres: Harwood Academic Publ., 1987. (*History and Technology*, ed. esp., v.4, n.1-4, p.149-68, 1987).

SEIDENGART, Jean (org.). *Vérité scientifique et vérité philosophique dans l'œuvre d'Alexandre Koyré; suivi d'un inédit sur Galilée*. Paris: Les Belles Lettres, 2016.

SERGESCU, Pierre. Aldo Mieli. In: CONGRÈS INTERNATIONAL D'HISTOIRE DES SCIENCES, 6. Amsterdã, 14-21 ago. 1950. *Actes du...* Paris: Hermann, 1951.

SPIEGELBERG, Herbert. *The Phenomenological Movement*: A Historical Introduction. 2v. Haia: M. Nijhoff, 1960.

STOFFEL, Jean-François. *Bibliographie d'Alexandre Koyré*. Florença: Leo Olschki, 2000.

STRONG, Edward W. *Procedures and Metaphysics*: A Study in the Philosophy of Mathematical-Physical Science in the 16th and 17th Centuries. Berkeley: California University Press, 1936.

STUMP, James B. History of Science through Koyré's Lenses. *Studies in History and Philosophy of Science*, v.32, n.2, p.243-63, 2001.

SURIN, R. P. Jean Joseph. *Catéchisme spirituel de la perfection chrétienne*. v.I. Paris: Ancelle, 1801.

TANNERY, Paul. Titres scientifiques. *Mémoires Scientifiques*, v.X, p.125-36, 1930a.

______. Lettre à P. Duhem, 5 janvier 1904. In: La Chaire d'Histoire Générale des Sciences au Collège de France. *Mémoires Scientifiques*, v.X, p.141-61, 1930b.

______. Auguste Comte et l'histoire des sciences. *Revue Générale des Sciences Pures et Appliquées*, p.410-7, 15 maio 1905.

______. De l'Histoire générale des sciences. *Revue de Synthèse Historique*, v.8, p.1-16, 1904.

______. Galilée et les principes de la dynamique. *Revue Générale des Sciences Pures et Appliquées*, v.12, p.330-8, 1901. [Republ. em: *Mémoires scientifiques*. Org. J.-L. Heiberg e H.-G. Zeuthen. Toulouse; Paris: Privat; Gauthier-Villars, 1912-1950.]

TATON, René. Alexandre Koyré et l'essor de l'histoire des sciences en France (1933 à 1964). In: REDONDI, Pietro (org.). *Science*: The Renaissance of a History Proceedings of the International Conference Alexandre Koyré. Paris, Collège de France, 10-14 jun. 1986. Londres: Harwood Academic Publ., 1987. (*History and Technology*, ed. esp., v.4, n.1-4, p.37-53, 1987.)

TATON, René. Alexandre Koyré historien de la pensée scientifique. Conferência no Collège Philosophique. *Revue de Synthèse*, v.88, p.7-20, 1967.

______. Alexandre Koyré historien de la "révolution astronomique". *Revue d'Histoire des Sciences*, v.18, n.2: Hommage à Alexandre Koyré, p.147-54, 1965.

______ (org.). *Histoire générale des sciences*. v.2. Paris: PUF, 1958. [Ed. bras.: *História geral das ciências*. São Paulo: Difel, 1959.]

THORNDIKE, Lynn. *A History of Magic and Experimental Science*. 8v. Nova York: Columbia University Press, 1923-1958.

VERNES, Maurice. Histoire de la section [François Picavet]. In: *École Pratique des Hautes Études, Section des Sciences Religieuses. Annuaire 1921-1922*. Paris: [s.n.], 1922.

VIGNAUX, Paul. De la Théologie scholastique à la science moderne. *Revue d'Histoire des Sciences*, v.18, n.2: Hommage à Alexandre Koyré, p.141-6, 1965.

______. Alexandre Koyré. In: *École Pratique des Hautes Études, Section des Sciences Religieuses. Annuaire 1964-1965*. Paris: [s.n.], 1964.

VINTI, Carlo (org.). *Alexandre Koyré*: l'avventura intellettuale. Nápoles: Edizioni Scientifiche Italiane, 1994.

VIRIEUX-RAYMOND, Antoinette. Alexandre Koyré et son apport à l'histoire des sciences. *Gesnerus*, v.21, p.201-11, 1964.

WAHL, Jean. Le Rôle d'Alexandre Koyré dans le développement des études hégéliennes en France. *Archives de Philosophie*, p.337-61, jul.-set. 1965.

______. *Cahiers du Collège Philosophique*. 4v. Paris: Arthaud, 1947-1948.

WALLON, Henri et al. (orgs.). *À la Lumière du marxisme*. Paris: Cercle de la Russie Neuve, 1935.

WIENER, Philip P.; NOLAND, Aaron. *Roots of Scientific Thought*: A Cultural Perspective. Nova York: Basic Books, 1957.

WOHLWILL, Emil. *Galileo Galilei und sein Kampf für die Copernikanische Lehre*. Hamburgo; Leipzig: Voss, 1909-1926.

WYROUBOFF, Grégoire. L'Enseignement de la minéralogie. *Revue Générale des Sciences Pures et Appliquées*, v.14, p.9-12, 1903.

______; GOUBERT, Émile. *La Science vis-à-vis de la religion*. Paris: G. Baillère, 1865.

YATES, Frances Amelia. *Giordano Bruno and the Hermetic Tradition*. Chicago; Londres: University of Chicago Press, 1964.

YOUSKEVICH, Adolf P. Préface. In: KOYRÉ, Alexandre. *Études d'histoire de la pensée philosofique* [Trad. língua russa]. Posfácio I. S. Tcherniak. Moscou: Progrès, 1985.

ZAMBELLI, Paola. Segreti di gioventù: Koyré da SR a S.R. Da Mikhailovsky a Rakovsky? *Giornale Critico della Filosofia Italiana*, v.87, p.109-50, 2007.

______. Alexandre Koyré: da Descartes a Galileo. *Galilaeana*, v.III, p.20-32, 2006.

______. Refugee Philosophers: An "Emigré's Careeer". In: GEMELLI, Giuliana (org.). *The Unacceptables*. Louvain la Neuve, Bélgica: Lang, 2000.

______. Alexandre Koyré alla scuola di Husserl a Gottinga. *Giornale Critico della Filosofia Italiana*, v.79, p.303-54, 1999a.

______. Alexandre Koyré im "Mekka der Mathematik": Koyrés Göttinger Dissertationsentwurf. *NTM Naturwissenschaft Technik Medizin*, v.7, p.208-30, 1999b.

______. Introduction. In: KOYRÉ, Alexandre. Presents Trends of Philosophical French Philosophical Thought. *Journal of the History of Ideas*, v.59, n.3, p.521-48, 1998a.

______. Filosofia e politica nell'esilio: Alexandre Koyré, Jacques Maritain e l'École Libre a New York (1941-1945). *Giornale Critico della Filosofia Italiana*, v.78, n.1, p.73-112, 1998b.

______. Koyré, Hannah Arendt et Jaspers. *Nouvelles de la République des Lettres*, p.131-56, 1997.

______. Alexandre Koyré versus Lucien Lévy-Bruhl: From Collective Representations to Paradigms of Scientific Thought. *Science in Context*, v.8, p.531-55, 1995.

______. Introduzione. In: KOYRÉ, Alexandre. *Dal mondo del pressappoco all'universo della precisione*. Turim: Einaudi, 1967. [2.ed., 1969.]

ZOLBERG, Aristide; CALLAMAD, Agnes. The École Libre at the New School. *Social Research*, v.65, n.4, p.921-55, 1998.

Índice onomástico[1]

1 Os nomes com asterisco são dos alunos e ouvintes dos seminários de Alexandre Koyré. Na medida do possível, foram identificados por seu país de origem e sua data de nascimento, de acordo com os registos e fichas de inscrição que chegaram nos Arquivos da EPHE de forma lacunar. Essa documentação ainda nos permitiu corrigir a grafia muitas vezes incorreta dos nomes citados nos relatórios dos seminários. (Nota da edição francesa)

C

G

H

Q

R

S

U

V

W

Z

SOBRE O LIVRO

Formato: 13,7 x 21 cm
Mancha: 23,5 x 39 paicas
Tipologia: Venetian 301 BT 12,5/16
Papel: Off-white 80 g/m² (miolo)
Cartão Triplex 250 g/m² (capa)

1ª edição Editora Unesp: 2024

EQUIPE DE REALIZAÇÃO

Edição de texto
Tulio Kawata (Copidesque)
Tomoe Moroizumi (Revisão)

Capa
Marcelo Girard

Editoração eletrônica
Sergio Gzeschnik

Assistente de produção
Erick Abreu

Assistência editorial
Alberto Bononi
Gabriel Joppert

Rua Xavier Curado, 388 • Ipiranga - SP • 04210 100
Tel.: (11) 2063 7000
rettec@rettec.com.br • www.rettec.com.br